湖北省土地质量地球化学调查成果丛书
湖北省公益学术著作出版专项资金资助
"湖北省长江经济带耕地质量地球化学评价"项目资助
"湖北省土地质量生态地球化学评价与监测预警关键技术研究"项目资助

湖北省土地质量地球化学评价与研究

HUBEI SHENG TUDI ZHILIANG DIQIU HUAXUE
PINGJIA YU YANJIU

杨 军 李春诚 项剑桥 徐春燕 等著

中国地质大学出版社
ZHONGGUO DIZHI DAXUE CHUBANSHE

内容摘要

本书以1999年以来湖北省土地质量地质调查工作成果为基础,以地质学、生态地球化学理论为指导,融合了土地管理学、农学和环境科学等学科的相关理论,从农业地质背景、土地生态风险、优质资源评价及开发利用、耕地土壤碳库、耕地质量综合评价等方面进行了阐述。全书评价了耕地的质量和适宜性,为土地利用规划,生态环境保护,特色、高效、生态农业发展提供重要地质依据;探讨了元素在地球关键带的迁移转化规律、影响因素和生态效应及土地酸碱度现状与酸化趋势,为优质资源的开发利用、污染地块的修复治理和耕地的酸化治理提供了科学依据;开展了耕地碳库试点研究,为耕地碳汇提供了地质思路;总结了湖北省土地质量地球化学调查工作的经验和做法,是一部以实践性和创新性为特色的成果集成。

本书内容丰富,资料翔实,可供农业地质、农学、土壤、环境等领域科研人员及相关高等院校师生参考。

图书在版编目(CIP)数据

湖北省土地质量地球化学评价与研究/杨军等著—武汉:中国地质大学出版社,2023.6
(湖北省土地质量地球化学调查成果丛书)
ISBN 978-7-5625-5597-1

Ⅰ.①湖⋯ Ⅱ.①杨⋯ Ⅲ.①土壤地球化学-调查研究-湖北 Ⅳ.①S153

中国国家版本馆CIP数据核字(2023)第100347号

湖北省土地质量地球化学评价与研究	杨 军 李春诚 项剑桥 徐春燕 等著
责任编辑:唐然坤 韩 骑　　　　选题策划:唐然坤	责任校对:何澍语
出版发行:中国地质大学出版社(武汉市洪山区鲁磨路388号)	邮编:430074
电　　话:(027)67883511　　　　传　　真:(027)67883580	E-mail:cbb@cug.edu.cn
经　　销:全国新华书店	http://cugp.cug.edu.cn
开本:880毫米×1 230毫米　1/16	字数:586千字　　印张:18.5
版次:2023年6月第1版	印次:2023年6月第1次印刷
印刷:武汉精一佳印刷有限公司	
ISBN 978-7-5625-5597-1	定价:258.00元

如有印装质量问题请与印刷厂联系调换

《湖北省土地质量地球化学评价与研究》编委会

指导委员会

主　任：胡道银

副主任：李　光　　杨明银　　马　元

委　员：焦　阳　　操胜利　　孙仁先　　蔡志勇　　谭文专

　　　　胡远清　　胥　兵

编辑委员会

主　编：杨　军

副主编：李春诚　　项剑桥　　徐春燕

编　委：辛　莉　　李红军　　杨良哲　　梅　琼　　郑金龙

　　　　袁知洋　　吴殷琪　　王天一　　潘可亮　　赵　敏

　　　　邹　辉　　夏　伟　　段碧辉　　王　芳　　孙　奥

　　　　任小荣　　潘　飞　　张元培　　万　翔　　郑雄伟

序

土地质量地球化学调查是一项服务于自然资源管理、农业经济发展，保障粮食安全的基础性地质调查工作，也是一项利国利民的基本国情调查工作。湖北省地质局紧紧围绕"服务自然资源管理、生态文明建设和地方经济发展"的目标，开展了土地质量地球化学调查工作。1999年，在中国地质调查局的支持下，湖北省启动了"湖北省1:25万多目标区域地球化学调查"项目。2014年开始，在湖北省国土资源厅（现湖北省自然资源厅）和地方政府的支持下，湖北省先后实施了"湖北省'金土地'工程——高标准基本农田地球化学调查"项目（简称"金土地"工程）、"恩施州全域土地质量地球化学评价暨土壤硒资源普查"项目（简称恩施硒资源普查工程）和"洪湖市全域土地质量地球化学评价暨地方特色农业硒资源调查"项目（简称洪湖硒资源普查工程），获得了一批高精度地球化学调查数据，以及一系列具有原创性、适用性的研究成果。湖北省土地质量地球化学调查成果在践行"绿水青山就是金山银山"理念、推进人与自然和谐共生发展、坚守生态和粮食安全底线等方面得到了广泛应用与高度评价。

在深入调查和研究的基础上，湖北省土地质量地球化学调查项目成员和编撰专家进一步总结、凝练，系统集成了"湖北省土地质量地球化学调查成果丛书"，包括《湖北省土壤地球化学背景值数据手册》和《湖北省土地质量地球化学评价与研究》两个分册。著者以高度的责任感，利用海量的土壤分析数据，坚持需求和问题导向，孜孜以求、勇于探索，力求做到资料翔实、内容丰富、质量精湛、成果实用。

《湖北省土壤地球化学背景值数据手册》基于2014—2020年"湖北省1:5万土地质量地球化学调查"项目和1999—2018年"湖北省1:25万多目标区域地球化学调查"项目数据资料，按照湖北省全域、不同土壤类型、不同土地利用类型、不同地质背景、不同成土母质、不同地形地貌、不同行政市（州）、不同行政县（市、区）单元等统计土壤元素地球化学参数，经正态分布检验后确定了不同单元的背景值。该手册可为自然资源、生态环境、农业农村、卫生健康等行业部门提供土壤基础信息，为地质学、土壤学、生态学、环境学和农学等学术研究提供背景值资料。

《湖北省土地质量地球化学评价与研究》总结了湖北省土地质量地球化学调查工作开展以来，特别是湖北省"金土地"工程实施以来的各项评价、研究和应用成果，全面评价了调查区的耕地质量、生态环境和富硒资源现状，提出了开发利用、保护修复建议，可作为耕地管理、生态环境保护修复以及特色农业开发等方面工作者规划部署和进行实践工作的依据，同时结合土地质量调查实践取得的经验，提出了调查技术优化方案，取得了许多新认识，是一项理论与实践紧密结合的宝贵成果。

"湖北省土地质量地球化学调查成果丛书"的出版为推动湖北省努力建设全国构建新发展格局先行区提供了更加丰富的"地质底图"，为努力推进土地质量地球化学调查工作更好地服务自然资源管理和生态文明建设提供了参考。

我衷心祝贺该丛书的出版，并向为这项工作付出艰苦努力的地质科技工作者，向关心、支持这项工作的各有关方面的工作人员致以崇高敬意和衷心感谢！

湖北省地质局党委书记、局长

2023年4月

前　言

土地是粮食生产的命根子，是中华民族永续发展的根基。土地是包含地质、地貌、气候、水文、土壤、植被等多种自然要素的自然综合体，是重要的自然资源，是生态环境的"根"。土地(耕地)保护是我国长期坚持的基本国策，随着经济社会发展和生态文明建设的推进，我国土地管理方式正从单纯的数量管理向数量、质量、生态"三位一体"的综合管理以及保生产功能、保空间功能、保生态功能"三保并重"的模式转变。土地管理对科学技术的依赖性越来越强，因而全面掌握土地质量"底数"的需求越来越迫切。

土地质量地球化学调查是土地和生态保护的重要基础。调查工作以土壤地球化学测量为主要技术手段，辅以大气、水、农作物等多要素调查采样，通过分析测定土壤的营养元素、有益元素、有害元素含量，进而对土地的肥力质量、环境质量、健康质量进行评价，从而达到对土地全面"体检"的目的，从源头上查清土地质量与生态风险隐患情况。

湖北省土地质量调查评价工作起步早，成果丰硕。1999年，国土资源部为贯彻落实国务院关于"地质工作要实现根本转变"的指示精神、积极扩大服务领域、强化地质工作服务经济建设的功能，与湖北省政府合作在江汉平原率先开展了1∶25万多目标区域地球化学调查试点工作。截至2018年12月底，湖北省共完成1∶25万多目标区域地球化学调查面积11.126万 km²，占全省国土面积的59.85%，获得的土壤、水、农作物海量地球化学数据，为省级土地质量调查、农业经济规划、农业结构调整、全省富硒产业发展等方面提供了基础资料和科学依据。

湖北省"金土地"工程拉开了湖北省1∶5万土地质量地球化学调查的序幕。2014年，为了贯彻落实湖北省委《关于富硒土壤资源开发利用专题协调会议纪要》(省委专题办公会议纪要〔2013〕第35号)的有关精神，同时为更好地实施湖北省高标准基本农田建设规划、充分发挥地质工作优势和省域土壤资源优势、提升地质工作对经济社会发展的服务功能、提高高标准基本农田建设科学化水平，湖北省国土资源厅和湖北省地质局联合下发了《关于印发〈湖北省"金土地"工程——高标准基本农田地球化学调查实施方案〉的通知》(鄂土资发〔2014〕7号)，组织实施了"湖北省"金土地"工程——高标准基本农田地球化学调查"项目。截至2020年12月底，湖北省共完成26个县(市、区)共230个乡镇的土地质量地球化学调查评价工作，累计完成调查面积45 326 km²。该项目调查评价成果广泛应用于全省和各县(市、区)土地资源开发利用、土壤污染防治、耕地种植适宜区区划及国土空间规划等多个方面，并在推进全省富硒产业发展方面取得了丰硕成果和较好的社会经济效益。

湖北省土地质量地球化学评价与研究工作由湖北省自然资源厅(原湖北省国土资源厅)统一组织，各地方自然资源管理部门共同参与，湖北省地质局具体实施。实际参与调查的技术人员多达千余人，凝聚了湖北省广大地质、地球化学及样品分析技术人员的辛劳、智慧和创新，展现了湖北地质工作者科学严谨的作风及强烈的责任意识。湖北省土地质量地球化学评价与研究工作形成了一套行之有效的质量管理体系，建立了完整的湖北省土地质量地球化学评价方法、技术标准体系，开发了数据成果信息查询管理系统，有力服务了湖北省区域协同发展及乡村振兴战略和粮食安全工程的全面实施，为优质特色资源利用、耕地资源保护与开发、守住生态和粮食安全底线提供了"地质底图"，为自然资源管理从数量向质量和生态管护转变、湖北由农业大省向农业强省转变提供了技术支撑。

《湖北省土地质量地球化学评价与研究》由历年来湖北省土地质量调查成果数据综合编写而成。全书共设13章。第一章绪论，介绍了区域地形地貌特征、区域地质背景条件和湖北省土地质量地球化学调查工作概况；第二章数据来源与质量，介绍了技术路线、数据基础、评价研究方法；第三章至第十二章集中论述了耕地质量地球化学调查相关的评价、研究、探索和应用方面的成果,具体包括湖北省土壤地球化学特征、耕地质量地球化学等级、湖北省硒及锶锗资源、土地生态风险及重金属生态效应研究、农田土壤碳库及固碳潜力研究、耕地质量综合评价方法研究、土壤酸化趋势研究、湖北省土地质量地球化学评价数据库及信息系统、方法技术规程探索与研究、调查成果应用等;第十三章结语,介绍了主要成果认识和工作建议。

本书是在编辑委员会的指导下完成的。湖北省自然资源厅、湖北省地质局和湖北省地质科学研究院有关领导与专家为本书的编写及出版给予了大力支持。感谢湖北省地质局党委书记、局长胡道银为本书作序,感谢中国地质大学出版社为保证出版质量所付出的辛劳和努力。

由于时间紧、资料形成时间跨度大,本书编写存在一定难度,加之笔者水平有限,书中难免存在错漏之处,敬请读者批评指正。

编委会

2023 年 4 月

目 录

第一章 绪 论 ……………………………………………………………………………………(1)
 第一节 区域地形地貌特征 ………………………………………………………………(1)
 第二节 区域地质背景条件 ………………………………………………………………(2)
  一、地质背景 ……………………………………………………………………………(2)
  二、成土母质 ……………………………………………………………………………(5)
  三、土壤类型 ……………………………………………………………………………(5)
  四、土地利用现状 ………………………………………………………………………(9)
 第三节 湖北省土地质量地球化学调查工作概况 ………………………………………(9)
  一、1∶25万多目标区域地球化学调查 ………………………………………………(9)
  二、1∶5万土地质量地球化学调查 …………………………………………………(11)

第二章 数据来源与质量 ………………………………………………………………………(17)
 第一节 技术路线 …………………………………………………………………………(17)
  一、评价研究思路 ……………………………………………………………………(17)
  二、技术路径 …………………………………………………………………………(17)
 第二节 数据基础 …………………………………………………………………………(17)
  一、数据来源 …………………………………………………………………………(17)
  二、样品采集与加工技术方法 ………………………………………………………(18)
  三、样品分析测试与质量控制 ………………………………………………………(19)
  四、数据可利用性 ……………………………………………………………………(24)
 第三节 评价研究方法 ……………………………………………………………………(24)
  一、地球化学参数统计方法 …………………………………………………………(24)
  二、评价方法 …………………………………………………………………………(26)
  三、图件编制方法 ……………………………………………………………………(26)

第三章 湖北省土壤地球化学特征 ……………………………………………………………(28)
 第一节 元素地球化学特征 ………………………………………………………………(28)
 第二节 土壤元素组合特征 ………………………………………………………………(37)
 第三节 土壤元素地球化学空间分布特征 ………………………………………………(37)
  一、土壤养分元素地球化学空间分布 ………………………………………………(38)
  二、土壤环境元素地球化学空间分布 ………………………………………………(49)
 第四节 元素地球化学分区 ………………………………………………………………(53)
  一、分区原则 …………………………………………………………………………(53)
  二、分区结果 …………………………………………………………………………(53)

第四章 耕地质量地球化学等级 ………………………………………………………………(58)
 第一节 评价标准及方法 …………………………………………………………………(58)
  一、分等流程 …………………………………………………………………………(58)

  二、等级划分方法…………………………………………………………………………………………(58)
  三、评价范围………………………………………………………………………………………………(60)
 第二节 耕地质量地球化学等级………………………………………………………………………………(60)
  一、土壤质量地球化学等级与分布规律…………………………………………………………………(60)
  二、灌溉水环境地球化学等级与分布规律………………………………………………………………(77)
  三、大气干湿沉降物环境地球化学等级与分布规律……………………………………………………(78)
  四、耕地质量地球化学等级与分布规律…………………………………………………………………(79)
 第三节 耕地质量地球化学等级影响因素分析………………………………………………………………(79)

第五章 湖北省硒及锶锗资源……………………………………………………………………………………(82)
 第一节 硒资源现状………………………………………………………………………………………………(82)
  一、岩石硒资源……………………………………………………………………………………………(82)
  二、富硒耕地资源…………………………………………………………………………………………(84)
  三、农产品硒含量及富硒等级……………………………………………………………………………(84)
  四、富硒土壤资源开发利用选区…………………………………………………………………………(102)
 第二节 土壤硒物源分析………………………………………………………………………………………(109)
  一、成土母质硒来源………………………………………………………………………………………(109)
  二、表生地球化学作用与硒的富集………………………………………………………………………(111)
  三、外源硒输入来源………………………………………………………………………………………(114)
 第三节 硒元素迁移转化规律…………………………………………………………………………………(118)
  一、土壤硒的形态特征……………………………………………………………………………………(118)
  二、硒元素的生态效应……………………………………………………………………………………(126)
  三、硒生态效应影响因素…………………………………………………………………………………(128)
 第四节 锶锗资源概况…………………………………………………………………………………………(132)
  一、富锶、锗土壤资源分布………………………………………………………………………………(132)
  二、主要农产品天然富锶状况……………………………………………………………………………(134)
  三、锶、锗土壤资源开发利用选区………………………………………………………………………(135)

第六章 土地生态风险及重金属生态效应研究……………………………………………………………………(140)
 第一节 土地生态风险…………………………………………………………………………………………(140)
  一、土壤重金属污染风险…………………………………………………………………………………(140)
  二、土壤有机污染物污染风险评价………………………………………………………………………(151)
  三、土地生态风险防治建议………………………………………………………………………………(153)
 第二节 土壤重金属镉污染来源研究…………………………………………………………………………(154)
  一、鄂西山区土壤镉物质来源……………………………………………………………………………(155)
  二、沿江平原区土壤镉物质来源…………………………………………………………………………(158)
  三、鄂北岗地区土壤镉物质来源…………………………………………………………………………(160)
 第三节 重金属元素生态效应…………………………………………………………………………………(163)
  一、土壤重金属形态特征…………………………………………………………………………………(163)
  二、土壤-农作物中重金属的迁移规律…………………………………………………………………(169)

第七章 农田土壤碳库及固碳潜力研究……………………………………………………………………………(175)
 第一节 研究区概况与研究方法技术…………………………………………………………………………(175)
  一、研究数据来源…………………………………………………………………………………………(175)
  二、研究区域概况…………………………………………………………………………………………(175)
  三、技术方法………………………………………………………………………………………………(176)

第二节　耕地土壤有机碳库与时空分布特征···（178）
一、耕地土壤有机碳的时空变化···（178）
二、耕层土壤有机碳储量的时空分布···（181）

第三节　耕地土壤固碳潜力估算···（183）
一、最大值法估算结果···（183）
二、饱和值法估算结果···（184）
三、结果对比··（186）

第八章　耕地质量综合评价方法研究···（187）

第一节　综合评价方法···（187）
一、物理叠加法··（187）
二、化学叠加法··（187）
三、贡献率法··（188）
四、修正法···（188）

第二节　典型地区综合评价结果···（189）
一、物理叠加法整合成果··（189）
二、化学叠加法整合结果··（193）
三、贡献率法整合结果··（195）
四、修正法整合结果···（199）

第三节　综合评价结果应用与讨论···（200）

第九章　土壤酸化趋势研究··（201）

第一节　土壤酸碱度现状···（201）
一、土壤酸碱度··（201）
二、不同单元土壤酸碱度··（202）

第二节　区域土壤酸碱度趋势分析···（203）
一、土壤酸碱度水平空间变化趋势分析···（203）
二、土壤酸碱度垂向空间变化特征··（204）

第三节　典型地区耕地土壤酸碱度趋势分析··（205）
一、研究区概况与研究方法··（205）
二、土壤 pH 的总体变化趋势··（207）
三、土壤 pH 变化影响因素··（207）
四、土壤酸化缓冲能力预警··（216）

第四节　土壤酸化的治理建议··（218）

第十章　湖北省土地质量地球化学评价数据库及信息系统···（220）

第一节　湖北省土地质量地球化学评价数据库··（220）
一、建库目的··（220）
二、建库基础··（220）
三、建设思路··（221）
四、技术方法··（221）
五、数据库内容及功能··（223）

第二节　土地质量地球化学"智慧云"平台···（225）
一、平台架构与功能···（225）
二、平台成果及应用成效···（229）

第十一章　方法技术规程探索与研究 (232)

第一节　湖北省土地质量地球化学调查技术规程研究 (232)
一、调查方法 (232)
二、样品分析指标 (233)
三、评价方法 (234)

第二节　湖北省村级土地质量档案建设技术规程研究 (235)
一、建档原则 (236)
二、村级土地质量信息卡 (236)
三、土地质量档案数据库 (237)
四、土地质量二维码 (240)

第三节　湖北省耕地生态环境动态监测技术规程 (240)
一、监测点布设 (240)
二、样品采集 (243)
三、样品分析测试 (245)

第四节　湖北省土壤硒含量等级标准研究 (246)
一、制定的目的 (246)
二、思路与方法 (246)
三、土壤硒含量标准 (247)

第十二章　调查成果应用 (248)

第一节　永久基本农田划定选区及调整建议 (248)
一、选区依据及方法 (248)
二、划定选区 (249)
三、永久基本农田调整建议 (249)

第二节　耕层土剥离适宜性区划及建议 (249)
一、区划依据及方法 (251)
二、适宜性分区分布 (251)
三、区划建议 (251)

第三节　耕地种植适宜性区划与种植结构调整建议 (254)
一、评价方法 (254)
二、评价结果 (255)
三、区划建议 (255)

第四节　生态保护修复区划 (255)
一、生态功能定位 (259)
二、资源环境承载力评价 (259)
三、生态保护修复区划 (270)

第十三章　结　语 (278)
第一节　主要成果认识 (278)
第二节　工作建议 (281)

主要参考文献 (282)

第一章 绪 论

第一节 区域地形地貌特征

湖北省处于中国地势第二级阶梯向第三级阶梯的过渡地带,地势为三面高起、中间低平、向南敞开、北有缺口的不完整盆地。湖北省地貌类型多样,山地、丘陵、岗地和平原兼有。省内地势高低相差悬殊,西部是号称"华中屋脊"的神农架最高峰神农顶,海拔达 3 106.2m,东部平原的监利市谭家渊附近,地面海拔为零;湖北省西、北、东三面被武陵山、巫山、大巴山、武当山、桐柏山、大别山、幕阜山等山地环绕,山前丘陵、岗地广布;中南部为江汉平原,与湖南省洞庭湖平原连成一片,地势平坦,土壤肥沃,除平原边缘岗地外,海拔多在 35m 以下,略呈由西北向东南倾斜的趋势。地貌成因形态可分为 4 种。

1. 平原

平原主要指江汉平原,地形坦荡。平原内江、河密布,渠沟成网,湖泊、塘堰星罗棋布,中心地面海拔一般在 20m 左右,分布面积 33 460km²。

2. 岗地

自冲湖积平原向西、北、东三面地形逐渐升高到海拔 50~200m 的起伏岗状平原,后缘与山前低丘相连,地表主要由更新统黏土组成,为弱侵蚀堆积成因。湖北省汉江夹道及南襄盆地亦为由更新统组成的岗状平原,分布总面积约 27 880km²。

3. 丘陵

丘陵总面积约 39 000km²。按成因不同,丘陵可分为 3 类。

(1)侵蚀-剥蚀丘陵:分布在十堰至浪河镇一带,漳河水库以北,沙河水库至罗田、三里岗及鄂东南的夏铺、横石、高桥,由中—古元古代变质岩及中生界碎屑岩系组成,地面海拔 200~500m,切割深度 100~300m,以高丘陵为主。

(2)侵蚀-岩溶丘陵:主要由碳酸盐岩组成,分布在宜昌至刘家场一带山前和大冶、武汉一带,岩溶发育。

(3)剥蚀丘陵:主要由碎屑岩类组成,分布在宜昌—荆门—南漳一线、庙滩—丹江口一带和随州—麻城—浠水至咸宁一带,地面海拔 100~300m,切割深度小于 100m,以低丘陵为主。

4. 中低山

在鄂西、鄂西南,中低山为大巴山脉和武陵山脉的组成部分,山顶海拔多在 1000m 以上,华中地区第一峰神农架即在其中,海拔达 3 106.2m;在鄂西北,中低山为武当山和秦岭山脉的组成部分,山顶海拔大多超过 1000m;在鄂北中低山为大洪山、桐柏山,在鄂南中低山为幕阜山,其山顶海拔多在 500~1000m 之间。按地貌成因类型,中低山可分为剥蚀-侵蚀中低山、岩溶-侵蚀中山、岩溶-剥蚀中低山、侵蚀-溶蚀中低山、侵蚀-剥蚀低山 5 种,山区总面积 85 560km²。

第二节　区域地质背景条件

一、地质背景

湖北省地跨秦岭-大别造山带和扬子陆块两个一级大地构造单元，地质构造复杂。地表出露有太古宙—新生代20余个地质时代的近200个岩石地层单元，发育千余处古元古代至中—新生代酸性、中酸性、基性、超基性和碱性等岩浆岩，分布有麻粒岩相、高角闪岩相、低角闪岩相、高绿片岩相、低绿片岩相、榴辉岩相、蓝片岩相等各类变质岩，经历了大别、晋宁、兴凯、加里东、海西、印支、燕山、喜马拉雅等构造运动。

全省地层中除缺失上志留统上部与下泥盆统下部外，其余地层发育良好、层序完整、沉积类型众多。横贯东西的青峰-襄樊-广济断裂将全省划分为南、北两个地层区，其中南部为扬子区，北部为秦岭区。全省中—新生界总厚约27 000m，三叠系与侏罗系仅分布于扬子区，白垩系—第四系则在两区均有分布。省内上三叠统—第四系及扬子区的新元古界下部与下震旦统为陆相地层，其余均为海相地层。秦岭区的大别山群、桐柏山群与扬子区的崆岭群、杨坡群是湖北省内最古老的地层，共同构成了湖北陆壳最早的结晶基底(图1-1)。

扬子北区在震旦纪之前形成了以崆岭群、杨坡群、马槽园群和花山群为代表的火山岩建造与陆源碎屑-碳酸盐岩建造，以及以神农架群、打鼓石群为代表的碳酸盐岩建造。扬子南区为湖北省南部与湖南省、江西省两省接壤的地带，震旦纪以前形成的地层主要为以冷家溪群为代表的复理石建造。秦岭区在震旦纪以前以火山岩系沉积为主，包括大别山群、桐柏山群、红安群、随县群、武当山群与耀岭河群。

省内震旦系出露广泛，分布面积约2910km²。在青峰-襄樊-广济断裂以南，震旦系以一套碎屑岩、冰碛岩、泥质岩及碳酸盐岩为主；而在断裂以北，则以硅质岩、泥页岩和碳酸盐岩为主。

寒武系较为发育，分布广泛，出露面积占全省面积的7%～8%，主要为一套以浅海相碳酸盐岩及泥质岩为主的沉积，鄂西北地区有火山碎屑岩并经轻微变质，总厚392～3015m。在宜昌—京山地区，寒武系主要为浅海相黑色页岩、砂岩、灰岩和白云岩；在恩施—咸丰地区，碎屑岩增多，岩性以白云岩和白云质灰岩为主，并夹少量石英砂岩；在蒲圻—黄石地区，岩性主要为黑色碳质页岩、泥质灰岩、白云岩；在崇阳—通山地区，岩性以页岩和碳质硅质岩为主；在郧西—随州地区，岩性以碳酸盐岩为主；在竹山—竹溪地区，岩性以页岩、粉砂岩、灰岩和板岩为主。

奥陶系分布广泛，发育齐全，以泥质岩-碳酸盐岩沉积为主。在湖北东南部与江西省接壤处，奥陶系为具有过渡类型的类复理石碳酸盐岩-泥质岩沉积。在恩施、黄石地区，奥陶系主要由灰岩、泥灰岩及页岩组成，厚300～500m；在崇阳—通山地区，奥陶系为一套黏土质页岩、粉砂质页岩夹灰岩及泥灰岩，厚91～558m；在郧西—郧县地区，奥陶系主要由千枚岩、板岩、薄层灰岩、白云质灰岩及白云岩组成，局部变质较深，总厚2892m。

志留系分布广泛，发育于湖北省西部、东部，青峰-襄樊-广济断裂以北地区亦有出露，主要为一套复理石建造。

泥盆系主要发育于西南部。以青峰断裂为界，断裂北部泥盆系以碳酸盐岩沉积为主，厚641～3000m；断裂南部泥盆系以碎屑岩夹灰岩为特征，厚1～160m。泥盆系在建始、宣恩及五峰等地广泛出露，在京山、荆门一带较为发育。

石炭系分布较零星，仅在鄂西南部局部发育，均以碎屑岩、灰岩沉积为主。石炭系在扬子区厚度较小，为6～156m，在秦岭区则厚达1100m。

二叠系发育良好，广泛分布于省内扬子区内，而在秦岭区仅零星出露于鄂陕边界一带。依据沉积特征，二叠系在扬子区分为恩施-黄石区和竹溪-房县南部区，前者以浅海陆棚碳酸盐岩为主，后者以深水陆棚硅质岩为主；在秦岭区二叠系则以浅海陆棚碳酸盐岩夹页岩为主。

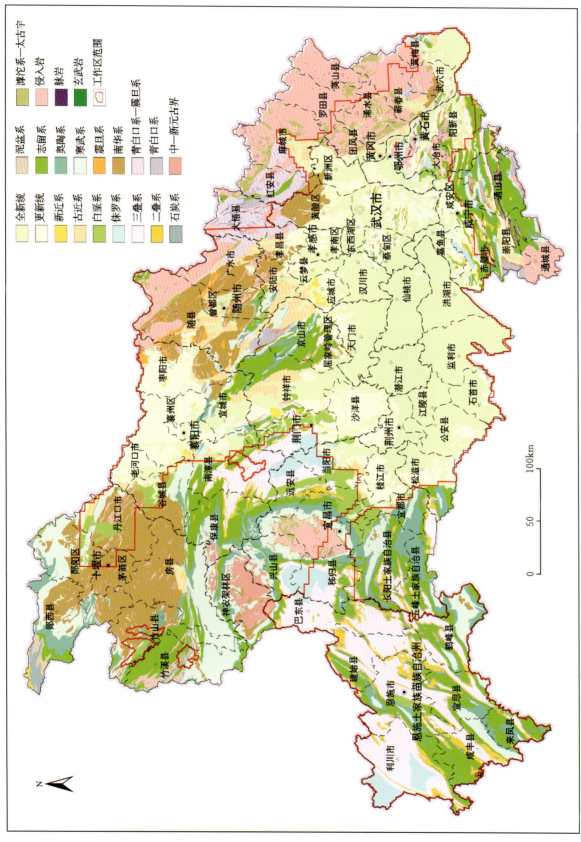

图 1-1 湖北省地质简图

注：地理底图引自"鄂S(2022)005号"《湖北省地图》，后图相同。

三叠系除青峰-襄樊-广济断裂以北地区外,在其余地区均有出露,尤在西部广泛出露。早期以碳酸盐岩沉积为主,中晚期逐渐过渡到以碎屑岩夹碳酸盐岩沉积为主。一般东薄西厚,中部出露厚度最大。

侏罗系主要分布于利川、秭归和鄂东南一带。下侏罗统为含煤碎屑岩;中—上侏罗统为红色岩层,主要为粉砂岩、砂岩和泥岩。

白垩系发育齐全,分布较为广泛,为一套巨厚层的陆相碎屑沉积岩夹火山岩,总厚可达万余米。在崇阳—大冶地区,白垩系下部为一套湖泊砂泥质建造,夹中酸性火山岩,上部为内陆盆地碎屑建造;在江汉平原地区,白垩系下部为类磨拉石建造,下白垩统上部以及上白垩统为内陆河湖相红色建造及内陆盐湖含盐建造,夹少量火山岩。

古近系和新近系主要分布于郧县-李官桥盆地、南襄盆地、房县盆地、江汉盆地及新洲盆地,主要由一套陆相河流-湖泊相沉积组成。古近纪有多次基性火山岩喷发。

第四系分布广泛,约占全省面积的20%。鄂西地区山峦重叠,河谷深切,表现为构造-侵蚀中山地貌景观,第四系沉积物不发育;鄂东北一带低山丘陵起伏,表现为剥蚀堆积地貌景观,河流阶地发育,第四系成因类型复杂;鄂南地势平坦,河流成网,为湖积平原型地貌景观,第四系沉积物广泛发育,最厚可达167m。

(二)岩浆岩

湖北省共有大小岩体千余个,总面积约1.3万km^2。按形成时期,区内岩浆岩可分为古元古代大别期、中元古代扬子期、早古生代加里东期和中—新生代燕山期—喜马拉雅期等。基性、超基性、酸性、中酸性和碱性岩类均有出露。其中,基性、超基性岩较少,分布于鄂北及黄陵背斜;酸性、中酸性岩分布于竹山—竹溪、鄂东南、桐柏—大别、随州—枣阳局部地段;火山岩主要分布于鄂北及鄂东南地区。

1. 基性、超基性岩

基性、超基性岩各期均有分布,但出露面积较小,主要分布于鄂北及黄陵背斜。主要岩石类型为橄榄岩、辉石岩、角闪岩、辉长辉绿岩,少量碳酸岩、煌斑岩、钾镁煌斑岩、玄武岩、粗面岩、细碧岩及相应的火山碎屑岩。元古宙及以前的基性—超基性岩经区域变质作用改造,多已形成蛇纹岩、蛇纹片岩、滑石片岩、角闪石片岩、斜长角闪岩、角闪片岩或绿片岩。与该类岩石相关的有铬、镍、铁、钛、金、建筑石材等矿产。

2. 酸性、中酸性岩浆岩

酸性、中酸性岩浆岩以燕山期为主,主要分布于桐柏山、大别山、黄陵、幕阜山及鄂东南地区。主要岩石类型为闪长岩、花岗闪长岩和花岗岩,相应的脉岩有石英岩、伟晶岩、花岗斑岩脉;火山岩类型为流纹质岩、安山质岩、石英角斑质火山喷发熔岩及火山碎屑岩。元古宙及以前的中酸性—酸性侵入岩均遭区域变质,已变质为英云闪长岩、奥长花岗岩、花岗闪长岩、花岗质片麻岩或片麻状花岗岩,同期的中酸性—酸性火山岩已变质成各类长英质片麻岩、变粒岩、片岩及浅粒岩。燕山期岩浆岩形成湖北省重要的铁、铜、钨、钼、铀、硫等内生矿床。

3. 碱性、偏碱性岩、碳酸岩

碱性、偏碱性岩、碳酸岩以加里东期为主,见于竹山—竹溪、随州—枣阳局部地段。岩石类型为正长岩、碳酸岩,主要产于基性侵入岩杂岩体中。与该类岩石相关的有铌、钽、稀土等矿产。

(三)变质岩

变质岩主要分布于武当—大别地区和黄陵、神农架、大洪山、幕阜山、大磨山等地,分布面积约6万km^2,按变质作用可分为区域变质岩和动力变质岩。

1. 区域变质岩

区域变质岩形成于太古宙—古生代各变质作用阶段。变质作用类型有区域动力热液变质作用、中压区域动力热变质作用、高压或中高压区域变质作用和动力变质作用，形成麻粒岩相、高角闪岩相、高绿片岩相、低绿片岩相、蓝闪绿片岩相和板岩-千枚变质岩相等各种变质相系。湖北省可分为南、北两大变质区。

北部武当山-大别山变质区：在新太古代—中生代长期遭受区域变质作用和多序次变形作用。新城-黄陂断裂以东，该区为深变质岩区，由北向南，依次展布着从麻粒岩到片岩-千枚岩的变质岩带；新城-黄陂断裂以西为中浅变质岩区，分布各类片岩、浅粒岩、千枚岩、板岩。桐柏-大别深变质岩区为含柯石英榴辉岩的超高压—高压变质岩带和以蓝闪石片岩为代表的中高压变质岩带，它们在空间上自南而北依次为绿片岩相、蓝片岩相、低温超高压榴辉岩相、中高温超高压榴辉岩相和中低温高压榴辉岩相，它们共同构成了超高压—中高压变质相系。

南部扬子变质区：变质作用发生于前南华纪变质基底中。新太古代—元古宙表壳岩系和元古宙岩浆岩经低压区域动力热流变质作用，形成从低角闪岩相、高角闪岩相至麻粒岩相的递增变质带和无分带性的混合岩类高级变质岩；中元古代—新元古代地层和岩浆岩经区域动力变质作用形成板岩-千枚岩。

2. 动力变质岩

动力变质岩沿断裂带和剪切带分布，主要岩石类型有碎裂岩、角砾岩和糜棱岩等。

二、成土母质

以湖北省地质图为基础，充分考虑各地层岩性，湖北省成土母质可划分为第四系沉积物、碳酸盐岩风化物、碎屑岩风化物、变质岩风化物、硅质岩风化物、火山岩风化物、侵入岩风化物，并在碎屑岩风化物和碳酸盐岩风化物中划分出黑色岩系（表1-1，图1-2）。

三、土壤类型

湖北省土壤类型较为复杂。根据第二次全国土壤普查的成果，全省共有土类14种，主要有水稻土、潮土、黄棕壤、黄褐土、石灰土、红壤、黄壤及紫色土等，这8种土类的面积占全省总耕地面积的98.65%。其中，水稻土占总耕地面积的50.35%，潮土占9.03%，黄棕壤占14.54%，其他5种土类的面积占全省总耕地面积的比例均小于5%（图1-3）。

全省土壤地带性分布明显。鄂东南低山、丘陵地带性土壤为黄棕壤。鄂西南山区气候温和，湿度大，主要地带性土壤为黄壤。海拔低于600m的山间谷地、盆地有小片棕红壤和黄红壤出现。长江以北、鄂中、鄂东北地区的地带性土壤为黄棕壤。棕红壤与黄棕壤在长江南、北两岸交错分布，反映了长江南、北两岸具有中亚热带向北亚热带气候过渡的特点。鄂北、鄂西北的主要地带性土壤类型为黄褐土和黄棕壤，非地带性土壤水稻土广泛分布在汉江及其支流河谷平原。石灰土较集中分布在鄂西和鄂西南地区。紫色土零星分布在全省各地区，其中鄂西南和鄂西北河谷盆地分布面积较大。全省海拔较高的山体中上部有棕壤、暗棕壤，局部地区有山地草甸土和山地沼泽土。

水稻土是湖北省面积最大、贡献最多的耕作土壤，在全省各地广泛分布。水稻土从海拔十几米的低潮地带到海拔千米左右的山沟谷地均有，枝江、当阳、荆州、武汉、黄冈、浠水、蕲春、武穴、黄梅、鄂州、荆门、嘉鱼、沙市、孝感、云梦、汉川等县（市）水稻土最广。

潮土广泛分布在长江和汉江沿岸的冲积平原、河流阶地、河漫滩地及滨湖地区广阔的低平地带，以荆州、武汉、孝感、襄阳、黄冈及宜昌等地面积较大。潮土是湖北省重要的生产粮、棉、油的土壤。

表 1-1　湖北省主要成土母质类型及其特征表

分类	地质背景	分布及岩性特征
第四系沉积物	第四系全新统、更新统	区域分布极广,在整个平原、盆地广泛分布,是第四纪时期因地质作用沉积的物质,主要为由砾岩、砂土组成的砂质黏土,一般呈松散状态
碳酸盐岩风化物	新生界古近系,中生界三叠系,古生界二叠系、石炭系、泥盆系、志留系、奥陶系、寒武系,新元古界震旦系、青白口系	主要分布于鄂西南地区,包括白云岩类、泥质灰岩类、灰岩类风化物,以白云石、方解石为主。形成的土体比较浅薄,容易发生水土流失
碳酸盐岩风化物（黑色岩系）	古生界二叠系和寒武系	主要分布于鄂西南地区,由灰岩和碳质页岩组成
碎屑岩风化物	新生界新近系、古近系,中生界白垩系、侏罗系、三叠系,古生界石炭系、泥盆系、志留系、奥陶系、寒武系,新元古界南华系、青白口系	分散分布于全省,主要包含页岩、砂岩、石英砂岩、硅质岩风化物。除页岩形成风化物土体外,其他岩石形成的土体比较浅薄,土质疏松
碎屑岩风化物（黑色岩系）	古生界二叠系和志留系	主要分布于鄂西地区,二叠系以硅质岩、碳质泥岩为主,志留系以砂质页岩为主。土体浅薄,剖面不发育,以壤土—壤质砂土为主
变质岩风化物	主要存在于古生界泥盆系白林寨组,志留系梅子垭组、大贵坪组,奥陶系、寒武系,元古宇青白口系、震旦系、南华系、滹沱系等	北部武当山-大别山变质区自南而北依次为绿片岩相、蓝片岩相、低温超高压榴辉岩相、中高温超高压榴辉岩相和中低温高压榴辉岩相,它们共同构成了超高压—中高压变质相系;南部扬子变质区为低角闪岩相、高角闪岩相至麻粒岩相
硅质岩风化物	古生界杨家堡组和震旦系老堡组	灰色—黑色的层状硅质岩
火山岩风化物	中生界白垩系大寺组和马架山组,古生界大栗树岩组	主要分布于鄂西北竹山、竹溪和鄂东南大冶,呈流纹构造,偏酸性
侵入岩风化物	侵入岩石	基性、超基性岩主要分布于鄂北及黄陵背斜,中酸性岩主要分布于桐柏山、大别山、黄陵、幕阜山及鄂东南地区,碱性岩主要分布于"两竹"地区（竹山—竹溪地区）

黄棕壤多表现较为严重的水土侵蚀,结构面上经常覆有铁锰胶膜或结核,一般质地黏重,土体紧实。黄棕壤主要分布于郧阳、黄冈、宜昌、孝感、襄阳等地,是小麦、玉米、棉花、豆类、茶叶、烟叶等粮食、经济作物的重要产区。

黄褐土多地处海拔800m以下的低山、丘岗、盆地及平坝阶地,主要分布在襄阳、郧阳及荆州北部。土壤的质地较为黏重,整个土体结构紧实。

石灰土分布遍及湖北省80%的县(市、区),以鄂西山地面积最大,鄂东南幕阜山地和鄂中大洪山地次之,鄂东大别山地也有零星分布。土壤富含碳酸盐,pH较高,一般在6.5以上,为中性至微碱性,土质较黏,含砾石较多。

红壤主要分布于鄂东南海拔800m以下的低山、丘陵或垄岗和鄂西南海拔500m以下的丘陵或盆地。具体分布于咸宁、恩施、黄石、鄂州、武昌、汉阳、洪山、蕲春、浠水、武穴、黄梅、石首、公安、松滋、枝江等县(市、区)。土壤有机质含量较低,严重缺磷、硼,大部分缺氮、钾,局部缺锌、铜、锰、铁。

黄壤分布于鄂西南海拔500～1200m的中山区。黄壤垂直分布规律明显,在各个山地的垂直带谱中,黄壤的下部一般是红壤,上部则以黄棕壤居多。土壤层次分异明显,呈酸性,有机质含量较高。

紫色土分布于宜昌、襄阳、郧阳、孝感、荆门和荆州。土壤有机质含量较低,速效磷、钾含量的丰缺差异较大。

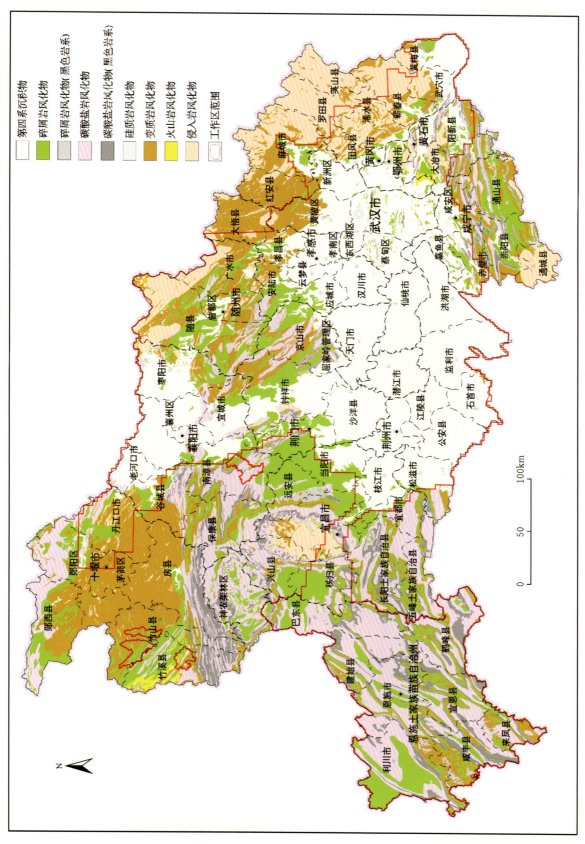

图 1-2 湖北省成土母质分布图

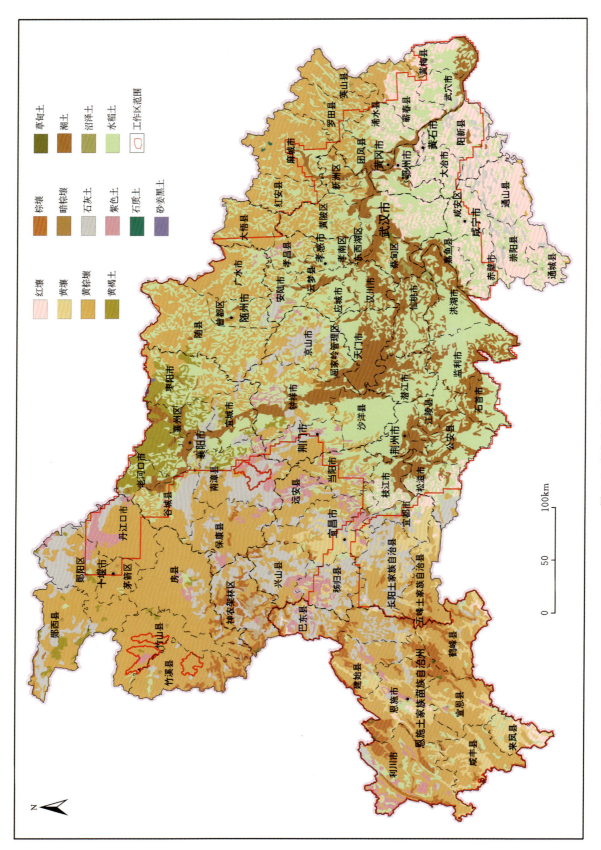

图 1-3 湖北省土壤类型分布图

砂姜黑土主要分布于鄂北岗地,向北与南阳盆地的砂姜黑土连成一体。砂姜黑土土壤理化性状差,黏、板、瘦,易涝怕旱,肥力较低。

棕壤主要分布于鄂西,包括恩施、郧阳、神农架、长阳、五峰、秭归、兴山、保康等县(市、区);零星分布于鄂东大别山主峰天堂寨一带。

暗棕壤是山地土壤垂直带谱中分布最高的森林土壤,居棕壤之上,海拔下限为2200～2500m,上限至神农顶(3 106.2m),分布区域包括神农架、巴东县北部(神农架南坡)和竹溪县南部(神农架北坡)。

山地草甸土主要分布于神农架高山盆地,其次零星分布于鄂西南海拔1600m以上的大高山顶平面的岩溶(喀斯特)洼地和鄂东南海拔1200m以上的开阔或浑圆的山脊区洼地。

四、土地利用现状

根据自然资源部发布的湖北省2020年度土地利用变更数据,湖北省国土总面积约18.59万km^2(约27 890.80万亩,1亩≈666.67m^2),土地利用以林地和耕地占主导,城乡建设用地和水域有较广分布。耕地面积为7 152.88万亩,占比25.65%(其中,水田面积为3 819.88万亩,占耕地面积的53.40%;水浇地面积为562.90万亩,占耕地面积的7.87%;旱地面积为2 770.10万亩,占耕地面积的38.73%);园地面积为730.50万亩,占比2.62%;林地面积为13 920.20万亩,占比49.91%;草地面积为134.08万亩,占比0.48%;湿地面积为91.86万亩,占比0.33%;城镇村及工矿用地面积为2 117.29万亩,占比7.59%;交通运输用地面积为494.90万亩,占比1.77%;水域及水利设施用地面积为2 975.54万亩,占比10.67%;其他土地面积为273.55万亩,占比0.98%,具体不同土地利用类型分布见图1-4。全省土地利用总体结构可概括为"五分林地三分田,一分城乡一分水"。

沿江平原一带土地利用以农业用途耕地为主,其次为水域,充分反映了江汉平原"鱼米之乡"的土地利用特点。鄂北土地资源比较丰富,土地利用类型多样,土地利用程度较高,拥有良好的山水优势,北部低丘岗地和西南部平原特征分异明显,气候适宜,土地自然生产力较高,为发展综合性、多样性的农业区域和产业化经营提供了优越的条件。鄂西多样性的土壤为农林牧副渔全面发展提供了条件,多种不同土壤的理化性质、肥力状况及其所处的环境条件差异较大,使得土地利用途径、发展方向也不相同,土地利用以林地为主,耕地较少。

第三节 湖北省土地质量地球化学调查工作概况

湖北省土地质量地球化学调查工作起步于1999年,从工作比例尺上可分为以1∶25万中小比例尺多目标区域地球化学调查为基础的土地质量地球化学调查工作和以1∶5万中大比例尺土壤地球化学调查为主要技术手段的土地质量地球化学调查工作。前者主要为区域性的,所获得的土壤、水、农作物海量地球化学数据为省级土地质量地质调查、农业经济规划、农业结构调整、全省富硒产业发展等方面提供了基础资料和科学依据;后者主要服务于耕地质量保护提升及富硒资源开发。土地质量地球化学调查项目在实施过程中形成了一套行之有效的质量管理体系,建立了完整的湖北省土地质量地球化学评价方法、技术标准体系,建成了数据管理查询系统。成果为耕地管理从数量向质量和生态管护转变、湖北由农业大省向农业强省转变的战略新兴产业谋划部署、服务全省富硒产业方面提供了技术支撑。

一、1∶25万多目标区域地球化学调查

1999—2018年,在国家和湖北省财政厅支持下,湖北省地质局按照中国地质调查局的总体规划,组织

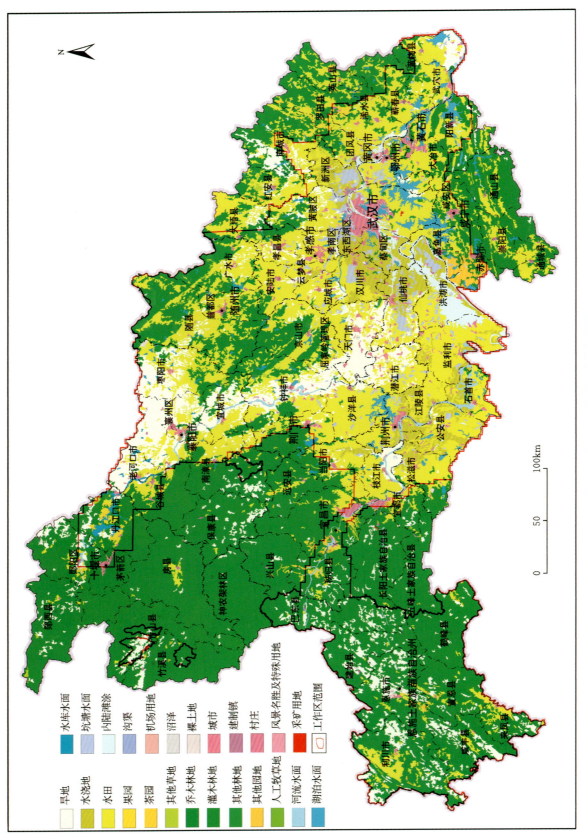

图 1-4 湖北省土地利用类型分布图

实施了部省合作项目"湖北省江汉流域经济区农业地质调查",以及长江、汉水冲积带内其他地区的1:25万多目标区域地球化学调查工作,累计完成调查面积11.126万km^2,占全省国土面积的59.85%,主要为江汉平原,长江、汉江沿江经济带以及恩施地区,调查范围遍及武汉、鄂州、黄石、黄冈、咸宁、仙桃、潜江、天门、孝感、荆州、荆门、随州、襄阳、宜昌、恩施、十堰共16个地区80余个县(市、区)(图1-5,表1-2),主要取得如下成果。

(1)查明已完成调查区土壤54项指标的分布、分配和组合特征,填补了长期以来土地各项指标的空白,建立了各项目调查区的地球化学基准值和背景值,形成了多目标区域地球化学调查数据库,实现了海量数据的信息化管理,为地学、农学、环境学、医学、生态学等科学研究以及土地质量评价、生态系统安全、农业规划、农业种植、优质农产品基地建设等经济社会可持续发展提供了全新的基础地球化学资料。

(2)首次发现江汉平原土壤有机碳储量丰富,建立了江汉流域土壤碳汇基本模型。江汉流域标准土层(0~1m深度)平均有机碳密度为11.33kg/m^2,高于全国平均值(9.6kg/m^2),其中0~0.2m深度有机碳密度为3.44kg/m^2,0~1.8m深度有机碳密度为16.3kg/m^2。有机碳库总储量为:0~1.8m深度7.32亿t,0~1m深度5.09亿t,0~0.2m深度1.546亿t。区域内湖积区有机碳储量丰富,相比1985年,2005年表层(0~0.2m深度)有机碳储量和碳密度增加了22%。

(3)首次发现江汉冲积带内富硒土壤区。在两江流域冲积带圈出富硒[$w(Se) \geq 0.4mg/kg$]土壤区面积达12 000km^2,首次为富硒资源进一步查找及富硒健康食品开发提供了依据,促成了湖北省"金土地"工程及恩施硒资源普查工程的部署。

(4)查明调查区土壤营养元素和有益元素丰缺情况,进行了重金属元素和有害元素环境质量分级评价,完成了区内土地肥力分等和土地环境质量分等工作;全面查清了已完成调查区的土地质量地球化学状况;基本摸清了江汉冲积域富集钾、磷、钙、镁等养分元素的碱性土特征,也基本查明区内95%的土壤为重金属洁净区,认定它属于国内最优质的土壤之一。

二、1:5万土地质量地球化学调查

2014年,为了贯彻落实湖北省委《关于富硒土壤资源开发利用专题协调会议纪要》(省委专题办公会议纪要〔2013〕第35号)的有关精神,同时为更好地实施湖北省高标准基本农田建设规划、充分发挥地质工作优势和省域土壤资源优势、提升地质工作对经济社会发展的服务功能、提高高标准基本农田建设科学化水平,湖北省国土资源厅和湖北省地质局联合下发了《关于印发〈湖北省"金土地"工程——高标准基本农田地球化学调查实施方案〉的通知》(鄂土资发〔2014〕7号),组织实施了"湖北省'金土地'工程——高标准基本农田地球化学调查"项目(简称"金土地"工程)。"湖北省'金土地'工程——高标准基本农田地球化学调查"项目拉开了湖北省1:5万土地质量地球化学调查的序幕。2018年,湖北省地质局与当地政府共同推动了恩施土家族苗族自治州(简称恩施州)、洪湖市的全域硒资源普查(分别为恩施硒资源普查工程、洪湖硒资源普查工程)。截至2020年,完成武汉市蔡甸区、仙桃市、天门市、潜江市、洪湖市、监利市、武穴市、嘉鱼县、安陆市、随县、钟祥市、京山市(含屈家岭管理区)、沙洋县、南漳县、宜城市、恩施市、利川市、建始县、巴东县、宣恩县、咸丰县、来凤县、鹤峰县、竹山县、竹溪县26个县(市、区)230余个乡镇级统计单元的调查评价(表1-3,图1-6)。

该项工作覆盖面积45 326km^2,占全省国土面积的24.38%,其中调查耕地(含园地、草地)面积2 159.5万亩(14 396.55km^2),占全省耕地(含园地、草地)面积的26.93%。采集各类样品29.3万件,获得样品分析数据759万余项,编写成果报告57份,专项建议报告57份,各类成果图件11 667张,建立村级土地质量档案6260份,对土地质量进行了高精度的"体检"。取得的翔实地球化学资料为评价区基础地质研究、农用地保护与利用、生态环境保护、土壤污染防治、农业种植规划、农产品安全保障及农业种植结构调整、富硒(锌、锶、锗)等土地资源开发提供了基础数据支撑,揭示了土壤元素的分布与迁移规律,推进了湖北省富硒产业发展,可助力经济高质量发展。

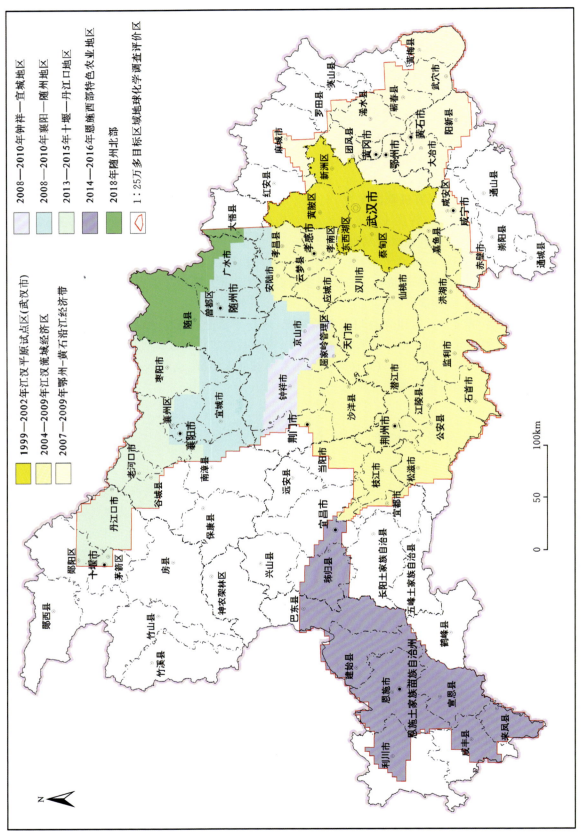

图 1-5 湖北省 1:25 万多目标区区域地球化学调查工作部署图

第一章 绪 论

表1-2 湖北省1∶25万多目标区域地球化学调查完成工作情况表

工作地区	工作时间	工作面积/km²
江汉平原试点区（武汉市）	1999—2002年	8800
江汉流域经济区	2004—2009年	36 160
鄂州-黄石沿江经济带	2007—2009年	17 000
钟祥—宜城地区	2008—2010年	3000
襄阳—随州地区	2008—2010年	14 000
十堰—丹江口地区	2013—2015年	10 200
恩施西部特色农业地区	2014—2016年	17 100
随州北部	2018年	5000
合计		111 260

表1-3 湖北省1∶5万土地质量地球化学调查工作一览表

地级市（州）	县（市、区）	工作时间	乡、镇、街道等	面积/km²	项目来源
十堰市	竹山县	2017年	宝丰镇、擂鼓镇、溢水镇、秦古镇	590	"金土地"工程
	竹溪县	2016年	天宝乡	288	
恩施州	巴东县	2015年	野三关镇	530	
		2018—2020年	沿渡河镇、溪丘湾乡、东瀼口镇、信陵镇、官渡口镇、茶店子镇、绿葱坡镇、大支坪镇、清太坪镇、水布垭镇、金果坪乡	2824	恩施硒资源普查工程
	建始县	2016年	业州镇	372	"金土地"工程
		2018—2020年	长梁镇、茅田乡、龙坪乡、高坪镇、三里乡、红岩寺镇、花坪镇、景阳镇、官店镇	2310	恩施硒资源普查工程
	恩施市	2014年	龙凤镇、新塘乡	339	"金土地"工程
		2015年	新塘乡、屯堡乡（沐抚办事处）	485	
		2017年	沙地乡、红土乡	337	
		2018—2020年	崔坝镇、白杨坪镇、太阳河乡、板桥镇、白果乡、三岔乡、芭蕉侗族乡、盛家坝镇、小渡船街道、舞阳坝街道、六角亭街道、沐抚办事处	2787	"金土地"工程、恩施硒资源普查工程
	利川市	2017年	汪营镇、南坪乡	678	"金土地"工程
		2018—2020年	元堡乡、凉雾乡、沙溪乡、柏杨坝镇、建南镇、忠路镇、团堡镇、谋道镇、毛坝镇、文斗镇、都亭街道、东城街道	3932	恩施硒资源普查工程
	咸丰县	2018—2020年	高乐山镇、忠堡镇、坪坝营镇、朝阳寺镇、清坪镇、曲江镇、唐崖镇、活龙坪乡、小村乡、黄金洞乡、大路坝区工委	2524	"金土地"工程、恩施硒资源普查工程
	宣恩县	2015年	晓关侗族乡、椿木营乡	627	"金土地"工程
		2016年	万寨乡、椒园镇、珠山镇	529	
		2018—2020年	长潭河侗族乡、高罗镇、李家河镇、沙道沟镇	1587	恩施硒资源普查工程

续表 1-3

地级市(州)	县(市、区)	工作时间	乡、镇、街道等	面积/km²	项目来源
恩施州	来凤县	2016 年	三胡乡、革勒车镇、大河镇	560	"金土地"工程
		2018—2020 年	翔凤镇、旧司镇、绿水镇、漫水乡、百福司镇	776	恩施硒资源普查工程
	鹤峰县	2016 年	中营镇	433	"金土地"工程
		2018—2020 年	五里乡、燕子镇、容美镇、走马镇、太平镇、铁炉白族乡、下坪乡、邬阳乡	2328	恩施硒资源普查工程
襄阳市	南漳县	2016 年	肖堰镇(含花庄)	399	"金土地"工程
	宜城市	2015 年	郑集镇、孔湾镇	310	
随州市	随县	2014 年	三里岗镇	320	
		2015 年	洪山镇	320	
荆门市	钟祥市	2014 年	柴湖镇、石牌镇	520	
		2015 年	胡集镇、丰乐镇	456	
		2016 年	客店镇、旧口镇(北部富硒区)	428	
		2017 年	九里回族乡、旧口镇(南部)、长滩镇	391	
		2018 年	官庄湖管理区、长寿镇、双河镇、磷矿镇、文集镇、冷水镇、罗汉寺办事处、东桥镇、张集镇	2560	
	京山市	2014 年	宋河镇、坪坝镇、三阳镇	480	
		2015 年	钱场镇、新市镇(南部)	320	
		2016 年	孙桥镇	344	
		2017 年	永隆镇、雁门口镇、屈家岭管理区	553	
		2018 年	新市镇、永兴镇、曹武镇、罗店镇、绿林镇、杨集镇、石龙镇	1841	
	沙洋县	2017 年	高阳镇、马良镇、沙洋镇	431	
		2018 年	五里铺镇、纪山镇、后港镇、曾集镇、拾回桥镇、沈集镇、官垱镇、李市镇、毛李镇、十里铺镇	1716	
孝感市	安陆市	2016 年	王义贞镇、雷公镇	255	
		2017 年	木梓乡、棠棣镇、辛榨乡、巡店镇、南城街道	357	
天门市	天门市	2014 年	渔薪镇、蒋场镇、横林镇、麻洋镇、沉湖军垦农场	392	
		2015 年	张港镇、卢市镇、净潭乡、干驿镇	432	
		2017 年	多宝镇、拖市镇、沙洋农场(天门市境内)	400	
潜江市	潜江市	2014 年	高石碑镇、王场镇、积玉口镇、周矶街道、高场街道、广华街道	476	
		2017 年	竹根滩镇、园林街道、杨市街道、总口管理区、熊口镇	465	
		2018 年	渔洋镇、张金镇、龙湾镇、老新镇、浩口镇、运粮湖管理区、西大垸管理区、后湖管理区、浩口原种场、棉花原种场、白鹭湖管理区、泽口街道	1009	

续表 1-3

地级市(州)	县(市、区)	工作年份	乡、镇、街道等	面积/km²	项目来源
仙桃市	仙桃市	2014年	沙湖镇、沙湖原种场、郑场镇、胡场镇、排湖渔场、三伏潭镇	596	"金土地"工程
		2015年	通海口镇、沔城回族镇、陈场镇、剅河镇	494	
		2016年	毛嘴镇、郭河镇、张沟镇、杨林尾镇（西部富硒区）	438	
	蔡甸区	2017年	长埫口镇	192	
武汉市	监利市	2014年	消泗乡、侏儒山街道	282	
荆州市	洪湖市	2017年	新沟镇、网市镇、龚场镇	364	
		2014年	小港管理区、汊河镇、黄家口镇	308	
		2016年	峰口镇、万全镇	302	洪湖硒资源普查工程
		2017年	新滩镇、燕窝镇	312	
		2019—2020年	螺山镇、乌林镇、龙口镇、曹市镇、府场镇、戴家场镇、瞿家湾镇、沙口镇、大同湖农场、大沙湖农场、老湾回族乡	1520	
咸宁市	嘉鱼县	2014年	陆溪镇、高铁岭镇	193	"金土地"工程
黄冈市	武穴市	2015年	大法寺镇、石佛寺镇、田家镇街道、刊江街道	314	
总计				45 326	

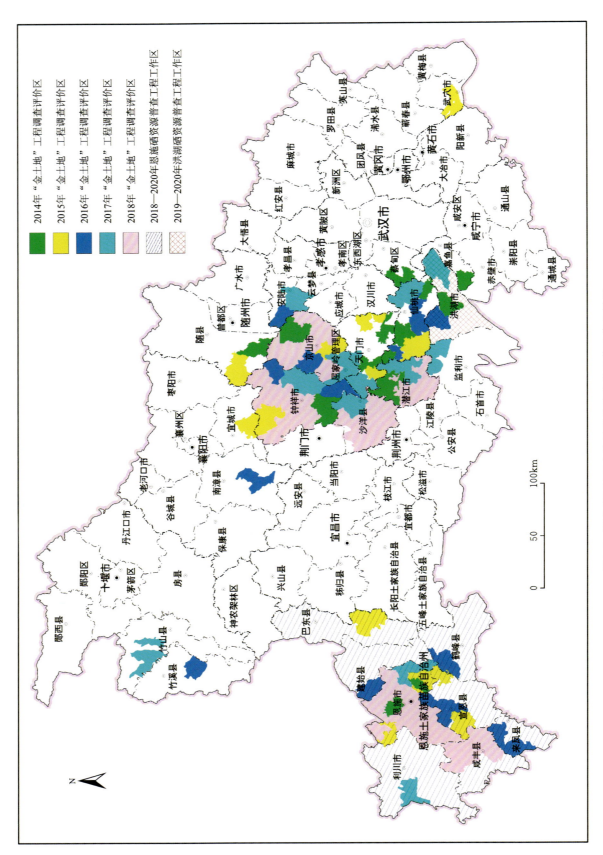

图1-6 湖北省1:5万土地质量地球化学评价工作部署图

第二章　数据来源与质量

第一节　技术路线

一、评价研究思路

本次工作围绕湖北省生态文明建设和耕地质量可持续管理理念，以地质学、土壤学、生态地球化学理论为基础，融合土地管理学、农学、环境学等相关学科理论，全面收集湖北省1∶25万多目标区域地球化学调查、湖北省"金土地"工程——高标准基本农田地球化学调查、恩施州全域土地质量地球化学评价暨土壤硒资源普查及洪湖市全域土地质量地球化学评价暨地方特色农业硒资源调查等项目的调查结果与样品分析数据，以最新的土地质量评价标准体系为依据，评价调查区的土地地球化学质量和优质土壤资源现状，系统总结湖北省的土地质量地球化学调查成果；以土地生态环境综合研究为纽带，以需求和问题为导向，以服务和应用为目标，深入研究影响土地质量和优质资源开发利用的制约因素，探索调查成果应用转化途径，提出土地质量生态保护与修复建议，为政府决策、土地资源利用管理、富硒产业发展、污染防治、生态文明建设和乡村振兴等提供技术支撑。

二、技术路径

充分收集和分析湖北省土地质量、土壤环境调查、土地研究和监测等取得的资料；系统梳理分析土地生态多要素数据，以国家相关法律和技术标准为基础，围绕服务于湖北省绿色发展、耕地保护和粮食安全，运用生态地质学、土壤学、植物营养学、环境地球化学、统计学等学科相关原理，借助现代地球化学研究中的多种先进手段，按照需求导向和问题导向，以"评价-应用"为主线，开展土地生态地球化学综合评价，主要包括开展耕地地球化学评价与农用地分等定级的融合研究，开展农田土壤有机碳库与固碳潜力研究，开展硒、镉等元素生态效应研究，开展生态修复区划研究和新方法新技术探索，对全省土地质量调查成果进行集成与编制。

第二节　数据基础

一、数据来源

本次研究数据来源于"湖北省1∶25万多目标区域地球化学调查"和"湖北省1∶5万土地质量地球化

学调查"项目取得的调查与样品分析数据,包括土壤、大气、灌溉水、农作物等介质的元素含量分析结果,采用统一模板进行数据归集整理。其中,重点整理表层土壤样品分析数据和农作物样品分析数据,总体上按照县级行政区归纳,表层土壤数据增加行政区划、地质背景、成土母质、地形地貌、土壤类型和土地利用等基本信息,农作物按照粮食、油料、蔬菜、水果、水产品、中药材、茶叶等进行分类,便于统计分析。

二、样品采集与加工技术方法

(一)1∶25万多目标区域地球化学调查

1. 样品采集

表层土壤样品采样密度为1个点/km²,采样深度为0～20cm,样品采集兼顾均匀性与合理性,以便最大限度地控制调查面积。为保证采样物质的代表性,采集样品时在采样点周围100m范围内选3～5个点多点采集、等量组合。样品采集时自地表向下至20cm处用工兵铲采集土壤柱状样品,采样时去除根系、土壤团块等物质。

2. 样品加工

样品加工在野外驻地进行。采集的土壤样品原始质量大于1000g,样品在野外进行自然阴干,干燥后过0.84mm(20目)尼龙筛。样品充分混匀后,缩分500g样品装瓶长期保存;另一部分样品按照4km²大格组合,等量混合均匀送实验室进行分析测试,组合样品质量大于200g。

野外样品采集、运输、加工、组合、包装过程均严格采取防污染措施。

(二)1∶5万土地质量地球化学调查

1. 样点布置

按土地利用图斑布置采样点,在兼顾均匀性原则的基础上,耕地、园地、草地及富硒潜力区、生态脆弱区适当加密,一般地区采样密度为4～8个点/km²,重点区域采样密度为9～16个点/km²。

2. 样品采集

依据采样应用程序及地物地貌到达设计点所在位置,实地观测样点周围的土地利用及地形地貌、农作物种植情况,在100m范围内合理地确定采样位置,确保避开道路、沟渠,选择土地利用类型占主体的土地利用单元作为采样对象。采用"S"形或"X"形,在20～50m范围内选择5个点组合采样。采样时先用铁铲挖好采样坑,然后用竹铲削除与铁铲接触的土壤,后用竹铲垂直采集地表以下0～20cm的土壤柱,土壤柱厚×宽×长为2.5cm×2.5cm×20cm。在采样过程中,将土块捏碎,同时弃去动物残留体、植物根系、砾石、肥料团块等杂物。每个样品采集后,均需在袋子上标记样品编号,同时在样品袋内放入写有样品编号的牛皮纸条。样品采集完后,清除采样工具上的泥土,再用于下个样品采集。果园区采样深度为0～60cm,其他土壤样品采样深度均为0～20cm。

3. 样品加工

土壤样品均应当天进行清理并核实样品编号的正确性,无误后将样品悬挂在样品架自然风干,并防止雨淋、酸碱等气体和灰尘污染。风干后的样品剔除其他所有非土物质后过2mm(10目)孔径筛,未过筛的土粒重新碾压过筛,直至全部样品通过2mm(10目)孔径的尼龙筛为止。过筛后的土壤样品称重后混匀,一部分样品送实验室分析,用纸袋盛装;副样(质量不低于300g)装入聚酯塑料瓶,送样品库保存。

三、样品分析测试与质量控制

(一)1:25万多目标区域地球化学调查

土壤样品分析测试由具有国家级资质认证的湖北省地质实验测试中心、安徽省地质实验研究所等测试单位承担。分析过程中严格执行《多目标区域地球化学调查规范(1:250 000)》(DZ/T 0258—2014)、《生态地球化学评价样品分析技术要求(试行)》(DD 2005-03)等相关技术标准。

样品分析需以X射线荧光光谱法(XRF)和电感耦合等离子体质谱法(ICP-MS)等为主体,辅以粉末发射光谱法(ES)、原子荧光光谱法(AFS)等多种分析方法,经过12种国家土壤一级标准物质(GSS 1~GSS 12)的分析,方法的检出限、精密度和准确度都能满足或优于《多目标区域地球化学调查规范(1:250 000)》(DZ/T 0258—2014)要求,分析配套方案合理。本次土壤样品中不同指标分析方法及检出限详见表2-1。

表2-1 1:25万多目标区域地球化学调查土壤样品不同指标分析方法及检出限

指标	符号	分析方法	单位	检出限	指标	符号	分析方法	单位	检出限
砷	As	AFS	mg/kg	0.2	铅	Pb	XRF	mg/kg	2
硼	B	ES	mg/kg	1	硫	S	VOL	mg/kg	50
镉	Cd	ICP-MS	mg/kg	0.02	硒	Se	AFS	mg/kg	0.01
氯	Cl	XRF	mg/kg	20	锶	Sr	XRF	mg/kg	4
钴	Co	ICP-MS	mg/kg	0.1	钒	V	XRF	mg/kg	4
铬	Cr	XRF	mg/kg	3	锌	Zn	XRF	mg/kg	3
铜	Cu	ICP-MS	mg/kg	0.5	二氧化硅	SiO_2	XRF	%	0.1
氟	F	ISE	mg/kg	30	三氧化二铝	Al_2O_3	XRF	%	0.05
锗	Ge	ICP-MS	mg/kg	0.1	全三氧化二铁	TFe_2O_3	XRF	%	0.05
汞	Hg	AFS	mg/kg	0.000 3	氧化镁	MgO	XRF	%	0.05
碘	I	COL	mg/kg	0.2	氧化钙	CaO	XRF	%	0.05
锰	Mn	XRF	mg/kg	8	氧化钠	Na_2O	XRF	%	0.05
钼	Mo	POL	mg/kg	0.2	氧化钾	K_2O	XRF	%	0.05
氮	N	VOL	mg/kg	20	有机碳	Corg	VOL	%	0.02
镍	Ni	ICP-MS	mg/kg	0.4	pH	pH	ISE		0.01
磷	P	XRF	mg/kg	8					

注:ISE为离子选择性电极法;COL为催化分光光度计法;POL为催化极谱法;VOL为容量法。

(二)1:5万土地质量地球化学调查

土壤样品测试均由具有国家级资质认证的湖北省地质实验测试中心和湖北省地质局第六地质大队实验室承担。样品分析准确度和精密度等质量要求按中国地质调查局《多目标区域地球化学调查规范

(1∶250 000)》(DZ/T 0258—2014)、《生态地球化学评价样品分析技术要求(试行)》(DD 2005-03)、《地质矿产实验室测试质量管理规范》(DZ/T 0130—2006),以及中国地质调查局地质调查技术标准《土地质量地球化学评估技术要求(试行)》(DD 2008-06)等相关技术标准(以下简称"规范")与相关规定执行。

1. 土壤样品

样品分析以X射线荧光光谱法(XRF)、电感耦合等离子体质谱法(ICP-MS)、电感耦合等离子体原子发射光谱法(ICP-OES)为主体,辅以原子荧光光谱法(AFS)、碱熔-离子交换-电感耦合等离子体质谱法、离子选择性电极法(ISE)、容量法(VOL)等多种分析方法,各指标的检出限均能满足规范要求(表2-2)。各指标的报出率为100%,插入12种国家一级土壤标准物质(GSS 1~GSS 12),分别统计各指标的合格率,要求均为100%。监控样分析的对数算术标准差合格率绝大多数达到了100%,每组监控样的标准差均满足规范要求,重复性检验和异常点抽查合格率满足规范要求。

表2-2 1∶5万土地质量地球化学调查土壤样品不同指标分析方法及检出限

指标	符号	分析方法	单位	检出限	指标	符号	分析方法	单位	检出限
砷	As	AFS	mg/kg	0.2	铅	Pb	ICP-MS	mg/kg	0.2
硼	B	ICP-MS	mg/kg	0.8	硫	S	XRF	mg/kg	15
镉	Cd	ICP-MS	mg/kg	0.02	硒	Se	AFS	mg/kg	0.01
氯	Cl	XRF	mg/kg	5	锶	Sr	ICP-OES	mg/kg	2
钴	Co	ICP-MS	mg/kg	0.1	钒	V	ICP-OES	mg/kg	2
铬	Cr	XRF	mg/kg	1.5	锌	Zn	ICP-MS	mg/kg	1
铜	Cu	ICP-MS	mg/kg	0.1	二氧化硅	SiO_2	XRF	%	0.05
氟	F	ISE	mg/kg	30	三氧化二铝	Al_2O_3	XRF	%	0.03
锗	Ge	ICP-MS	mg/kg	0.05	全三氧化二铁	TFe_2O_3	XRF	%	0.02
汞	Hg	AFS	mg/kg	0.000 5	氧化镁	MgO	ICP-OES	%	0.02
碘	I	ICP-MS	mg/kg	0.2	氧化钙	CaO	ICP-OES	%	0.02
锰	Mn	ICP-OES	mg/kg	5	氧化钠	Na_2O	ICP-OES	%	0.02
钼	Mo	ICP-MS	mg/kg	0.15	氧化钾	K_2O	XRF	%	0.03
氮	N	VOL	mg/kg	15	有机碳	Corg	VOL	%	0.02
镍	Ni	ICP-OES	mg/kg	0.2	pH	pH	ISE		0.01
磷	P	XRF	mg/kg	5					

2. 有效态样品

采用电感耦合等离子体原子发射光谱法(ICP-OES)分析有效铜、锌、铁、锰,交换性钙、镁,有效磷、速效钾、有效硅,采用容量法(VOL)分析碱解氮、阳离子交换量,采用离子选择性电极法(ISE)分析pH,采用碱熔-离子交换-电感耦合等离子体质谱法分析有效硼、有效钼,采用原子荧光光谱法(AFS)分析有效硒(水溶态硒)。整个样品分析过程由多种分析方法配套组成(表2-3)。各指标的报出率为100%,国家一级土壤标准物质各指标的合格率为100%。监控样分析的对数算术标准差合格率绝大多数达到了100%,每组监控样的标准差均满足规范要求,重复性检验和异常点抽查合格率满足规范要求。

表 2-3 有效态样品分析方法及检出限

指标	分析方法	单位	检出限	处理方法
pH	ISE		0.01	无二氧化碳水浸取
有效铜	ICP-OES	mg/kg	0.01	中酸性:盐酸浸取;碱性:DTPA浸取
有效锌	ICP-OES	mg/kg	0.01	
有效铁	ICP-OES	mg/kg	0.01	
有效锰	ICP-OES	mg/kg	0.005	
有效硼	ICP-MS	mg/kg	0.005	沸水浸取
有效磷	ICP-OES	mg/kg	0.20	酸性为氟化铵-盐酸浸取,中碱性为碳酸氢钠提取,碱性为碳酸氢钠浸取
有效硅	ICP-OES	mg/kg	0.05	柠檬酸浸取
交换性钙、镁	ICP-OES	cmol/kg	0.5	乙酸铵浸取
速效钾	ICP-OES	mg/kg	1.00	乙酸铵浸取
有效钼	ICP-MS	mg/kg	0.005	草酸-草酸铵浸取
有效硒	AFS	μg/kg	0.0005	沸水浸取
碱解氮	VOL	mg/kg	1.00	碱解-扩散
阳离子交换量	VOL	cmol/kg	1.00	中酸性为乙酸铵浸取,碱性为氯化铵预处理和乙酸铵浸取

3. 生物样品

样品分析由电感耦合等离子体原子发射光谱法(ICP-OES)、碱熔-离子交换-电感耦合等离子体质谱法和原子荧光光谱法(AFS)等多种分析方法配套组成(表2-4)。各指标的报出率为100%,国家一级土壤标准物质各指标的合格率为100%。监控样分析的对数算术标准差合格率绝大多数达到了100%,每组监控样的标准差均满足规范要求,重复性检验和异常点抽查合格率满足规范要求。

表 2-4 生物样品分析方法及检出限 单位:mg/kg

指标	符号	分析方法	检出限	指标	符号	分析方法	检出限
硒	Se	AFS	0.002	钙	Ca	ICP-OES、ICP-MS	100
砷	As	AFS	0.04	铁	Fe		5
汞	Hg	AFS	0.0005	钾	K		500
铬	Cr	ICP-OES、ICP-MS	0.04	镁	Mg		200
钴	Co		0.003	锰	Mn		3
镍	Ni		0.01	磷	P		600
铜	Cu		1	硫	S		50
锌	Zn		1	锗	Ge		0.001
钼	Mo		0.1	锶	Sr		0.05
镉	Cd		0.005	锂	Li		0.01
铅	Pb		0.05				

4. 灌溉水样品

样品分析由电感耦合等离子体原子发射光谱法（ICP-OES）、电感耦合等离子体质谱法（ICP-MS）、原子荧光光谱法（AFS）、离子色谱法（IC）、离子选择性电极法（ISE）、容量法（VOL）、重量法、重铬酸钾法、EDTA容量法、二苯碳酰二肼分光光度法等多种分析方法配套组成（表2-5）。各指标的报出率为100%，国家一级土壤标准物质各指标的合格率为100%。监控样分析的对数算术标准差合格率绝大多数达到了100%，每组监控样的标准差均满足规范要求，重复性检验和异常点抽查合格率满足规范要求。

表 2-5 灌溉水样品分析方法及检出限

指标	分析方法	单位	检出限
pH	ISE		0.1
溶解性总固体（TDS）	重量法	mg/L	4
高锰酸钾指数	重铬酸钾法	mg/L	0.05
总硬度	EDTA 容量法	mg/L	1
氟化物	IC	mg/L	0.025
硫酸盐	IC	mg/L	0.25
氯化物	IC	mg/L	0.05
硝酸根	IC	mg/L	0.075
Cr^{6+}	二苯碳酰二肼分光光度法	mg/L	0.004
Ba	ICP-OES	mg/L	0.001
Fe	ICP-OES	mg/L	0.005
K	ICP-OES	mg/L	0.069
P	ICP-OES	mg/L	0.01
Mn	ICP-OES	mg/L	0.002
As	AFS	μg/L	0.075
Hg	AFS	μg/L	0.015
Se	AFS	μg/L	0.075
Cu	ICP-MS	μg/L	0.1
Zn	ICP-MS	μg/L	0.1
Mo	ICP-MS	μg/L	0.05
Cd	ICP-MS	μg/L	0.025
Pb	ICP-MS	μg/L	0.05
凯氏氮	VOL	mg/L	0.2

5. 大气干沉降样品

样品分析采用电感耦合等离子体质谱法（ICP-MS）、原子荧光光谱法（AFS）（表2-6）。各指标的报出率为100%，国家一级土壤标准物质各指标的合格率为100%。监控样分析的对数算术标准差合格率绝大多数达到了100%，每组监控样的标准差均满足规范要求，重复性检验和异常点抽查合格率满足规范要求。

表 2-6 大气干沉降样品分析方法

指标	消解方法	分析方法
Cr、Ni、Cu、Zn、Cd、Pb	HCl、HF、HNO$_3$、HClO$_4$溶矿	ICP-MS
As、Hg、Se	HCl、HF、HNO$_3$、HClO$_4$溶矿	AFS

6. 形态样品

样品分析采用电感耦合等离子体质谱法(ICP-MS)、原子荧光光谱法(AFS)(表 2-7)。各指标的报出率为100%,国家一级土壤标准物质各指标的合格率为100%。监控样分析的对数算术标准差合格率绝大多数达到了100%,每组监控样的标准差均满足规范要求,重复性检验和异常点抽查合格率满足规范要求。

表 2-7 形态样品分析方法及检出限 单位:mg/kg

指标	分析方法	水溶态	离子交换态	碳酸盐结合态	腐殖酸结合态	铁锰结合态	强有机结合态	残渣态
As	AFS	0.01	0.02	0.02	0.02	0.02	0.02	0.2
Hg		0.000 1	0.000 2	0.000 2	0.000 2	0.000 2	0.000 2	0.000 5
Se		0.005	0.005	0.005	0.005	0.005	0.005	0.01
Cu	ICP-MS	0.016	0.202	0.138	0.158	0.194	0.093	0.673
Zn		0.008	0.223	0.217	0.129	0.089	0.259	1.152
Cd		0.001	0.01	0.017	0.003	0.012	0.001	0.009
Pb		0.004	0.037	0.187	0.12	0.132	0.039	0.987

7. 岩石样品

样品分析由 X 射线荧光光谱法(XRF)、电感耦合等离子体质谱法(ICP-MS)、原子荧光光谱法(AFS)、容量法(VOL)等多种分析方法配套组成。各指标检出限均能满足规范要求(表 2-8)。各指标的报出率为100%,国家一级土壤标准物质各指标合格率均为100%。监控样分析的对数算术标准差合格率绝大多数达到了100%,每组监控样的标准差均满足规范要求,重复性检验和异常点抽查合格率满足规范要求。

表 2-8 岩石样品分析方法及检出限 单位:mg/kg

指标	分析方法	检出限	指标	分析方法	检出限
As	AFS	0.2	P	XRF	5
Hg		0.000 5	K$_2$O		0.03
Se		0.01	Pb	ICP-MS	0.2
Cd	ICP-MS	0.02	Zn		1
Cr		1	N	VOL	15
Cu		0.1	Corg		0.02
Ni		0.2			

四、数据可利用性

项目在实施过程中,严格质量管理。先后制定了项目管理暂行办法,出台了项目管理指南,严格规范项目管理;通过优选承担单位,保证了实施队伍的专业化,项目承担单位均具有地球化学勘查乙级以上资质;项目均由湖北省自然资源厅、湖北省地质局及各县(市、区)自然资源和规划局共同组织野外质量检查验收,所有项目野外工作质量均达到优秀级,从而保证了原始资料的真实性;样品分析质量全部通过了中国地质调查局分析质量监控组的审查,保证了分析结果的可靠性。

本次工作收集整理了1:25万和1:5万工作数据,通过制作元素地球化学图寻找数据是否存在"台阶"。如果存在,则采用以下方法检查数据:①对数据进行排序,针对异常高值和低值检查数据单位的一致性,确保数据单位统一;②在排除数据单位不一致引起的问题后,检查数据是否存在错位现象,针对"台阶"数据对接原项目组,更正数据错位问题;③最后,追溯原始实验室测试数据,查阅是否为人为整理数据引起,如果非人为因素引起,则考虑为时间跨度较大引起的测试过程的系统误差,与原始测试实验室人员一起查找原因,并对原始数据进行校正处理,确保了数据的准确性和可对比性。通过对比后的原始数据质量可靠,不存在系统误差,数据可利用性强。

第三节 评价研究方法

一、地球化学参数统计方法

1. 统计单元划分

土壤元素地球化学参数统计按照土壤类型单元、土地利用类型单元、地质背景单元、成土母质单元、地形地貌单元、行政区划单元和各单元中单指标含量进行分类,统计各指标的地球化学特征值。

(1)土壤类型单元:划分到土类,包括红壤、黄壤、黄棕壤、黄褐土、棕壤、暗棕壤、石灰土、紫色土、石质土、砂姜黑土、草甸土、潮土、沼泽土、水稻土14种土类。

(2)土地利用类型单元:严格按照第三次全国国土调查成果统计,包括耕地、园地、林地、草地、建设用地、水域、未利用地。

(3)地质背景单元:基本上按系为单元划分,包括第四系、新近系、古近系、白垩系、侏罗系、三叠系、二叠系、石炭系、泥盆系、志留系、奥陶系、寒武系、震旦系、南华系、青白口系—震旦系、青白口系、中元古界、滹沱系—太古宇,以及侵入岩、脉岩、变质岩共21个单元。

(4)成土母质单元:按照岩石风化物进行划分,分为第四系沉积物、碎屑岩风化物、碎屑岩风化物(黑色岩系)、碳酸盐岩风化物、碳酸盐岩风化物(黑色岩系)、变质岩风化物、硅质岩风化物、火山岩风化物、侵入岩风化物。

(5)地形地貌单元:湖北省地貌类型多样,既有地势平坦的江汉平原,也有连绵起伏的丘陵岗地,还有层峦叠嶂的广大山区,以及适宜养殖的广阔水域,根据景观及地形特点划分为平原、洪湖湖区、丘陵低山、中山、高山。

(6)行政区划单元:分为一级、二级两个级别统计。一级为市(州)评价区,共16个,包含武汉市、襄阳市、宜昌市、黄石市、十堰市、荆州市、荆门市、鄂州市、孝感市、黄冈市、咸宁市、随州市、恩施州、仙桃市、天门市、潜江市。二级为县(市、区)评价区,考虑到鄂州市面积较小且主要为城镇区,仙桃市、天门市和潜江市为省直管市,故这4个市不再细分二级评价区。同时将部分市(州)建成区合并统计,其中武汉市区包含江岸区、江汉区、硚口区、汉阳区、武昌区、青山区、洪山区,襄阳市区包含襄城区、樊城区、襄州区,十堰市区包含张湾区、茅箭区,宜昌市区包含夷陵区、西陵区、伍家岗区、点军区、猇亭区,荆州市区包含荆州区、沙市区,荆门市区包含东宝区、掇刀区,黄石市区包含黄石港区、西塞山区、下陆区、铁山区,共67个二级统计单元。

说明:①二级统计单元中,除屈家岭管理区未测试Sr、竹溪县未测试V外,其他二级统计单元均测试了31项指标;②在不同土壤类型统计单元中,由于实际工作中砂姜黑土(6件样品)和石质土(5件样品)统计量太少,未在全省土壤地球化学参数计算中进行统计,故不同土壤类型样本数合计比全省统计少11件;③在不同成土母质统计单元中,硅质岩风化物仅1件样品,故未统计。

2. 统计参数及计算方法

选取样本数(N)、算术平均值($\overline{X}$)、算术标准差(S)、几何平均值(X_g)、几何标准差(S_g)、变异系数(CV)、中位值(X_{me})、最小值(X_{min})、最大值(X_{max})、累积频率分位值($X_{0.5\%}$、$X_{2.5\%}$、$X_{25\%}$、$X_{75\%}$、$X_{97.5\%}$ 和 $X_{99.5\%}$)、偏度系数(β_s)、峰度系数(β_k)、背景值(X')等多项参数进行分单元统计。

(1)样本数 N 是指参与地球化学参数统计的样品数量。

(2)算术平均值在统计数据中用 $\overline{X}$ 表示,公式为:

$$\overline{X} = \frac{1}{N}\sum_{i=1}^{N} X_i \tag{2-1}$$

(3)几何平均值在统计数据中用 X_g 表示,公式为:

$$X_g = \sqrt[N]{\prod_{i=1}^{N} X_i} = \exp\left(\frac{1}{N}\sum_{i=1}^{N} \ln X_i\right) \tag{2-2}$$

(4)算术标准差在统计数据中用 S 表示,公式为:

$$S = \sqrt{\frac{\sum_{i=1}^{N}(X_i - \overline{X})^2}{N}} \tag{2-3}$$

(5)几何算术标准差在统计数据中用 S_g 表示,公式为:

$$S_g = \exp\left(\sqrt{\frac{\sum_{i=1}^{N}(\ln X_i - \ln X_g)^2}{N}}\right) \tag{2-4}$$

(6)变异系数在统计数据中用 CV 表示,公式为:

$$CV = \frac{S}{\overline{X}} \times 100\% \tag{2-5}$$

(7)中位值是将统计数据排序后,位于中间的数值,用 X_{me} 表示。当样本数为奇数时,中位值为第 $(N+1)/2$ 位数的值;当样本数为偶数时,中位值为第 $N/2$ 位与第 $(N+1)/2$ 位数的平均值。

(8)最小值为统计数据中数值最小的值,用 X_{min} 表示。

(9)最大值为统计数据中数值最大的值,用 X_{max} 表示。

(10)累积频率分位值为数据排序后,累积频率分别为0.5%、2.5%、25%、75%、97.5%和99.5%所对应的数值,在数据表中依次用 $X_{0.5\%}$、$X_{2.5\%}$、$X_{25\%}$、$X_{75\%}$、$X_{97.5\%}$ 和 $X_{99.5\%}$ 表示。

(11)偏度系数(简称偏度)是对分布偏斜方向和程度的一种度量,总体分布的偏斜程度可用总体参数偏度系数 β_s 来衡量。当 β_s 等于零时,表示一组数据分布完全对称;当 β_s 为正值时,表示一组数据分布为正偏态或者右偏态;反之,当 β_s 为负值时,表示一组数据分布为负偏态或者左偏态。不论正、负哪种偏态,偏态系数的绝对值越大表示偏斜程度越大;反之,偏斜程度越小。β_s 计算公式表述如下:

$$\beta_s = \frac{1}{NS^3}\sum(X_i - \overline{X})^3 \tag{2-6}$$

(12)峰度系数(简称峰度)是表征概率密度分布曲线在平均值处峰值高低的特征数。峰度是分布集中于均值附近的形状。如果某分布与标准正态分布比较,其形状更瘦更高,则称为尖峰分布;反之,比正态分布更矮更胖,则称为平峰分布,又称厚尾分布。峰度的高低用总体参数峰度系数 β_k 来衡量。由于标准正态分布的峰度系数为 3,因此当某一分布的峰度系数 β_k 大于 3 时,称其为尖峰分布;当某一分布的峰度系数 β_k 小于 3 时,称其为平峰分布。β_k 计算公式表述如下:

$$\beta_k = \frac{1}{NS^4} \sum (X_i - \overline{X})^3 \tag{2-7}$$

(13)背景值 X' 又称土壤本底值。本书中的背景值是指湖北省 1∶25 万多目标区域地球化学调查和 1∶5 万土地质量地球化学调查区范围内,表层土壤各指标含量经正态检验后的平均值或中位值,用以反映表生环境下土壤地球化学背景的量值。依据《数据的统计处理和解释 正态性检验》(GB/T 4882—2001),对数据频率分布形态进行正态检验。当统计数据服从正态分布时,用算术平均值代表背景值;当统计数据服从对数正态分布时,用几何平均值代表背景值。当统计数据不服从正态分布或对数正态分布时,按照"算术平均值加减 3 倍算术标准差"进行剔除。经反复剔除后服从正态分布或对数正态分布时,用算术平均值或几何平均值代表土壤背景值;经反复剔除后仍不服从正态分布或对数正态分布,当呈现偏态分布时,以算术平均值代表土壤背景值;当呈现双峰或多峰分布时,以中位值或算术平均值代表土壤背景值。

二、评价方法

1. 土壤环境地球化学等级评价

依据《土壤环境质量 农用地土壤污染风险管控标准(试行)》(GB 15618—2018),对农用地土壤中重金属元素进行污染风险评价。土壤环境地球化学等级的 3 个等级(一等、二等、三等)对应农用地土壤污染风险评价分区的三大类(安全区、风险区、管制区)。土壤环境地球化学综合等级采用"一票否决"的原则,每个评价单元的土壤环境地球化学综合等级为单指标划分出的环境等级最差等级。

2. 土壤养分地球化学等级评价

依据《土地质量地球化学评价规范》(DZ/T 0295—2016)对土壤养分元素进行评价,单指标参照《土地质量地球化学评价规范》(DZ/T 0295—2016)表 D.1 和表 D.2,对于表中未给定划分标准的元素则参照湖北省相关部门给出的土壤养分划分标准。

3. 土壤质量地球化学综合等级评价

土壤质量地球化学综合等级由评价单元土壤养分地球化学综合等级与土壤环境地球化学综合等级叠加生成。

4. 富硒农作物评价

参照《富硒稻谷》(GB/T 22499—2008)、《食品安全国家标准 预包装食品营养标签通则》(GB 28050—2011)、《富有机硒食品硒含量要求》(DBS 42/002—2021)、《富硒食品硒含量分类标准》(DB36/T 566—2017)和《富硒茶》(GH/T 1090—2014)等标准对湖北省农作物富硒状况进行评价。

5. 富硒资源开发选区评价

土地硒资源划分主要参照《天然富硒土地划定与标识》(DZ/T 0380—2021)和《土地质量地球化学评价规范》(DZ/T 0295—2016)来确定。结合农作物富硒情况,提出富硒资源开发建议。

三、图件编制方法

图件编制严格按照《土地质量地球化学评价规范》(DZ/T 0295—2016)执行。

1. 评价图斑的确定

图斑是综合成果及应用性图的最小成图空间单元,划分方法以土地利用图斑为依据。所有图斑均采用第三次全国国土调查成果数据。

2. 评价单元赋值

当一个单元中有两个以上数据时,用平均值进行评价单元的赋值;当单元中没有评价数据时,用距离加权反比插值法进行赋值。

3. 土壤养分地球化学综合等级图编制

在氮(N)、磷(P)、钾(K)土壤单指标养分地球化学等级划分基础上,按照以下公式计算土壤养分地球化学综合得分,用规范标准划分评价等级和图斑颜色。

$$f_{养综} = \sum k_i \cdot f_i \tag{2-8}$$

式中:k_i 为权重系数,氮(N)、磷(P)、钾(K)权重系数分别为 0.4、0.4 和 0.2;f_i 分别为土壤 N、P、K 的单元素等级得分,单指标评价结果 5 级、4 级、3 级、2 级、1 级所对应的 f_i 得分分别为 1 分、2 分、3 分、4 分、5 分。

4. 土壤环境地球化学综合等级图编制

土壤环境质量类别划分以《土壤环境质量 农用地土壤污染风险管控标准(试行)》(GB 15618—2018)为基础编制。

5. 土地质量地球化学等级图编制

在由土壤养分地球化学综合等级与土壤环境地球化学综合等级叠加形成土壤质量地球化学综合等级图基础上,叠加灌溉水、大气沉降质量评价结果,经过判别分析形成土地综合质量地球化学等级图。

6. 综合性应用图件编制

参照应用目的和有关标准,综合提取相关信息制作形成图件,评价重点是耕地,主要包括耕地保护区划图和生态修复区划图。

第三章　湖北省土壤地球化学特征

第一节　元素地球化学特征

土地地球化学背景值、中位值、平均值是反映地球化学特征最基本的、最重要的指标,也是土壤环境质量评价、土地开发利用的重要依据,具有生态、环境、农业、医学等多方面研究价值。本次利用自1999年至2020年湖北省土地质量调查工作的海量土壤分析数据,进行了土壤元素地球化学特征值研究(表3-1),探讨了特征土壤元素区域分异特征及影响因素,从而为湖北环境、农业等方面的发展提供应用基础。

从背景值来看,与中南地区土壤相比(表3-2,图3-1),湖北省土壤中除CaO、Sr、SiO_2、Cl较为缺乏外,其他指标背景值相对较高,且近半指标背景值为中南地区背景值的1.2倍以上。其中,Cd、Mn、Ni、Co、Mg背景值为中南地区背景值的1.4倍以上,Cd背景值更是达到中南地区背景值的1.63倍。与全国土壤元素背景值相比,湖北省土壤中相关指标背景值同样表现出更为富集的特点:除CaO、Sr、Na_2O、Cl外,其他指标背景值均高于中国背景值,一半以上指标超出30%;Cd背景值最高,达到中国Cd背景值的2.0倍以上,其次为Se、Hg,背景值分别达到中国背景值的1.55倍、1.50倍;CaO背景值最低,仅为中国背景值的38%,其次为Sr、Na_2O背景值,均为中国背景值的70%以下。

从中位值来看,与中国土壤指标中位值相比(表3-2,图3-1),湖北省土壤指标总体表现出较为富集的特点:除CaO、Na_2O、Sr、pH、Cl、I外,其他指标中位值均高,且近半指标中位值高出中国土壤中位值的30%以上。中位值相对较为较低的主要为CaO、Na_2O、Sr,其中位值分别只占中国土壤中位值的45%、56%、58%;Cd中位值最高,达到中国土壤中位值的2.29倍;其次为Hg、Se,中位值分别为中国土壤中位值的1.73倍、1.70倍;Corg、N、Mo、Co等中位值则超出中国土壤中位值的40%~50%;V、Zn、Ni、Mn、As、F、TFe_2O_3超出中国土壤中位值的30%~40%。与世界土壤指标相比,湖北省土壤指标中位值则主要表现为两大特点:一是除F、B、As、MgO、Ge、Cr、Hg、Co外,其他大多数指标中位值均小于世界土壤中位值;二是湖北省土壤指标中位值两极分化明显,其中F、B、As、MgO等中位值异常高于世界土壤中位值,分别达到世界土壤中位值的3.39倍、3.1倍、2.03倍和2.03倍;I、CaO、Sr、S中位值则异常低,不到世界土壤中位值的40%;TFe_2O_3、Al_2O_3、Na_2O、Cl中位值亦低于世界土壤中位值的60%。

从平均值来看,湖北省大多数指标平均值均远高于美国土壤平均值,特别是F、I、Ni平均值为美国土壤指标平均值的3倍左右,只有Sr、Al_2O_3、K_2O、Na_2O、CaO平均值相对较低;与英国土壤已有指标相比,除Cd、Hg外,其他指标平均值均高于英国土壤平均值,特别是Cr,平均值达到英国土壤平均值的2.80倍。

由上可见,湖北省土壤31项指标中大部分指标相对国内其他地区较为富集,Se、Hg、Cd、I、Mn、Ni、Co、MgO等富集最为明显,CaO最为缺乏,其次为Na_2O、Sr、SiO_2、Cl;但与世界土壤指标相比,湖北省大多数指标则相对贫乏,尤其是I、CaO、Sr、S、TFe_2O_3、Al_2O_3、Na_2O、Cl等,而F、B、As、MgO含量则相对偏高。

在所有地球化学参数中,背景值最能反映表层土壤指标的含量特征。土壤背景值又称土壤本底值,是指各区域正常地质地理条件和地球化学条件下土壤元素或化合物的正常含量,即未受或少受人类活动影响的土壤中元素或化合物的含量。当今,由于人类活动的长期影响和工农业的高速发展,自然环境下土壤的化学成分和含量水平发生了明显的变化,要想寻找绝对未受污染的土壤十分困难。土壤背景值是环境保护的基础数据,是研究元素在土壤中变迁和进行土壤质量评价与预测的重要依据,同时可为土壤资源的保护和开发及农林经济发展提供依据。

表 3-1 湖北省土壤指标地球化学特征值($n=242\,948$)

指标	单位	平均值	中位值	背景值	最小值	最大值	算术标准差	变异系数
As	mg/kg	12.7	12.2	12.2	0.1	1 463.5	9.1	72%
B	mg/kg	68	62	62	1	1314	36	54%
Cd	mg/kg	0.44	0.32	0.31	0.003	108.00	1.07	242%
Cl	mg/kg	69	59	62	5	5774	48	69%
Co	mg/kg	17.5	17.1	17.3	1.0	227.0	5.1	29%
Cr	mg/kg	87	84	84	1	2470	33	38%
Cu	mg/kg	32.9	30.0	31.2	2.3	10 170.0	27.3	83%
F	mg/kg	799	677	681	2	19 566	585	73%
Ge	mg/kg	1.48	1.47	1.47	0.20	9.81	0.20	14%
Hg	μg/kg	88.2	69.0	74.9	2.0	87 645.0	301.2	341%
I	mg/kg	2.4	1.7	1.9	0.02	1 390.0	3.5	146%
Mn	mg/kg	824	763	784	18	34 230	446	54%
Mo	mg/kg	1.66	0.95	0.94	0.04	664.00	4.78	289%
N	mg/kg	1668	1582	1615	43	31 510	671	40%
Ni	mg/kg	38.9	36.6	37.3	0.3	2 461.2	17.4	45%
P	mg/kg	793	739	745	59	71 716	517	65%
Pb	mg/kg	31.0	30.0	29.8	2.2	7 837.8	27.7	89%
S	mg/kg	292	256	267	1	48 860	253	87%
Se	mg/kg	0.50	0.34	0.34	0.01	86.59	0.99	196%
Sr	mg/kg	101	89	93	10	2782	67	66%
V	mg/kg	118	110	112	12	3825	59	50%
Zn	mg/kg	93	90	90	2	18 120	77	82%
SiO_2	%	65.18	65.24	65.30	2.63	90.99	6.01	9%
Al_2O_3	%	13.88	13.95	13.91	2.80	25.70	2.22	16%
TFe_2O_3	%	5.81	5.70	5.75	0.48	28.45	1.36	23%
MgO	%	1.76	1.62	1.61	0.15	21.73	1.12	64%
CaO	%	1.23	0.73	1.06	0.01	49.41	1.38	112%
Na_2O	%	0.90	0.76	0.87	0.02	5.50	0.61	68%
K_2O	%	2.41	2.42	2.40	0.08	8.20	0.62	25%
Corg	%	1.62	1.50	1.54	0.01	21.60	0.77	48%
pH			6.53		0.70	10.59		

表 3-2 湖北省土壤地球化学特征值与其他地区土壤特征值对比表

指标	单位	湖北省			中南地区	中国		美国	英国	世界
		平均值	背景值	中位值	背景值	背景值	中位值	平均值	平均值	中位值
As	mg/kg	12.7	12.2	12.2	9.6	9.1	9.1	5.2	11.3	6
B	mg/kg	68	62	62	55	48	49	26	—	20
Cd	mg/kg	0.44	0.31	0.32	0.19	0.15	0.14	—	0.62	0.35
Cl	mg/kg	69	62	59	64	72	66	—	—	100
Co	mg/kg	17.5	17.3	17.1	11.8	11.7	12	6.7	12	8
Cr	mg/kg	87	84	84	64	63	66	37	31.1	70
Cu	mg/kg	32.9	31.2	30.0	24	23	23	17	25.8	30
F	mg/kg	799	681	677	492	501	504	210	—	200
Ge	mg/kg	1.48	1.47	1.47	1.4	1.4	1.3	1.2	—	1
Hg	mg/kg	88.2	74.9	69.0	68	50	40	58	98	60
I	mg/kg	2.4	1.9	1.7	1.7	1.8	1.7	0.8	—	5
Mn	mg/kg	824	784	763	504	552	562	330	761	1000
Mo	mg/kg	1.66	0.94	0.95	0.76	0.67	0.62	—	—	1.2
N	mg/kg	1668	1615	1582	1194	1117	1070	—	—	2000
Ni	mg/kg	38.9	37.3	36.6	25	26	27	13	—	50
P	mg/kg	793	745	739	635	686	665	—	—	800
Pb	mg/kg	31.0	29.8	30.0	29	25	25	16	29.2	35
S	mg/kg	292	267	256	253	259	242	—	—	700
Se	mg/kg	0.50	0.34	0.34	0.32	0.22	0.2	0.26	0.4	0.4
Sr	mg/kg	101	93	89	94	148	153	120	—	250
V	mg/kg	118	112	110	86	79	79	—	—	—
Zn	mg/kg	93	90	90	69	67	66	48	59.8	90
SiO_2	%	65.18	65.30	65.24	66.9	65.0	64.6	—	—	71.0
Al_2O_3	%	13.88	13.91	13.95	13.5	13.0	12.9	17.8	—	26.8
TFe_2O_3	%	5.81	5.75	5.70	4.49	4.35	4.39	5.1	—	11
MgO	%	1.76	1.61	1.62	1.13	1.46	1.44	0.73	—	0.8
CaO	%	1.23	1.06	0.73	1.55	2.79	1.62	1.29	—	2.1
Na_2O	%	0.90	0.87	0.76	0.77	1.27	1.36	1.59	—	1.3
K_2O	%	2.41	2.40	2.42	2.11	2.36	2.36	3.6	—	3.4
Corg	%	1.62	1.54	1.50	1.2	1.07	0.99	—	—	2
pH	%			6.53	—	—	7.67	—	—	—

注：中国、中南地区土壤背景值和中位值数据引自侯青叶等(2020)，世界土壤中位值数据引自中国环境监测总站(1990)，美国、英国土壤平均值数据引自魏复盛等(1991)。

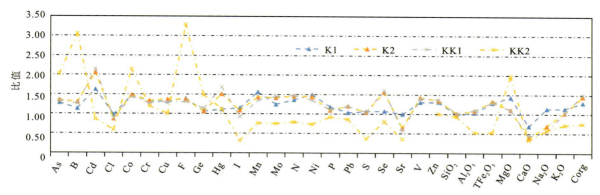

图 3-1 湖北省土壤背景值与其他区域背景值比值图

注：K1=湖北省土壤背景值/中南地区土壤背景值，K2=湖北省土壤背景值/中国土壤背景值，KK1=湖北省土壤中位值/中国土壤中位值，KK2=湖北省土壤中位值/世界土壤中位值。

土壤背景值受多种因素影响，地质背景是影响土壤背景值最直接和关键的因素。研究区不同地质背景形成的指标背景值变化很大，与湖北省土壤背景值对比有一定差异(图 3-2，表 3-3)。三叠系、二叠系中大多数指标背景值较高；南华系、青白口系—震旦系大多数指标背景值则较低。CaO、Na_2O、Sr 在第四系、古近系等较新地层及南华系、青白口系—震旦系、滹沱系—太古宇等老地层和侵入岩中最为富集，但在三叠系、二叠系、石炭系、泥盆系、志留系和奥陶系成土母质形成的土壤中较为贫乏。Mo、Cd、Se、I、Hg、F、Mn、Pb、S 等在三叠系、二叠系、石炭系、泥盆系、奥陶系、寒武系和震旦系等黑色岩系成土母质形成的土壤中较为富集，N、$Corg$ 等也比较容易富集于二叠系、石炭系、泥盆系、奥陶系、寒武系等地层中。

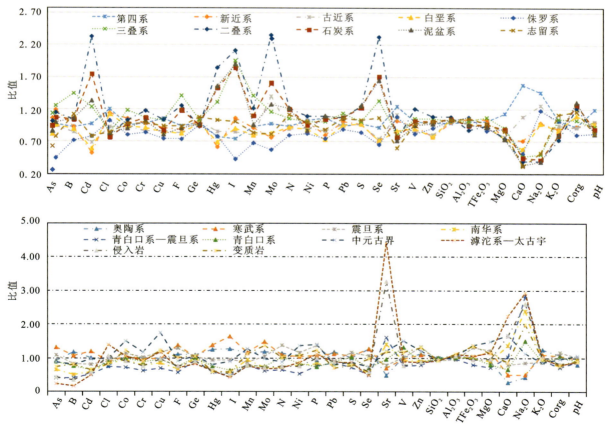

图 3-2 湖北省不同地质背景土壤背景值与湖北省土壤背景值对比图

注：脉岩样品仅 14 件，未列入。

表 3-3 湖北省不同地质背景土壤背景值一览表

指标	单位	全省	第四系	新近系	古近系	白垩系	侏罗系	三叠系	二叠系	石炭系	泥盆系	志留系	奥陶系	寒武系	震旦系	南华系	青白口系—震旦系	青白口系	中元古界	滹沱系—太古宇	侵入岩	脉岩	变质岩
样品数	件	242 948	108 245	151	1436	11 433	4284	43 820	16 951	1097	2447	20 610	11 151	9043	3237	2316	308	3132	25	282	2558	14	408
As	mg/kg	12.2	11.8	14.4	11.4	11.6	5.4	15.2	13.9	13.0	12.1	9.4	11.2	16.0	13.2	7.9	4.9	10.8	10.7	2.8	5.2	5.8	9.0
B	mg/kg	62	57	57	52	55	44	89	64	64	65	69	73	66	51	31	25	47	50	10	21	28	50
Cd	mg/kg	0.31	0.30	0.16	0.21	0.18	0.24	0.38	0.72	0.54	0.41	0.24	0.31	0.37	0.25	0.18	0.16	0.20	0.30	0.15	0.18	0.23	0.20
Cl	mg/kg	62	74	70	57	69	63	52	50	47	51	52	47	56	56	51	46	54	61	86	66	83	51
Co	mg/kg	17.3	16.4	18.1	15.8	16.0	13.8	20.3	17.7	16.7	15.5	16.7	17.9	17.8	19.6	16.3	12.4	17.1	25.9	18.2	15.6	16.6	21.1
Cr	mg/kg	84	82	82	72	76	70	89	98	89	85	82	84	82	85	65	52	74	98	76	64	69	75
Cu	mg/kg	31.2	32.7	28.2	26.9	26.1	23.0	32.0	32.1	27.0	25.0	29.1	30.5	30.2	36.5	26.3	21.6	29.8	54.4	36.7	30.0	35.7	38.1
F	mg/kg	681	635	597	506	557	497	955	848	799	615	631	752	942	856	455	387	507	618	475	511	477	683
Ge	mg/kg	1.47	1.45	1.49	1.47	1.43	1.40	1.51	1.36	1.39	1.41	1.57	1.59	1.50	1.51	1.45	1.35	1.47	1.55	1.21	1.32	1.47	1.55
Hg	μg/kg	74.9	57.5	45.3	52.1	51.3	57.9	97.4	137.7	114.1	116.5	76.6	93.2	103.1	74.1	44.4	42.9	56.5	59.9	46.1	46.0	51.9	44.6
I	mg/kg	1.9	1.4	2.0	1.6	1.7	0.8	3.7	4.0	3.5	3.6	1.9	2.4	3.1	1.8	1.1	0.9	1.2	1.7	0.8	1.0	1.1	1.1
Mn	mg/kg	784	725	709	604	618	525	1099	944	854	746	651	898	905	685	736	601	610	992	594	625	657	871
Mo	mg/kg	0.94	0.91	0.71	0.72	0.77	0.53	1.08	2.21	1.51	1.19	0.76	1.11	1.39	0.98	0.67	0.58	0.70	0.92	0.63	0.68	0.88	1.28
N	mg/kg	1615	1498	1461	1352	1472	1277	1690	1947	1925	1943	1787	1831	1747	2146	1164	1043	1647	1418	1136	1212	1187	1631
Ni	mg/kg	37.3	38.0	37.4	33.6	32.9	30.5	37.2	40.4	35.5	32.1	36.8	40.0	38.7	43.0	29.3	19.8	31.3	50.7	32.4	28.1	27.0	39.8
P	mg/kg	745	787	591	606	539	551	746	803	772	810	654	697	799	1018	612	570	547	1042	827	739	676	915
Pb	mg/kg	29.8	27.8	29.8	28.5	28.1	26.3	33.6	31.7	31.6	31.5	31.3	35.1	33.4	27.1	23.6	25.4	26.4	23.8	26.1	26.8	27.5	20.8
S	mg/kg	267	258	256	255	257	223	267	330	324	332	273	268	282	310	219	192	273	234	230	221	279	207
Se	mg/kg	0.34	0.31	0.24	0.25	0.24	0.22	0.45	0.79	0.58	0.56	0.36	0.43	0.43	0.36	0.19	0.17	0.24	0.25	0.16	0.20	0.22	0.33
Sr	mg/kg	93	115	94	93	80	100	74	68	71	66	55	45	65	73	130	149	89	112	412	304	270	109
V	mg/kg	112	112	105	96	100	91	117	134	113	106	108	115	109	114	104	85	147	168	100	86	113	131
Zn	mg/kg	90	88	69	72	69	81	94	97	90	87	90	100	98	119	81	71	79	109	78	79	85	117
SiO$_2$	%	65.30	64.00	64.78	66.37	67.33	66.41	65.98	69.98	67.95	68.02	67.00	65.70	64.26	60.28	62.70	65.42	65.40	59.95	59.75	61.83	61.57	60.08
Al$_2$O$_3$	%	13.91	13.82	14.47	13.52	13.40	14.84	14.07	12.10	13.10	13.26	14.53	15.20	13.96	13.23	14.38	13.47	14.02	14.75	15.42	14.70	15.20	15.51
TFe$_2$O$_3$	%	5.75	5.77	5.92	5.20	5.39	4.94	6.11	5.40	5.49	5.26	5.56	5.78	5.89	7.51	5.68	4.57	5.78	7.88	6.09	5.43	5.74	7.77
MgO	%	1.61	1.81	1.19	1.23	1.18	1.43	1.45	1.19	1.42	1.18	1.37	1.44	1.91	1.95	1.44	1.15	1.28	2.38	1.85	1.55	1.60	1.82
CaO	%	1.06	1.67	0.75	0.82	0.61	0.54	0.49	0.41	0.47	0.35	0.54	0.29	0.53	0.84	1.44	1.09	0.70	1.77	2.37	1.75	1.91	0.91
Na$_2$O	%	0.87	1.27	0.85	1.09	0.84	1.02	0.43	0.34	0.36	0.33	0.45	0.37	0.44	0.74	2.07	2.48	1.30	0.98	2.55	2.26	1.95	1.73
K$_2$O	%	2.40	2.43	2.12	2.25	2.08	2.43	2.49	1.73	1.91	1.92	2.66	2.97	2.62	2.10	2.17	2.21	2.12	2.06	2.36	2.44	2.46	2.29
Corg	%	1.54	1.42	1.42	1.40	1.68	1.23	1.57	1.87	1.95	2.01	1.78	1.65	1.61	1.42	1.15	1.10	1.58	1.48	1.21	1.26	1.24	1.19

在自然作用和人类活动影响下,研究区不同土壤类型元素的富集和贫乏特征相差较大(表3-4,图3-3)。红壤中大多数指标较为缺乏,棕壤、沼泽土中大多数指标较为富集。红壤、黄壤、黄棕壤、棕壤和石灰土中,B、Hg、I、Mn、Mo、Se、Cd、F等较为富集;CaO、Na_2O、Cl、Sr在潮土、水稻土、草甸土、沼泽土中相对富集,但在红壤、黄壤、棕壤及暗棕壤中却极为贫乏;Se则主要在棕壤、黄棕壤、黄壤、暗棕壤、草甸土及沼泽土中富集。

表3-4 湖北省主要土壤类型土壤背景值一览表

指标	单位	全省	红壤	黄壤	黄棕壤	黄褐土	棕壤	暗棕壤	石灰土	紫色土	草甸土	潮土	沼泽土	水稻土
样本数	件	242 948	3783	17 857	69 303	1428	8885	478	9394	6755	554	45 774	392	78 334
As	mg/kg	12.2	10.6	10.7	13.3	12.3	17.3	13.1	15.6	8.5	14.7	11.2	14.6	11.8
B	mg/kg	62	66	72	68	61	67	73	76	83	58	56	56	59
Cd	mg/kg	0.31	0.24	0.34	0.34	0.16	0.48	0.35	0.34	0.24	0.39	0.34	0.38	0.26
Cl	mg/kg	62	53	47	52	59	51	48	52	59	56	73	56	73
Co	mg/kg	17.3	16.4	16.9	18.5	15.7	21.2	19.3	18.9	16.0	18.9	16.5	19.3	16.3
Cr	mg/kg	84	80	82	86	80	97	85	88	75	91	82	99	82
Cu	mg/kg	31.2	27.8	28.3	29.2	27.3	35.0	31.0	33.8	25.3	36.9	33.7	42.7	31.2
F	mg/kg	681	526	746	778	554	1036	849	909	667	809	664	748	614
Ge	mg/kg	1.47	1.50	1.51	1.50	1.43	1.51	1.56	1.46	1.47	1.51	1.45	1.50	1.46
Hg	μg/kg	74.9	77.3	97.6	94.1	51.5	132.4	91.6	77.8	49.6	102.2	51.5	92.1	63.5
I	mg/kg	1.9	1.8	2.4	3.1	2.1	6.7	3.0	2.7	1.3	4.3	1.4	3.7	1.4
Mn	mg/kg	784	660	758	946	720	1250	1019	924	640	965	790	900	642
Mo	mg/kg	0.94	0.92	1.03	1.07	0.61	1.41	0.99	1.08	0.70	1.14	1.01	1.14	0.82
N	mg/kg	1615	1323	1576	1701	1402	2250	1625	1773	1325	1904	1324	2451	1684
Ni	mg/kg	37.3	30.0	35.2	36.7	35.9	42.5	36.9	42.0	32.6	42.0	39.1	48.2	36.6
P	mg/kg	745	616	668	733	608	1028	712	674	558	871	877	796	701
Pb	mg/kg	29.8	30.9	32.1	31.9	29.0	35.5	32.7	32.1	27.6	32.2	26.0	33.0	29.1
S	mg/kg	267	253	247	269	224	363	224	256	217	298	209	401	299
Se	mg/kg	0.34	0.30	0.48	0.43	0.21	0.71	0.52	0.31	0.25	0.49	0.34	0.50	0.29
Sr	mg/kg	93	63	55	69	96	79	69	73	75	111	133	91	97
V	mg/kg	112	101	108	113	100	127	114	115	103	133	116	145	109
Zn	mg/kg	90	80	92	92	73	108	94	93	82	106	95	113	83
SiO_2	%	65.30	69.12	68.70	66.52	65.57	64.06	67.23	63.67	65.97	62.02	62.55	59.67	65.21
Al_2O_3	%	13.91	13.53	13.60	13.87	14.30	14.47	14.11	14.39	14.29	14.89	13.78	15.63	13.90
TFe_2O_3	%	5.75	5.30	5.34	5.76	5.49	6.61	5.81	6.14	5.51	6.57	5.80	7.27	5.68
MgO	%	1.61	1.03	1.29	1.37	1.25	1.60	1.40	1.53	1.74	1.96	2.19	1.92	1.55
CaO	%	1.06	0.37	0.32	0.45	0.83	0.46	0.40	0.78	0.57	1.33	2.17	1.24	1.15
Na_2O	%	0.87	0.36	0.30	0.44	0.99	0.46	0.39	0.46	0.78	0.96	1.50	0.78	1.03
K_2O	%	2.40	2.08	2.48	2.38	2.16	2.31	2.51	2.47	2.48	2.46	2.60	2.72	2.32
Corg	%	1.54	1.27	1.43	1.63	1.32	2.12	1.44	1.62	1.23	1.79	1.20	2.10	1.68

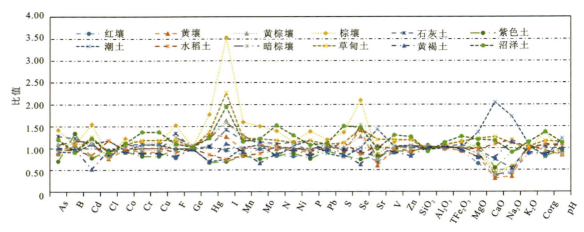

图 3-3 湖北省不同土壤类型土壤背景值与湖北省土壤背景值对比图

受自然和人为作用影响,不同土地利用类型元素富集具有独特性。在园地、林地和草地中,Hg、Se、I、B、Mn 等较为富集;CaO、Na₂O、Sr 在耕地、水域、建设用地中含量较高,但在园地、林地、草地及未利用地中较为贫乏(图 3-4,表 3-5)。

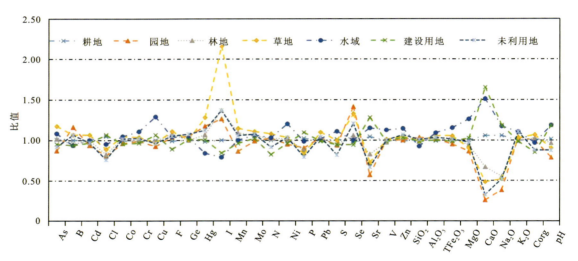

图 3-4 湖北省不同土地利用类型土壤背景值与湖北省土壤背景值对比图

表 3-5 湖北省主要土地利用类型土壤背景值一览表

指标	单位	全省	耕地	园地	林地	草地	建设用地	水域	未利用地
样本数	件	242 948	191 941	14 180	20 390	1947	2492	8499	3499
As	mg/kg	12.2	12.3	10.6	12.4	14.3	11.6	13.2	11.2
B	mg/kg	62	62	72	59	66	58	58	66
Cd	mg/kg	0.31	0.31	0.29	0.31	0.33	0.30	0.31	0.30
Cl	mg/kg	62	65	50	51	55	66	59	47
Co	mg/kg	17.3	17.2	16.6	17.7	18.1	16.5	18.1	17.6
Cr	mg/kg	84	83	83	83	87	81	93	86
Cu	mg/kg	31.2	31.1	28.8	30.8	30.2	33.2	40.2	30.0
F	mg/kg	681	674	706	735	755	605	709	717
Ge	mg/kg	1.47	1.47	1.54	1.47	1.48	1.48	1.52	1.58

续表 3-5

指标	单位	全省	耕地	园地	林地	草地	建设用地	水域	未利用地
Hg	μg/kg	74.9	73.6	87.9	79.9	95.8	75.5	62.8	84.1
I	mg/kg	1.9	1.9	2.4	2.6	4.1	1.6	1.5	2.6
Mn	mg/kg	784	784	676	856	898	753	783	830
Mo	mg/kg	0.94	0.93	0.93	0.99	1.04	0.96	1.00	1.01
N	mg/kg	1615	1615	1656	1654	1741	1328	1664	1477
Ni	mg/kg	37.3	37.0	35.4	37.9	38.5	35.9	44.8	38.5
P	mg/kg	745	762	673	653	615	816	734	591
Pb	mg/kg	29.8	29.6	30.7	30.3	32.7	29.4	30.3	31.0
S	mg/kg	267	270	250	253	266	252	296	218
Se	mg/kg	0.34	0.33	0.48	0.36	0.45	0.32	0.34	0.41
Sr	mg/kg	93	97	53	77	67	119	107	62
V	mg/kg	112	111	112	109	113	110	126	112
Zn	mg/kg	90	89	90	93	94	93	103	96
SiO_2	%	65.30	65.48	67.53	64.12	64.50	64.25	60.37	65.79
Al_2O_3	%	13.91	13.79	14.11	14.29	14.66	13.89	15.16	14.38
TFe_2O_3	%	5.75	5.71	5.46	5.89	6.04	5.66	6.63	5.81
MgO	%	1.61	1.61	1.39	1.51	1.45	1.65	2.03	1.57
CaO	%	1.06	1.12	0.27	0.71	0.51	1.75	1.60	0.34
Na_2O	%	0.87	0.92	0.33	0.48	0.45	1.03	1.02	0.45
K_2O	%	2.40	2.39	2.49	2.38	2.47	2.36	2.65	2.65
Corg	%	1.54	1.55	1.53	1.57	1.64	1.31	1.49	1.35

由于各地区地质背景、土壤类型及土地利用类型的差异，研究区 16 个地级市土壤背景值表现出不同的特征(图 3-5,表 3-6)。

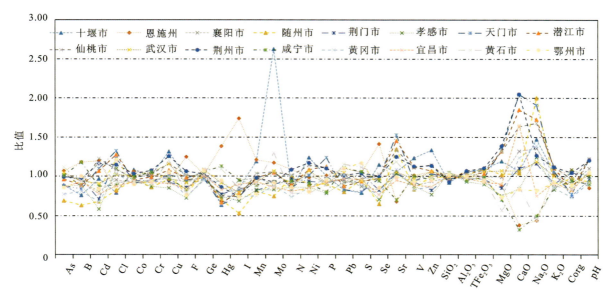

图 3-5　湖北省不同行政区划单元土壤背景值与湖北省土壤背景值对比图

表3-6 湖北省不同行政区划单元土壤背景值一览表

指标	单位	全省	十堰市	恩施州	襄阳市	随州市	荆门市	孝感市	天门市	潜江市	仙桃市	武汉市	荆州市	咸宁市	黄冈市	宜昌市	黄石市	鄂州市
样品数	件	242 948	4162	95 016	7131	6669	53 487	5895	10 105	15 462	13 430	4109	18 052	2420	4247	1479	881	403
As	mg/kg	12.2	10.8	13.0	12.4	8.4	12.1	10.6	10.7	11.7	12.7	12.7	12.1	12.3	9.4	10.4	13.6	10.4
B	mg/kg	62	47	73	58	39	60	55	52	55	54	58	60	73	50	58	58	62
Cd	mg/kg	0.31	0.30	0.37	0.25	0.21	0.22	0.18	0.34	0.33	0.38	0.28	0.36	0.27	0.21	0.24	0.36	0.26
Cl	mg/kg	62	49	50	59	51	76	68	82	79	67	63	71	55	64	54	57	75
Co	mg/kg	17.3	18.7	18.3	15.8	16.4	16.3	16.5	15.8	16.4	16.9	17.4	17.8	17.1	15.5	16.1	16.2	15.5
Cr	mg/kg	84	85	86	80	72	79	73	78	83	86	88	90	88	79	77	75	78
Cu	mg/kg	31.2	41.0	29.7	30.1	30.0	28.8	26.5	31.7	33.5	36.1	36.0	39.1	30.5	31.0	28.3	37.4	32.7
F	mg/kg	681	660	848	631	566	583	492	649	668	690	622	723	565	506	572	538	517
Ge	mg/kg	1.47	1.55	1.50	1.44	1.46	1.42	1.43	1.43	1.49	1.45	1.58	1.51	1.55	1.39	1.49	1.60	1.57
Hg	μg/kg	74.9	47.5	103.5	54.4	52.1	57.8	55.6	47.9	49.8	56.2	68.4	64.5	84.3	69.7	61.8	81.6	70.8
I	mg/kg	1.9	1.6	3.3	1.8	1.0	1.6	1.3	1.4	1.5	1.4	1.5	1.4	1.8	1.4	1.7	1.6	1.4
Mn	mg/kg	784	932	947	762	629	642	647	763	765	811	724	765	693	588	727	700	606
Mo	mg/kg	0.94	2.47	1.10	0.85	0.70	0.84	0.78	0.99	0.98	0.99	1.00	0.87	0.87	0.83	0.81	1.22	0.86
N	mg/kg	1615	1344	1754	1504	1602	1562	1387	1375	1430	1631	1397	1749	1515	1188	1302	1267	1382
Ni	mg/kg	37.3	46.2	36.6	37.6	33.5	34.8	32.0	37.7	40.4	42.4	39.7	43.6	33.9	31.7	31.7	29.3	29.9
P	mg/kg	745	746	749	680	670	683	583	922	836	820	682	818	595	729	689	663	709
Pb	mg/kg	29.8	24.6	32.7	28.6	23.8	28.7	27.5	24.7	26.0	27.4	31.1	30.1	32.9	30.3	28.8	34.3	32.7
S	mg/kg	267	211	280	232	255	275	246	214	249	258	249	278	282	236	254	297	312
Se	mg/kg	0.34	0.39	0.48	0.28	0.22	0.28	0.24	0.33	0.33	0.34	0.33	0.34	0.32	0.26	0.26	0.35	0.29
Sr	mg/kg	93	98	63	98	125	96	96	142	135	124	98	116	65	101	88	110	92
V	mg/kg	112	138	113	98	93	104	98	105	125	124	108	126	112	93	99	105	104
Zn	mg/kg	90	120	95	84	91	74	69	93	96	103	95	102	86	78	78	89	85
SiO₂	%	65.30	60.02	67.06	64.02	61.94	66.44	67.91	63.52	61.63	61.71	64.93	60.54	68.40	66.44	65.54	68.10	66.48
Al₂O₃	%	13.91	14.71	13.88	14.48	14.06	13.34	12.92	13.59	14.92	14.56	13.56	14.85	13.18	13.63	13.50	13.70	13.89
TFe₂O₃	%	5.75	6.27	5.71	5.70	6.29	5.52	5.15	5.63	5.91	6.17	6.09	6.34	5.67	5.51	5.30	5.51	5.44
MgO	%	1.61	1.92	1.42	1.59	1.64	1.37	1.21	2.15	2.12	2.12	1.72	2.23	1.13	1.19	1.45	0.91	1.18
CaO	%	1.06	1.13	0.40	1.40	1.10	1.17	0.89	2.17	1.96	1.73	1.13	2.17	0.34	1.31	1.75	0.92	0.88
Na₂O	%	0.87	1.28	0.38	1.18	1.74	1.01	1.08	1.66	1.50	1.46	1.03	1.10	0.43	1.21	0.65	0.38	0.71
K₂O	%	2.40	2.51	2.45	2.47	2.15	2.17	1.99	2.55	2.65	2.69	2.40	2.68	2.06	2.04	2.22	2.11	2.20
Corg	%	1.54	1.16	1.65	1.40	1.50	1.61	1.67	1.19	1.28	1.48	1.36	1.61	1.45	1.13	1.25	1.29	1.37

相对全省而言,鄂西北山区中十堰市 Mo 最为富集,Cu、Co、Cr、Mo、Mn、Se、V、Zn 及 Na_2O、CaO 背景值也较高,但 Corg、B、Hg 较为缺乏;恩施州 B、Hg、Cd、I、Mo、Mn、Se、F 较为富集,但 Na_2O、CaO、Sr 普遍缺乏;襄阳市、随州市、荆门市、孝感市、黄冈市等岗地的土壤中 CaO、Na_2O、Cl 普遍富集,B、Cd、MgO、Se、Hg 较为缺乏;荆州市、潜江市、天门市、仙桃市、武汉市等沿江平原区 Cl、MgO、CaO、Na_2O、Se、Cd、Sr、K_2O 普遍富集,土壤 pH 偏高,I、F、Hg、Corg 较为缺乏;咸宁市 B、Hg、MgO、CaO、Na_2O、K_2O、Cl 缺乏;宜昌市 CaO 最为富集,Na_2O、Se、Cd 最为缺乏;黄石市 Mo、Cu、Sr、Cd 富集,鄂州市 Cl、S、Pb 较为富集,但 MgO、N 在黄石市、鄂州市均较缺乏。

第二节 土壤元素组合特征

在长期自然作用以及人类活动的影响下,来自不同岩石、地层的土壤元素会发生迁移、分散和富集作用。一些地球化学性质相似或者物质来源相同的元素呈现有规律的组合,表现出较好的相关性、聚集性。

土壤中元素的含量及组合特征既与元素的地球化学性质有关,又受表生地球化学条件和人类活动的影响。为了从千丝万缕的联系中找出元素之间的组合特征,运用 SPSS 软件进行 R 型因子分析和聚类分析来判别它们的相关关系,从而确定元素共生组合关系。

R 型因子分析是研究元素共生组合的有效手段和方法,其中每一个因子所包含主要元素不仅仅表示它们的一种组合关系,而且反映了一种内在的成因联系。本次对湖北省表层土壤样品数据进行了 R 型因子分析,采用正交旋转因子载荷矩阵来划分元素组合,以因子载荷绝对值 $\gamma > 0.5$ 的元素为该因子主要载荷元素,确定了湖北省表层土壤 8 种元素共生组合类型:①F1 因子组合为 V、Se、Mo、Cd、Cr、Ni;②F2 因子组合为 Co、TFe、Mn、Cr、Ni;③F3 因子组合为 K、Al、Si、Ge;④F4 因子组合为 Corg、N、S;⑤F5 因子组合为 B、Sr、Na;⑥F6 因子组合为 pH、Ca;⑦F7 因子组合为 Cu、Pb、As;⑧F8 因子组合为 Mg、F。

因子分析提取了各元素对区内地球化学变差的贡献,但各元素间的亲疏关系不明,利用原始数据进行聚类分析可反映各元素间的亲疏关系,进一步研究各因子分配情况。结果显示(图 3-6),土壤元素组合主要表现为以下 8 类:第一类为 Ni、Cr、Cd、Mo、V、Se,它们具有较强的伴生关系,对应因子分析中的变量 F1,与黑色岩系分布密切相关,黑色岩系是含有机碳(接近或大于 1.0%)及硫化物(铁硫化物为主)较多的深灰色—黑色的硅岩、碳酸盐岩、泥质岩(含层凝灰岩)及其变质岩的组合体系(余涛等,2018),在鄂西山区广泛分布;第二类为 TFe_2O_3、Co、Mn,对应因子分析中的变量 F2,主要为铁族元素组合,其地球化学性质相近,都具有亲铁、亲硫和亲氧三重性;第三类为 N、Corg、S,对应因子分析中的变量 F4,均为自然界广泛存在的元素,也是土壤营养元素的重要组成部分,与人类活动关系密切;第四类为 Al_2O_3、K_2O、Ge,对应因子分析中的变量 F3,主要反映的是一套造岩元素组合;第五类为 As、Cu、Pb,对应因子分析中的变量 F7,主要为亲硫元素,亦称为成矿元素组合,常形成与矿床或含矿岩层相关的地球化学异常;第六类为 F、MgO,对应因子分析中的变量 F8,主要指示为地形作用(孙奥等,2022);第七类为 CaO、pH,与因子分析中的变量 F6 对应,主要为土壤酸化的临界警示指标,也对研究区元素淋溶具有重要的指示意义;第八类为 Na_2O、Sr,与因子分析中的变量 F5 对应,主要为亲石元素组合。由于湖北省土地覆盖面积较广,地质背景、成土母质、土壤类型复杂多变,因此带内表层土壤元素的共生组合较为复杂,主要受控于黑色岩系、矿物组合、造岩亲石以及人类活动影响等因素。

第三节 土壤元素地球化学空间分布特征

湖北省土地质量地球化学评价工作开展近 20 年,获得了土壤中各种有益元素/指标、环境元素/指标的含量特征,获取了各元素/指标的地球化学空间分布特征。前面对土壤中各元素/指标含量基本情况及

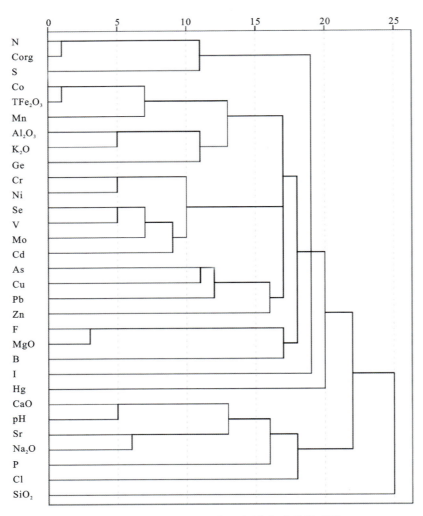

图3-6 湖北省表层土壤元素/指标聚类谱系图

相关关系进行了探讨,本节重点阐述土壤中各元素空间分布特征,并探讨元素分布特征的地质意义。

依据《土地质量地球化学评价规范》(DZ/T 0295—2016)中土壤养分和土壤环境评价指标分类,并参考植物营养学相关知识,本次土壤分析指标可分为两大类:①土壤养分元素/指标,即N、P、K、Ca、Mg、S、Fe、B、Mn、Cu、Zn、Se、Mo、Cl、I、F、Si、Ge、Na、Co、Al、V、Sr、Corg共24种;②土壤环境元素/指标,即Cd、Hg、Pb、As、Ni、Cr、Cu、Zn、Co及土壤酸碱度(pH)共10种。

一、土壤养分元素地球化学空间分布

土壤养分元素/指标(以下简称元素)是指土壤中植物生长发育所必需的化学元素。土壤养分元素主要分为4类:①大量营养元素,如N、P、K;②中量营养元素,如Ca、Mg、S;③微量营养元素,如Fe、B、Mn、Cu、Zn、Mo、Cl、V;④其他有益元素,如Si、Al、Na、Co、Se、I、Ge、Sr、F、Corg。

(一)大量营养元素地球化学空间分布特征

1. 氮(N)

湖北省土壤中N背景值为1615mg/kg,变异系数为40%,为相对分异型元素。在空间分布上,N高值区主要分布于恩施州宣恩县、恩施市、建始县、鹤峰县交界地区(图 3-7)。这些区域属于高海拔地区,与湖北省西部其他 N 高值区一样,长年林地覆盖,土壤中积累了大量的 N、Corg。另外,N 高值区还零星分布于江汉平原湖积及湿地淤积区。相反地,N 低值区主要集中于长江、汉江两岸一定范围内的冲积平原区,主要由含砂量较高的潮土引起。低值区还分布于鄂北随县、京山市、钟祥市及随州市的部分地区,与变质岩成土母质有关。不同土壤类型土壤中 N 含量差异明显,在沼泽土、棕壤、草甸土、黄棕壤和石灰土中含量相对较高,在震旦系、泥盆系、三叠系、二叠系、石炭系、古近系等地层风化形成的土壤中含量略高。

2. 磷(P)

湖北省土壤中 P 背景值为 745mg/kg,变异系数为 65%,为分异型元素。在空间分布上,鄂北地区 P 含量呈现两极分化,在磷富集成土母质分布区为高背景值区,在随县洪山镇、京山市南部、钟祥市中部为低背景值区;鄂西地区以竹溪县、恩施州恩施市—鹤峰县—建始县一带为高背景值区,而在巴东县中部、利川市北部及来凤县东南部均为低背景值区。武汉市亦出现 P 高背景值区,这主要与人类活动密切相关。

3. 钾(K)

湖北省土壤中 K_2O 背景值为 2.40%,变异系数为 25%,为均匀分异型元素。在空间分布上,K_2O 含量分布在鄂西和鄂北受成土母质影响明显,呈现高背景和低背景规律分布;江汉平原则受土壤类型控制,呈现出以背景值特征为主的空间分布。

(二)中量营养元素地球化学空间分布特征

1. 钙(Ca)

湖北省土壤中 CaO 背景值为 1.06%,变异系数达 112%,受土壤类型和成土母质影响明显。在空间分布上,高背景值区主要分布于汉江、长江流域区带、两江平原区以及鄂西竹溪县、鄂北随州市、京山市;低背景值区主要分布于恩施州、嘉鱼县、武穴市。

2. 镁(Mg)

湖北省土壤中 MgO 背景值为 1.61%,变异系数为 64%,受土壤类型、土地利用类型和成土母质影响明显。在空间分布上,高背景值区主要分布于竹溪县、鹤峰县、咸丰县、宣恩县、巴东县等地区,江汉平原及随县、京山市的部分地区,基本上呈带状分布,沿长江、汉江夹道一带也有分布;低背景值区主要分布于咸丰县、恩施市,京山市南部、钟祥市、沙洋县及嘉鱼县、武穴市一带。

3. 硫(S)

湖北省土壤中 S 背景值为 267mg/kg,变异系数为 87%,为较强分异型元素。受土壤类型、土地利用类型和成土母质影响,土壤中 S 含量差异明显。在不同土壤类型中,沼泽土、棕壤、水稻土、草甸土中 S 含量高。在不同成土母质中,S 主要富集于二叠系、石炭系、泥盆系、寒武系、震旦系中。在空间分布上,高背景值区主要分布于恩施州、沿江冲积带两侧、江汉平原南部洪湖市、嘉鱼县等地区;沿汉江潮土带及鄂北地区则主要表现为低背景值分布区(图 3-8)。

(三)微量营养元素地球化学空间分布特征

1. 铁(Fe)

湖北省土壤中 TFe_2O_3 背景值为 5.75%,变异系数为 23%,在全省分布相对均衡。受土壤类型和成土

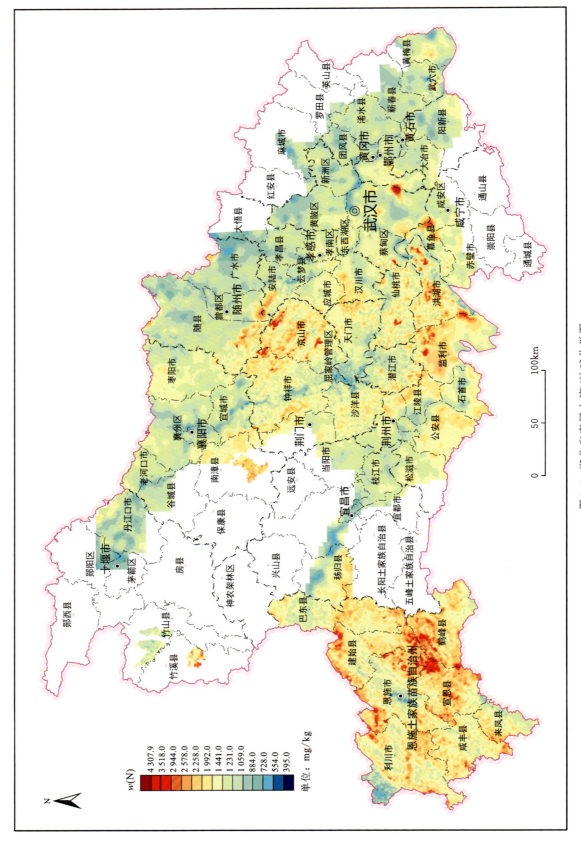

图 3-7 湖北省表层土壤 N 地球化学图

第三章 湖北省土壤地球化学特征

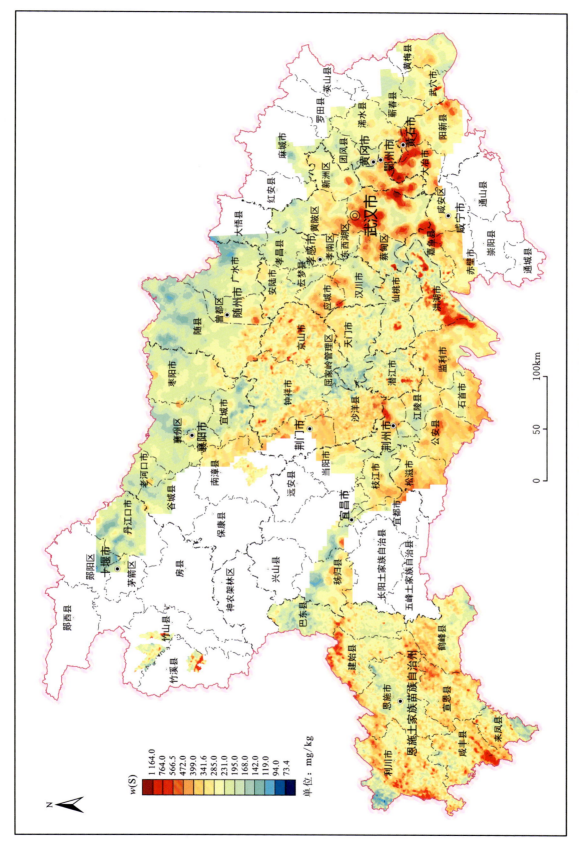

图3-8 湖北省表层土壤S地球化学图

母质影响明显,沼泽土、棕壤和石灰土中 Fe 含量较高。在不同成土母质中,变质岩在震旦系、中元古界地层中含量最高。在空间分布上,高背景值区主要呈带状分布于竹溪县、利川市、鹤峰县、安陆市、随县及江汉平原南部;低背景值区主要分布于广水市、大悟县、麻城市及恩施市、建始县。

2. 硼(B)

湖北省土壤中 B 背景值为 62mg/kg,变异系数为 54%,为分异型元素。受土壤类型和成土母质影响明显,B 在紫色土、石灰土、黄壤、黄棕壤、暗棕壤中含量较高,在三叠系、奥陶系、志留系和寒武系风化形成的土壤中含量较高。在空间分布上,高背景值区主要分布于恩施州,特别是咸丰县、鹤峰县、巴东县、恩施市、建始县、利川市,以带状分布为主;低背景值区主要分布于十堰市、随县、广水市、大悟县、麻城市、武汉市黄陂区、团风县、黄冈市、黄石市、鄂州市。

3. 锰(Mn)

湖北省土壤中 Mn 背景值为 784mg/kg,变异系数为 54%,受不同土壤类型和成土母质影响较大。在空间分布上,沿汉江、长江平原区多为背景值区;高背景值区主要分布于恩施州;低背景值区主要分布于随州市、沙洋县、恩施州来凤县南部、咸丰县、恩施市中部地区。

4. 铜(Cu)

湖北省土壤中 Cu 背景值为 31.2mg/kg,变异系数为 83%,为较强分异型元素。在空间分布上(图 3-9),高背景值区主要分布于竹山县、竹溪县、鹤峰县、恩施市、丹江口市、随县、随州市曾都区、京山市、枣阳市,以及江汉平原南部松滋市、公安县、石首市、洪湖市、嘉鱼县等地,另有武汉市、鄂州市、黄石市、阳新县,极高值异常区主要分布于竹山县、竹溪县、黄石市、阳新县;低背景值区则主要分布于恩施州利川市以及随县东北部—广水—麻城沿线,两江流域区主要呈现低背景含量特征。

湖北省表层土中 Cu 含量受成土母质影响明显。两大构造区 Cu 含量以秦岭区偏低和扬子区偏高为特征。下寒武统黑色含碳硅质岩系中 Cu 达到最大富集量,沿该地层区形成强浓集带。全省 Cu 较强的后期叠加分异富集主要集中在长江中下游地区,其叠加幅度之大、强度之高为全省之首,区内构成显著的、大体呈北西向叠加浓集带,反映了 Cu 的成矿特征。其余叠加浓集较为明显的有大别群下部,神农架群下部,随南和鄂中震旦系,金鸡岭、北大巴和八面山寒武系,两郧地区加里东期基性—超基性岩,反映了层间或断裂带的热液浓集。湖北省基性—超基性岩一般富 Cu,中酸性岩一般贫 Cu,桐柏地区的酸性岩 Cu 含量贫乏,因此形成了表层土壤中随县东北部—广水—麻城沿线 Cu 异常低值带(马元等,2013)。表生环境下 Cu 易淋失,这也是两江流域区表层土壤 Cu 含量较低的原因。另外,人类生活产生的污染也是导致表层土壤 Cu 富集的原因,武汉市 Cu 较为富集的现象验证这一点。

5. 锌(Zn)

湖北省土壤中 Zn 背景值为 90mg/kg,变异系数为 82%,为较强分异型元素。在空间分布上,高背景值区主要分布于竹山县、竹溪县、利川市、宣恩县。高背景值区主要呈带状分布于利川市、宣恩县、鹤峰县、鄂北随县、安陆市、京山市东部地区,鄂东南黄石市、阳新县、武穴市以及武汉市等地。

湖北省土壤中 Zn 含量主要受地质背景、成土母质以及人类活动的影响。Zn 后期叠加富集显著的地质单元主要有震旦系、寒武系、二叠系、三叠系等碳酸盐岩区。相对较集中的部位为竹溪县—郧县北大巴震旦系—寒武系区、黄陵背斜西北缘震旦系—寒武系区、咸丰断裂东侧寒武系区、建始一带二叠系区、鄂东南二叠系和中下三叠统,其中中下三叠统于黄石一带形成强浓集带,并在该地火山岩、二叠系—下三叠统等层位内,由岩浆热液叠加浓集构成一近东西向浓集带。另外,于鄂东南中酸性岩体区内出现强的叠加浓集(马元等,2013)。总的来说,上述叠加浓集与成矿作用有关,有些本身是已知矿床(点)的显示,武汉市 Zn 异常高背景值区为人类活动影响的结果。

第三章 湖北省土壤地球化学特征

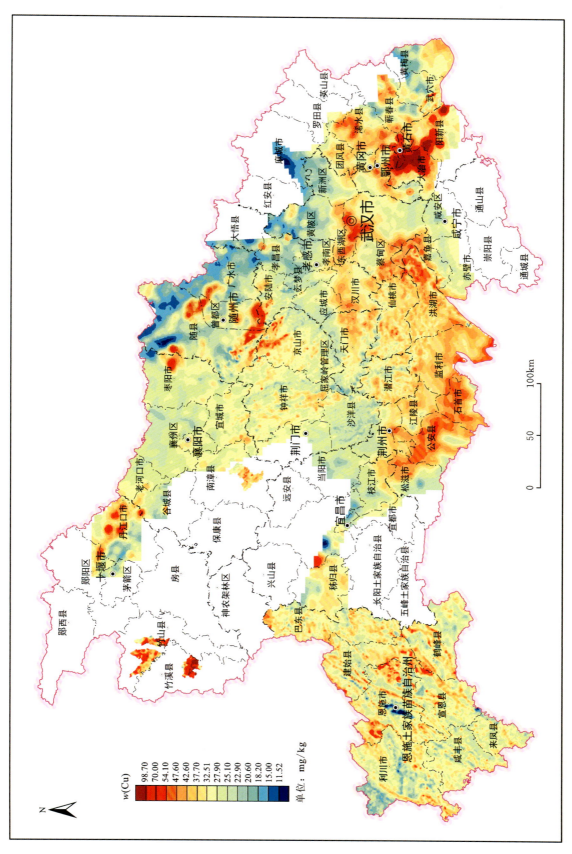

图 3-9 湖北省表层土壤Cu地球化学图

6. 钼（Mo）

湖北省土壤中 Mo 背景值为 0.94mg/kg，变异系数为 289%，为极强分异型元素。Mo 分布受土壤类型和成土母质影响非常明显，一般在棕壤、黄棕壤、沼泽土、草甸土、石灰土中含量较高，高值区集中于二叠系、石炭系、寒武系、泥盆系、古近系及变质岩地层风化形成的土壤中。在空间分布上，Mo 与 Se 相似，高背景值区主要分布在鄂西竹山县、竹溪县、建始县、恩施市、鹤峰县、宣恩县、来凤县，在鄂北随县、京山市、安陆市有部分呈条带状分布，在武汉市和黄石市呈面状亦有分布；低背景值区主要分布于沙洋县及随县北、武汉市黄陂区北部等地以及利川市北部、咸丰县西北部以及来凤县南部（图 3-10）。

7. 氯（Cl）

湖北省土壤中 Cl 背景值为 62mg/kg，变异系数为 69%，为分异型元素。Cl 含量受土壤类型、成土母质影响明显，一般在第四系、新近系及太古宇—滹沱系地层风化形成的潮土、水稻土土壤中含量较高，表现为该元素受人类活动影响明显。在空间分布上，高背景值区主要分布在潜江市、沙洋市、天门市、钟祥市、京山市、宜城市；低背景值区主要分布于丹江口市。

8. 钒（V）

湖北省土壤中 V 背景值为 112mg/kg，变异系数为 50%，为分异型元素。V 主要受成土母质影响，一般在中元古界、变质岩、青白口系、二叠系、三叠系、奥陶系、震旦系地层风化形成的土壤中含量较高。V 与 Cr、Ni、Se 相关性较好，在空间分布上相似。高背景值区主要分布于鄂西山区，特别是竹溪县、竹山县、建始县、恩施市部分地区，鄂北枣阳市、随州市、安陆、京山市部分地区；低背景值区主要分布于鄂北地区。

（四）其他有益元素地球化学空间分布特征

1. 硅（Si）

湖北省土壤中 SiO_2 背景值为 65.30%，变异系数为 9%，在全省分布相对均匀。在空间分布上，高背景值区主要分布于恩施州恩施市、咸丰县、建始县、安陆市、京山市南部、钟祥市、沙洋县、嘉鱼县、武穴市以及武汉市；低背景值区主要集中于江汉平原区、鄂北随县、京山市中西部以及鄂西竹溪县。

2. 铝（Al）

湖北省土壤中 Al_2O_3 背景值为 13.91%，变异系数为 16%，分布相对均匀，受土壤类型和成土母质影响明显。在空间分布上，高背景值区在全省均有分布，主要分布于竹山县、竹溪县部分地区，恩施州来凤县、鹤峰县、恩施市、咸丰县、南漳县，以及江汉平原天门市、京山市、仙桃市、洪湖市、潜江市的局部地区；低背景值区主要分布于恩施市、咸丰县、建始县局部以及京山市、钟祥市南部地区。

3. 钠（Na）

湖北省土壤中 Na_2O 背景值为 0.87%，变异系数为 68%，受土壤类型和成土母质影响明显。在空间分布上，高背景值区主要分布于鄂北老地层分布区，包括枣阳市、随州市各县（市）、大悟县、麻城市、黄陂区、新洲区、团风县、黄冈市、黄石市、鄂州市、随县、钟祥市、竹溪县、十堰市、丹江口市；低背景值区主要分布于恩施州，以及江汉平原区南部嘉鱼县、武穴市、阳新县。

第三章 湖北省土壤地球化学特征

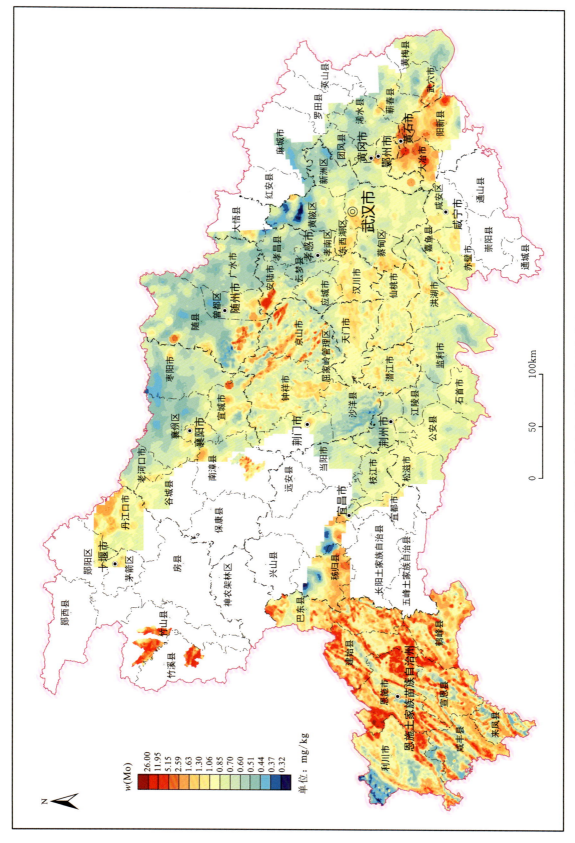

图 3-10 湖北省表层土壤 Mo 地球化学图

4. 钴（Co）

湖北省土壤中 Co 背景值为 17.3mg/kg，变异系数为 29%，主要受成土母质及土壤类型影响，一般在中元古界、变质岩、三叠系、震旦系地层风化形成的土壤中含量较高，棕壤、暗棕壤及沼泽土中含量较高。Co 与 TFe_2O_3 相关性较好，二者在空间分布上有相似的地方。在空间分布上，高背景值区主要呈带状分布于鄂西竹溪县、鹤峰县、利川市、建始县、巴东县，鄂北随县、京山市、枣阳市；低背景值区主要分布于随县北部、广水市、大悟县、麻城市及恩施市、建始县。

5. 硒（Se）

湖北省土壤中 Se 背景值为 0.34mg/kg，变异系数达到 196%，为极强分异型元素。Se 与 V 相关性最好，其次为 Mo、Cr、Cd、Ni。全省 Se 高背景值区主要呈带状分布于鄂西地区（图 3-11），包括恩施州、竹山县、竹溪县、鄂北安陆市、京山市部分地区以及武汉市、黄石市。鄂西南山区高背景值区与二叠系地层高度吻合，成土母质主要为碎屑岩风化物（黑色岩系）、碳酸盐岩风化物（黑色岩系）；鄂西北、鄂北高背景值区则与寒武系地层吻合较好，其成土母质主要为碎屑岩风化物和碳酸盐岩风化物。武汉市高背景值区主要分布于市中心，应与人类生产、生活有关；黄石市 Se 高背景值异常区分布范围主要与矿产开发有关。低背景值区主要分布于鄂北随县、安陆市、宜城市，以及钟祥市、京山市、沙洋县的大部分地区，受土壤类型和成土母质影响明显。Se 在黄壤、黄棕壤、棕壤、暗棕壤、草甸土、沼泽土中含量较高，在二叠系、寒武系、三叠系、石炭系、泥盆系、志留系、奥陶系、震旦系成土母质形成的土壤中含量较高。由此可见，表层土壤中 Se 主要受成土母质、土壤类型、矿产及人类活动影响。

6. 碘（I）

湖北省土壤中 I 背景值为 1.9mg/kg，为强分异型元素，变异系数达 146%。在空间分布上，I 表现为明显分化：高背景值异常区主要分布于鄂西南地区，呈带状分布，鄂北地区以高背景含量为主；低背景值异常区主要分布于鄂东，在随州和黄陂北部含量最低。土壤中 I 一方面来源于母岩风化，另一方面来源于大气沉降。成土母质中碳酸盐岩风化物（黑色岩系）、碎屑岩风化物（黑色岩系）成土母质中 I 含量最高。

7. 锗（Ge）

湖北省土壤中 Ge 背景值为 1.47mg/kg，变异系数为 14%，全省含量分布较为平均，在不同成土母质、土壤类型含量变化不明显。在空间分布上，高背景值区主要以条带状为主，分布于咸丰县、来凤县、利川市、竹山县及随州市、京山市，呈点状分布于阳新县、黄石市；低背景值区主要分布于随县北—广水市—大悟县—团风县—鄂州市—黄梅县一线。

8. 锶（Sr）

湖北省土壤中 Sr 背景值为 93mg/kg，变异系数为 66%，为分异型元素。在空间分布上，高背景值异常区主要分布于枣阳市、随县、随州市曾都区、广水市、大悟县、麻城市、武汉新洲区、罗田县、团风县、黄石市、鄂州市、黄梅县、武穴市等地；高背景值区主要分布于竹溪县及长江和汉江沿线（图 3-12）。

Sr 含量主要受地质背景、成土母质影响。Sr 在第四系、侏罗系、变质岩和侵入岩成土母质形成土壤中含量较高，在不同土壤类型中变化也较明显，在潮土、草甸土、水稻土中含量较高。

地壳中 Sr 为分散元素，其浓集程度与特定的地质环境有关。Sr 含量异常高处主要受南、北两大构造区控制，其中秦岭区强烈富集，扬子区近于贫乏。富集区主要分布于三大区域：一是桐柏-大别高级变质地体区，为 Sr 的强富集区；二是中—新元古代变火山-沉积岩系，为 Sr 的中—强富集区，形成武当-随枣-红安高背景富集带；三是热液富集，主要出现于长江中下游岩带的中酸性岩区内，其中以铁山岩体含量最高（马元等，2013）。

第三章 湖北省土壤地球化学特征

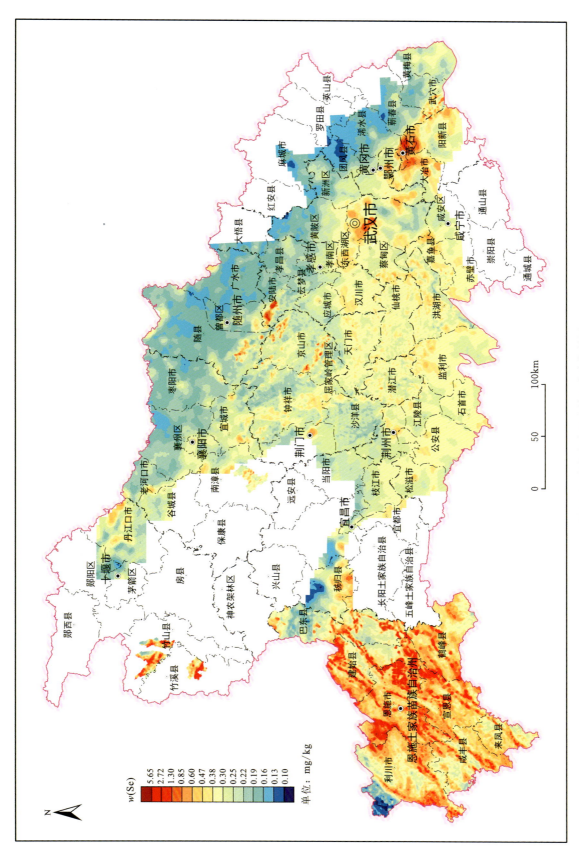

图 3-11 湖北省表层土壤 Se 地球化学图

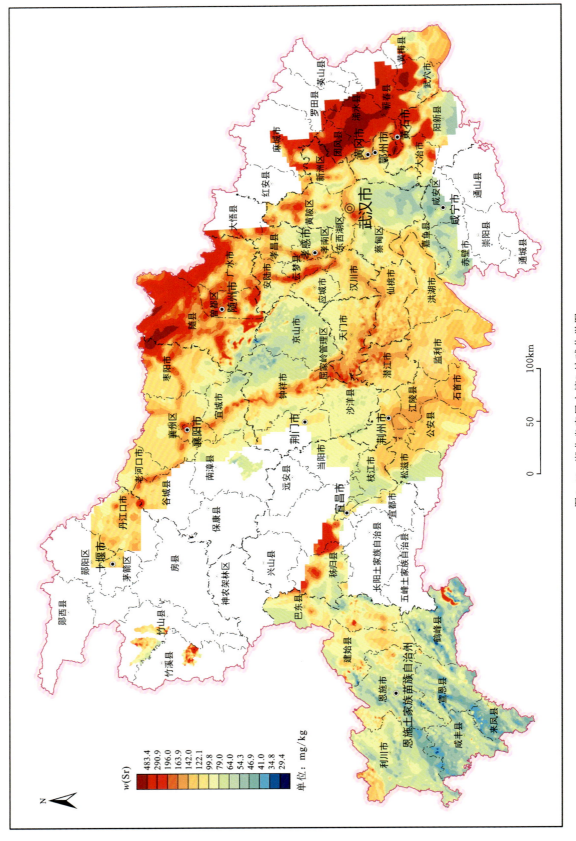

图 3-12 湖北省表层土壤 Sr 地球化学图

9. 氟（F）

湖北省土壤中 F 背景值为 681mg/kg，变异系数为 73%，为分异型元素。F 主要受土壤类型和成土母质影响明显，一般在黄棕壤、棕壤、黄壤和石灰土、暗棕壤、草甸土中含量较高，在三叠系、二叠系、石炭系、寒武系和震旦系成土母质形成的土壤中含量也较高。在空间分布上，高背景值区在恩施州，随县、京山市的部分地区呈条带状分布；低背景值区主要分布于随县、安陆市、京山市、钟祥市、沙洋县、武穴市。

10. 有机质（Corg）

土壤 Corg 含量与环境影响密切相关，它对土壤肥力、环境保护以及作物生长等方面都起着重要的作用。湖北省土壤中 Corg 背景值为 1.54%，变异系数为 48%，含量分布相对分异。Corg 与 N 相关性极好，相关系数达到 0.845，空间分布也与 N 元素极为相似。

二、土壤环境元素地球化学空间分布

土壤环境指标主要为 Cd、Hg、Pb、As、Ni、Cr、Cu、Zn、Co、pH。土壤 pH 是土壤的重要属性之一，对土壤养分的有效化、土壤性状及作物的生长发育等均有明显影响。

1. 镉（Cd）

湖北省土壤中 Cd 背景值为 0.31mg/kg，变异系数达到 242%，为极强分异型元素。在空间分布上，Cd 与 Se 相似。高背景值区主要分布于鄂西地区（图 3-13），如恩施州、竹山县、竹溪县等以及鄂北安陆市、京山市、武穴市部分地区，这些地区的高背景值区一般呈带状分布，与二叠系、寒武系出露地层分布吻合较好。成土母质主要为碎屑岩风化物及碎屑岩风化物（黑色岩系）、碳酸盐岩风化物及碳酸盐岩风化物（黑色岩系）。另外，Cd 高背景值区还分布于武汉市、黄石市、阳新县，主要呈面状分布。武汉市 Cd 高背景值区主要分布于市中心区域，与人类活动有关；黄石市、阳新县 Cd 高背景值区主要与当地矿产分布及开发区吻合，土壤中 Cd 元素异常应与此有关；高背景值区主要分布于江汉平原区。低背景值区主要分布于随县、安陆市、宜城市以及钟祥市、京山市、沙洋县的大部分地区。

与 Se 相似，土壤中 Cd 主要受土壤类型、成土母质、矿产及人类活动影响明显。Cd 一般在沼泽土、草甸土、棕壤、暗棕壤、黄壤、黄棕壤、石灰土、潮土中含量较高，在二叠系、三叠系、石炭系、泥盆系、寒武系成土母质区土壤中含量较高。

2. 汞（Hg）

湖北省土壤中 Hg 背景值为 74.9mg/kg，变异系数达 341%，为极强分异型元素。在空间分布上，高背景值区主要呈带状分布于鄂西地区恩施州、竹溪县，呈散点状分布在鄂北地区及江汉平原，还有呈面状分布于武汉市、黄石市、荆州市等城市中心；低背景值区主要分布于鄂北地区及两江沿线地区。

土壤中 Hg 含量异常主要受到地质背景、成土母质及人类活动的影响。湖北省不同地层单元间的 Hg 背景值差异较大，导致土壤中 Hg 含量分异较强。最富集地层主要为震旦系、二叠系，Hg 含量最贫地层或岩石主要为大别群及中性—酸性岩，这两者中 Hg 最高含量为最低含量的近 21 倍；另一方面高 Hg 含量来源于断裂构造中—低温热液活动 Hg 叠加浓集，形成与断裂构造对应的线形强度不等浓集区带，局部构成 Hg 元素浓集区。同时由于人类工业生产、日常生活的影响，导致一些人口密度较大的城市区域也出现土壤 Hg 元素的聚集。

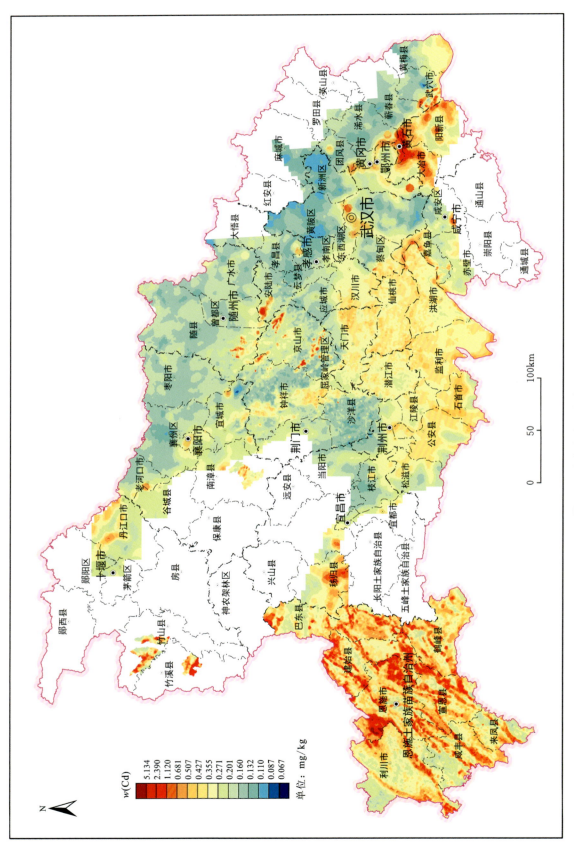

图3-13 湖北省表层土壤Cd地球化学图

3. 铅(Pb)

湖北省土壤中 Pb 背景值为 29.8mg/kg，变异系数为 89%，为较强分异型元素。在空间分布上，高背景值区主要分布于恩施州，特别是鹤峰县、来凤县、咸丰县、黄石市、阳新县、武穴市等地以及武汉市、随州市等人口密集区；低背景值区主要分布于汉江流域，以及随县、竹山县、竹溪县。

与 Zn 元素相似，土壤中 Pb 含量主要受地质背景、成土母质以及人类活动的影响。鄂西南地区 Pb 高背景值区主要发育于寒武系，伴随震旦系；部分发育于二叠系，多与北东向的断裂带有关，形成有齐岳山、天山坪、咸丰、鹤峰及走马坪等弱叠加带。下扬子台坪区 Pb 则发育于二叠系—下三叠统，形成著名的黄石 Pb 强浓集带和金牛、灵峰山、银山 Pb 强浓集区。总体上看，无论是浓集带，还是零星的浓集点，多具相应的层位性，又受到褶皱或断裂带的控制，反映了扬子地台区 Pb 的以层控浓集成矿为主的特征（马元等，2013）。武汉市、随州市等人口密集区土壤中 Pb 局部异常主要受人类生产、生活导致的污染影响。

4. 砷(As)

湖北省土壤中 As 背景值为 12.2mg/kg，变异系数为 72%，为分异型元素。在空间分布上，高背景值异常区主要分布于 3 个区域：一是恩施州利川市、咸丰县、鹤峰县；二是南漳县南部、钟祥市、京山市，均以条带状展布；三是黄石市、阳新县和武穴市。低值异常区主要分布于广水市—罗田县—黄梅县一线，含量主要受土壤类型、成土母质影响。As 一般在棕壤、石灰土、沼泽土和草甸土中含量较高，在新近系、三叠系、二叠系、石炭系、寒武系和震旦系地层风化形成的土壤中含量也较高。

资料显示，秦岭区地层中 As 普遍贫乏，武当群、红安群 As 含量相对偏低，相应形成低背景—贫乏区；扬子区 As 普遍富集，以黑色页岩为主的地层区 As 量普遍较高，主体富集分布，以碎屑岩为主的地层区 As 含量较低，一般为背景—弱富集分布。与铅锌、锑汞多金属矿化伴生的 As 叠加富集，主要分布于鄂东南地区的黄石、大幕山、燕夏一带的二叠系、三叠系、上震旦统及强烈硅化带中，As 强富集区内均分布有铅、锌、汞、锑矿（化）床或矿点（马元等，2013）。

5. 镍(Ni)

湖北省土壤中 Ni 背景值为 37.3mg/kg，变异系数为 45%，为相对分异型元素。在空间分布上，Ni 与 Cd 相似，高背景值区主要分布于 3 处：一为鄂西南恩施市、鹤峰县，呈带状分布；二是鄂西北竹山县、竹溪县；三是主要分布于枣阳市—随县—安陆市—武穴市沿线。低背景值区则主要分布于鄂北随县北—大悟县—孝昌县—武汉新洲区及黄梅县。同 Cd 一样，Ni 在空间分布主要受成土母质影响。

6. 铬(Cr)

湖北省土壤中 Cr 背景值为 84mg/kg，变异系数为 38%，在全省分异相对较差。Cr 与 Ni 相关性最好，相关系数为 0.680。Cr 在空间分布上与 Ni 分布较为一致。高背景值区主要分布于 3 个地区：一是鄂西，呈线状分布，恩施州八县（市）以及竹溪县；二是鄂北枣阳市—随县—安陆市—武穴市沿线；三是黄石市和鄂州市。沿鄂北随县北—大悟县—孝昌县—新洲区—黄梅县一线。Cr 分布主要受成土母质影响，在二叠系、三叠系和侵入岩成土母质形成的土壤中含量高。在土壤类型中，沼泽土、黄棕壤、棕壤、草甸土、石灰土中 Cr 含量较高。

7. 酸碱度(pH)

湖北省土壤中 pH 中位值为 6.53，土壤 pH 变幅为 0.70～10.59。在空间分布上，酸性土壤主要分布于鄂西恩施州 8 个县（市）、竹山县，鄂北随县、安陆市、大悟县、京山市、沙洋县、钟祥市，以及鄂东团风县、鄂州市、武穴市，另外武汉市黄陂区、新洲区北部、嘉鱼县南部均有零星酸性土壤分布；碱性土壤主要分布于江汉平原及两江沿岸区（图 3-14）。pH 与 CaO 相关性最强，两者空间分布有相似的特征。pH 异常低（强酸性）地区主要分布于鄂西南地区，分布于碎屑岩风化物及碎屑岩风化物（黑色岩系）、碳酸盐岩风化物

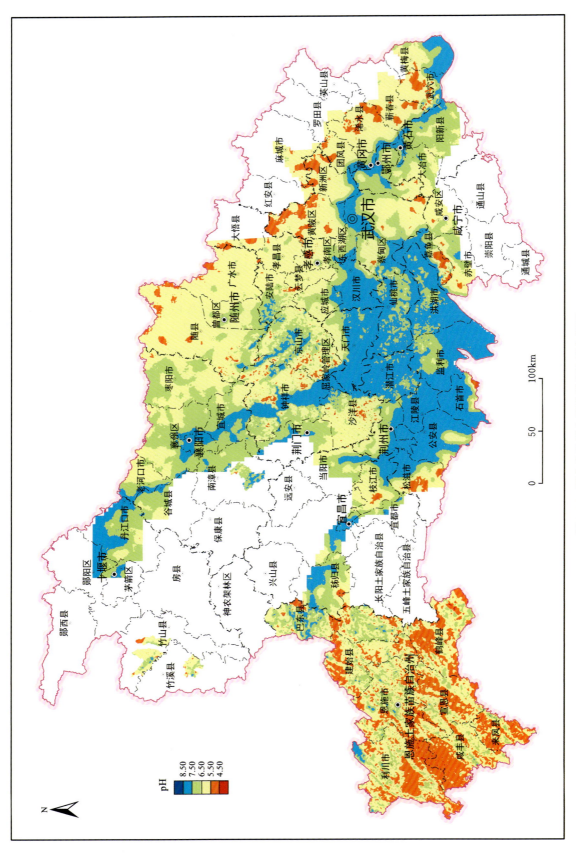

图 3-14 湖北省表层土壤酸碱度地球化学图

及碳酸盐岩风化物（黑色岩系），与成土母质关系较为密切，少量呈点状出现于第四系，土壤类型以黄棕壤、黄壤、水稻土、棕壤、紫色土为主；pH异常高（强碱性）主要分布于江汉平原，成土母质以第四系沉积物为主，土壤类型以潮土、水稻土为主。

第四节　元素地球化学分区

土壤元素地球化学分区实质就是依据不同地区土壤中元素含量差异及分布规律，划分地球化学特征一致或相似的土壤分布范围。本次土壤元素地球化学分区以湖北省土地地球化学评价获得的大量土壤样品元素含量测试数据及元素地球化学图为基础，根据土壤中特殊元素含量差异、元素组合特征、酸碱度差异等特征，并结合地质作用、成土母质、地形地貌特点等要素来划分。

一、分区原则

主导性原则：把来自地质环境（不含人为影响）在区域范围具有明显分异，并与其他元素具有相关性的元素定义为特征元素。特征元素的区域背景是地球化学区带划分的主导因素。

综合性原则：分区过程中综合考虑地质背景、成土母质、地貌景观特点、元素地球化学组合特点及环境特点（如土壤的酸碱性、质地、有机质等）。

二、分区结果

根据上述土壤地球化学分区原则，湖北省共划分了两类（湖积母质、冲积母质和风化母质）共18个地球化学分区，各地球化学分区元素组合特征、分布特征分别见表3-7和图3-15。

表3-7　湖北省土壤地球化学分区特征表

分区名称		地质背景	元素地球化学组合
冲积、湖积母质土壤地球化学分区	汉江冲积带高钙小区（I_1）	成土母质：冲积物； 土壤类型：潮土、水稻土	富：CaO、Na_2O、MgO、Al_2O_3、As、Ni、Zn、Sr、N、P、Cl、V； 贫：SiO_2、$Corg$
	东秦岭水系冲积带中低钙小区（I_2）	成土母质：冲积物； 土壤类型：黄褐土、水稻土、潮土	富：Na_2O、As、Ni、I、Sr、P、Mn、Cl、MgO； 贫：SiO_2、Cd、Zn、Se、Mo、$Corg$、V
	长江、汉水交混冲积带中高钙小区（I_3）	成土母质：冲积、冲洪积物，湖积物； 土壤类型：潮土、水稻土、沼泽土	富：CaO、Na_2O、K_2O、MgO、Fe_2O_3、Al_2O_3、As、Cu、Ni、Zn、Sr、P、Cl、V； 贫：SiO_2
	长江冲积带高钙小区（I_4）	成土母质：冲积、冲洪积物； 土壤类型：潮土、水稻土	富：CaO、MgO、As、Cu、Ni、Zn、F、Sr、N、P、S、Co、Cl、V； 贫：SiO_2、Ge、$Corg$、Fe_2O_3、Al_2O_3
	桐柏山水系冲积带中钙小区（I_5）	成土母质：冲积物； 土壤类型：潮土、水稻土	富：CaO、Na_2O、Cl； 贫：Cu、$Corg$、K_2O、MgO、Fe_2O_3、Al_2O_3
	大别山水系冲积带中钙小区（I_6）	成土母质：冲积物； 土壤类型：潮土、水稻土	富：CaO、Na_2O、Cl、Sr； 贫：Cu、$Corg$、K_2O、MgO、Fe_2O_3、Al_2O_3

续表 3-7

分区名称		地质背景	元素地球化学组合
风化母质土壤地球化学分区	古生界—下中生界母质高硅小区（Ⅱ$_{1-1}$）	成土母质：碳酸盐岩风化物； 土壤类型：黄棕壤、黄壤、棕壤、红壤	富：SiO_2、K_2O、As、Cd、Cu、Ni、Hg、Pb、Zn、Se、I、F、N、P、S、Mo、Mn、Ge、Co、B、Corg、MgO、Fe_2O_3、Al_2O_3、V； 贫：CaO、Na_2O、Sr、Cl
	古生界—下中生界母质中低硅小区（Ⅱ$_{1-2}$）	成土母质：以碳酸盐岩风化物、碎屑岩风化物为主，变质岩风化物次之； 土壤类型：黄棕壤、黄壤、棕壤、红壤	富：K_2O、As、Cd、Cu、Ni、Hg、Pb、Zn、Se、I、F、N、P、S、Mo、Mn、Ge、Co、B、Corg、MgO、Fe_2O_3、Al_2O_3； 贫：CaO、SiO_2、Na_2O、Sr、Cl、V
	元古宇母质低硅小区（Ⅱ$_{1-3}$）	成土母质：变质岩风化物及碳酸盐岩风化物； 土壤类型：黄壤、黄棕壤	富：CaO、As、Cd、Ni、Hg、Zn、Se、I、F、N、P、S、Mo、Co、Corg、MgO、Fe_2O_3； 贫：SiO_2、Na_2O、K_2O、Sr、Cl、Pb、B、Ge、Al_2O_3
	南华系—三叠系母质低硅小区（Ⅱ$_{1-4}$）	成土母质：风化母质； 土壤类型：黄棕壤	富：CaO、Na_2O、K_2O、As、Cd、Cu、Ni、Hg、Cr、Zn、Se、Sr、N、P、S、Mo、Mn、Ge、Co、MgO、Fe_2O_3、Al_2O_3、V； 贫：SiO_2、F、Cl、B、Corg
	武当群母质中高钙小区（Ⅱ$_{2-1}$）	成土母质：变质岩风化物； 土壤类型：黄壤、黄棕壤	富：CaO、Na_2O、K_2O； 贫：SiO_2、As、Ni、Pb、N、B、V
	古生界—中生界母质中高钙小区（Ⅱ$_{2-2}$）	成土母质：以碳酸盐岩风化物和碎屑岩风化物为主； 土壤类型：黄棕壤、水稻土、石灰土、紫色土	富：CaO、As、F、N、P、S、Cl、Corg、Al_2O_3； 贫：SiO_2、V
	白垩系—侏罗系碎屑岩母质低钙小区（Ⅱ$_{2-3}$）	成土母质：碎屑岩风化物； 土壤类型：黄褐土、石灰土、水稻土、黄棕壤	富：As、I、F、N、S、Mo、Co、Cl、Corg、Al_2O_3、V； 贫：CaO、SiO_2、Cd、Se、Sr
	古生界—中生界母质中高钙小区（Ⅱ$_{2-4}$）	成土母质：风化母质； 土壤类型：黄棕壤、水稻土、黄褐土	富：CaO、Na_2O、K_2O、MgO、Fe_2O_3、Al_2O_3、Cu、Pb、Sr、Co、V； 贫：SiO_2、As、Ni、Hg、Se、I、F、N、P、S、Mo、Mn、Ge、B、Corg
	第四系更新统母质低钙小区（Ⅱ$_{2-5}$）	成土母质：风化母质； 土壤类型：水稻土、潮土、黄棕壤	富：SiO_2； 贫：CaO、K_2O、MgO、Cd、Ni、Zn、Mo、Co、Fe_2O_3、Al_2O_3、V
	中生界—古生界、更新统低钙小区（Ⅱ$_{2-6}$）	成土母质：第四系沉积物及碎屑岩风化物； 土壤类型：红壤、水稻土、潮土、黄棕壤	富：SiO_2； 贫：CaO、Na_2O、K_2O、MgO、Ni、F、Sr、P、Al_2O_3
	阳新酸性岩母质中高钙小区（Ⅱ$_{2-7}$）	成土母质：以侵入岩风化物为主； 土壤类型：红壤、水稻土	富：CaO、K_2O、As、Cd、Cu、Pb、Zn、Se、Sr、S、Mo、Mn、Ge、Fe_2O_3、Al_2O_3、V； 贫：SiO_2、Ni、N、Co、Cl
	白垩系碎屑岩母质低钙小区（Ⅱ$_{2-8}$）	成土母质：碎屑岩风化物和侵入岩风化物； 土壤类型：水稻土、棕红壤	富：SiO_2、Na_2O、Pb、S、Cl； 贫：CaO、MgO、K_2O、Cd、Se、F、N、Mo、Ge、B、Corg、V

第三章 湖北省土壤地球化学特征

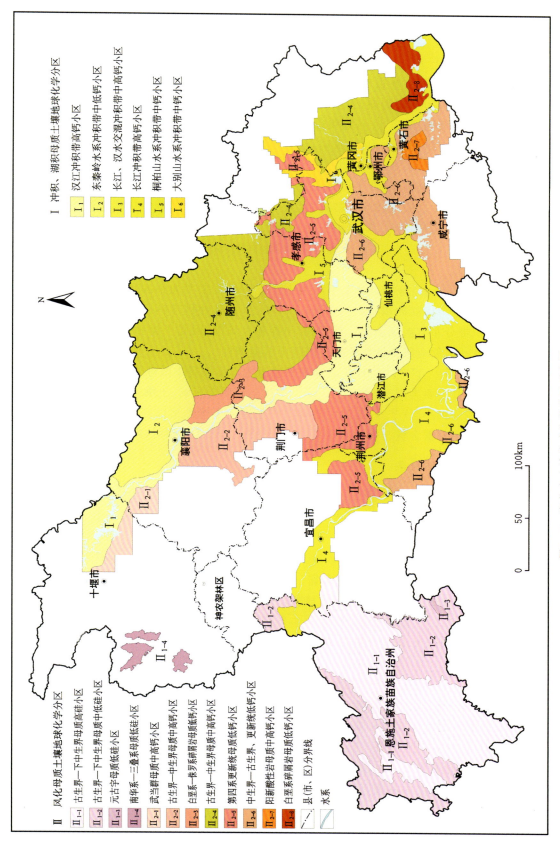

图3-15 湖北省土壤地球化学分区示意图

1. 冲积、湖积母质土壤地球化学分区

汉江冲积带高钙小区（I_1）：地貌以冲积平原为主，为冲积、冲洪积相。出露地层主要为第四系，土壤类型主要为潮土，次为水稻土。由于该区域土壤形成时间较短，土壤成熟度及淋溶指数均较低，盐基组分淋失较少，故土壤地球化学特征主要表现为高钙、钠、镁、铝的特点。同时成土时间相对较短，受人类活动影响较小，因此土壤表现为 Corg 较为缺乏、重金属含量较低的特点。该区土壤主要呈碱性。

东秦岭水系冲积带中低钙小区（I_2）：地貌以冲积平原为主，为冲积、冲洪积相。主要出露地层为第四系全新统沉积物。土壤类型以黄褐土为主，水稻土、潮土次之。因该区处于襄广断裂以北，土壤以高钠、低钙硅为特点。该区土壤呈中碱性。

长江、汉水交混冲积带中高钙小区（I_3）：地貌以沿江平原为特征。成土母质主要为第四系冲积、冲洪积物、湖积物。土壤呈中碱性。同汉江冲积带高钙小区相同，该区成土母质中盐基含量普遍较高，表现为富镁、铁、铝、钠，中高钙，贫硅的特点。同时由于两江平原区为"湖北粮仓"，受人类活动影响较大，表层土壤 N、P、K 含量较高，As、Cu、Ni、Zn 等重金属含量较高，同时 Se、Cd 相对汉江平原表现为局部富集的特点。

长江冲积带高钙小区（I_4）：地貌以冲积平原为主。成土母质主要为第四系冲积、冲洪积物。土壤类型以潮土和水稻土为主。与汉江冲积带高钙小区（I_1）相比，长江冲积带钙、镁成分含量更高，且更贫硅、铝、铁。由于长江冲积带分布有武汉、宜昌、黄石、鄂州等各大城市，因此土壤中元素含量受人类活动影响较大，As、Cu、Ni、Zn、Co 等重金属含量均较高。该区土壤呈碱性。

桐柏山水系冲积带中钙小区（I_5）：地貌以冲积平原为主。土壤呈中酸性。成土母质主要为第四系全新统冲洪积物。土壤类型主要为潮土、水稻土。受上游成土母质的影响，土壤富钠，中钙，贫钾、镁、铝、铁。

大别山水系冲积带中钙小区（I_6）：地貌主要为冲积平原。土壤类型以潮土、水稻土为主。土壤呈中酸性。成土母质及土壤中元素含量与桐柏山水系冲积带中钙小区（I_5）相似，但土壤中更为富集 Sr 元素。

2. 风化母质土壤地球化学分区

古生界—下中生界母质高硅小区（II_{1-1}）：地貌以由碳酸盐岩组成的高原型山地为主体，兼有碳酸盐岩组成的低山峡谷与溶蚀盆地、砂岩组成的低中山宽谷及山间红色盆地。成土母质主要为碳酸盐岩风化物及碳酸盐岩风化物（黑色岩系）。土壤地球化学特征亦承继了基岩母质的地球化学组分特征，表现为高硅、钾、镁、铁，低钠、钙的特点。土壤为酸性，Corg、N、P 等土壤营养元素含量较高。亲铁、亲硫元素 Mn、Ni、As、Cu、Pb、Zn、Hg 等相对富集。Se、Cd 最为富集。

古生界—下中生界母质中低硅小区（II_{1-2}）：地貌以山地为主。成土母质以碳酸盐岩风化物、碎屑岩风化物为主，变质岩风化物次之。土壤地球化学性质主要表现为富钾、镁、铁、铝，低硅、钠、钙的特点。土壤呈酸性。土壤营养成分 Corg、N、P、S 含量较高，亲铁和亲硫元素 Cr、Cu、Hg、Ni、Pb、Zn、Mo、Mn、Co 等均相对富集，Se、Cd 相对富集。

元古宇母质低硅小区（II_{1-3}）：地貌为山地。成土母质主要为南华系、震旦系变质岩风化物及碳酸盐岩风化物。土壤酸性较强。受成土母质影响，土壤地球化学性质表现为高钙、镁、铁，贫硅、钠、钾、铝。土壤中 Corg、N、P、S、I 等营养元素含量较为丰富，亲硫元素 Hg、As 最为富集。

南华系—三叠系母质低硅小区（II_{1-4}）：地貌以山地为特征，出露地层为南华系—三叠系。本区土壤以风化母质为主，土壤地球化学特征总体承继了基岩母质的地球化学组分特征，表现为高钠、镁、钙、铁、铝，低硅的特点。土壤为酸性，P 较为富集，Corg、N 较为缺乏，微量元素中亲铁元素 V、Cr、Cu、Ni、Zn、Mo、Mn 含量偏高，Se、Cd 元素含量均偏高。

武当群母质中高钙小区（II_{2-1}）：地貌以山地为特征，成土母质主要为武当群变质岩风化物。土壤类型以黄壤、黄棕壤为主，土壤呈中碱性。受成土母质影响，本区主要以富钠、钾，贫硅为特征。土壤中营养元素 N 缺乏，Corg、P 等含量中等。

古生界—中生界母质中高钙小区（II_{2-2}）：地貌以山地、丘陵为主。成土母质以碳酸盐岩风化物和碎屑

岩风化物为主。土壤类型较复杂,主要有黄棕壤、水稻土、石灰土、紫色土,土壤呈中碱性。受成土母质影响,本区土壤中较为富集钙、铝,但硅、钒较为缺乏。土壤中 Corg、N、P、S 等营养元素较为富集。

白垩系—侏罗系碎屑岩母质低钙小区（II_{2-3}）：地貌以岗坡平原为特征,出露地层主要为白垩系—侏罗系碎屑岩、碳酸盐岩及侏罗系—新近系露头。土壤类型以黄褐土、石灰土、水稻土、黄棕壤为主。本区土壤熟化程度和淋溶程度相对较高,故钙、硅贫乏。土壤中 Corg、N、S 等营养元素较为丰富。土壤以中碱性为主。

古生界—中生界母质中高钙小区（II_{2-4}）：本小区面积分布较广,跨越襄樊-广济（简称襄广）断裂带。地貌主要为山地及丘陵区。成土母质主要为变质岩风化物、浅海相碳酸盐岩类岩石及碎屑岩。土壤类型以黄棕壤、水稻土、黄褐土为主。土壤中元素受成土母质控制,土壤地球化学特征主要表现为高钙、钠、钾、镁、铁、铝、锶,低硅、硼的特点。营养元素 Corg、N、P、S、I 较为缺乏。土壤以酸性为主。

第四系更新统母质低钙小区（II_{2-5}）：本区地貌以岗地为主,处于岗地与江汉平原的过渡区。土壤类型以水稻土、潮土及黄棕壤为主。本区土壤熟化程度和淋溶程度相对较高,土壤中部分钙质、镁质、铁质组分已流失,故本区钙、镁、铁、钾、铝缺乏,但富集硅质。土壤呈中酸性。

中生界—古生界、更新统低钙小区（II_{2-6}）：地貌以平原及岗地为主。土壤类型主要为红壤、水稻土、潮土、黄棕壤。成土母质主要为第四系及碎屑岩风化物。土壤呈中酸性。土壤地球化学特征表现为较为富集硅,但较为缺乏钙、钠、钾、镁、铝。

阳新酸性岩母质中高钙小区（II_{2-7}）：地貌以低山、丘陵为主。成土母质主要为阳新岩体侵入岩风化物,兼有少量变质岩风化物、碳酸盐岩风化物及碎屑岩风化物。土壤呈中酸性,土壤类型主要为红壤、水稻土。土壤地球化学特征受成土母质控制,表现为高钙、钾、铁、铝,低硅。土壤中极为富集 Cu、Pb、Zn 等亲硫元素。

白垩系碎屑岩母质低钙小区（II_{2-8}）：地貌以低山、丘陵为主。成土母质主要为白垩系碎屑岩以及侵入岩风化物。土壤类型主要有水稻土和棕红壤,土壤呈酸性。受成土母质影响,土壤以富硅、钠,贫钙、钾、镁为特征。

第四章 耕地质量地球化学等级

第一节 评价标准及方法

一、分等流程

湖北省耕地质量地球化学评价严格按照《土地质量地球化学评价规范》(DZ/T 0295—2016)执行,以土壤养分指标、土壤环境指标为主,以大气沉降物环境质量、灌溉水环境质量为辅,综合考虑与土地利用有关的各种因素,实现土地质量地球化学指标等级评价,评价体系如图4-1所示。

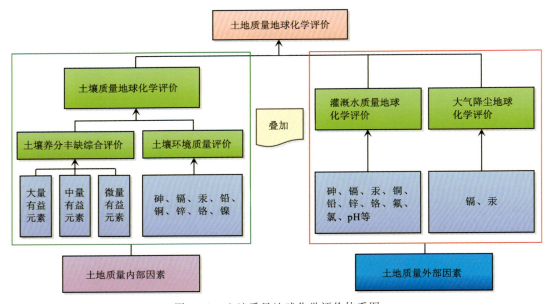

图4-1 土地质量地球化学评价体系图

二、等级划分方法

(一)单元赋值

以土地利用现状图斑作为最小等级评价单元。当评价单元中有数据时,该单元实测数据平均值即为该评价单元的数据;当评价单元中没有数据时,采用距离加权反比法对耕园草图斑进行插值,从而获得每个单元相应的评价数据。

(二)分级评价方法

土壤酸碱度分级,土壤硒、碘、氟分级,土壤养分地球化学分级,灌溉水环境地球化学等级分级,大气干湿沉降物地球化学等级分级,土地质量地球化学等级分级均参照《土地质量地球化学评价规范》(DZ/T 0295—2016)执行。土壤环境地球化学等级分级、土壤质量地球化学综合等级分级按如下方法进行。

1. 土壤环境地球化学等级

土壤环境质量类别划分以《土壤环境质量 农用地土壤污染风险管控标准(试行)》(GB 15618—2018)为基础(表4-1),土壤环境地球化学等级的3个等级(一等、二等、三等)对应农用地土壤污染风险评价分区的三大类(安全区、风险区、管制区)(表4-2)。土壤环境地球化学综合等级采用"一票否决"的原则,每个评价单元的土壤环境地球化学综合等级等同于单指标划分出的环境等级最差等级。

表4-1 农用地土壤污染风险筛选类别划定标准值 单位:mg/kg

污染物项目		指标值							
		pH≤5.5		5.5<pH≤6.5		6.5<pH≤7.5		pH>7.5	
		筛选值	管制值	筛选值	管制值	筛选值	管制值	筛选值	管制值
镉(Cd)	水田	0.3	1.5	0.4	2	0.6	3	0.8	4
	其他	0.3	1.5	0.3	2	0.3	3	0.6	4
汞(Hg)	水田	0.5	2	0.5	2.5	0.6	4	1.0	6
	其他	1.3	2	1.8	2.5	2.4	4	3.4	6
砷(As)	水田	30	200	30	150	25	120	20	100
	其他	40	200	40	150	30	120	25	100
铅(Pb)	水田	80	400	100	500	140	700	240	1000
	其他	70	400	90	500	120	700	170	1000
铬(Gr)	水田	250	800	250	850	300	1000	350	1300
	其他	150	800	150	850	200	1000	250	1300
铜(Cu)	果园	150	—	150	—	200	—	250	—
	其他	50		50		100		200	
镍(Ni)		60		70		100		190	
锌(Zn)		200		200		250		300	

注:①重金属和类重金属砷均按元素总量计;②对于水旱轮作地,采用其中较为严格的风险筛选值。

表4-2 农用地土壤污染分区释义表

元素	分区类型	污染物含量	风险程度	管理利用分等	土壤环境地球化学等级
镉、汞、砷铅、铬	安全区	$C_i \leq S_i$	无风险或风险可忽略	优先保护	一等
	风险区	$S_i \leq C_i \leq G_i$	风险可控	安全利用	二等
	管制区	$C_i > G_i$	风险控制难度大	严格管控	三等
铜、锌、镍	安全区	$C_i \leq S_i$	无风险或风险可忽略	优先保护	一等
	风险区	$S_i \leq C_i$	风险可控	安全利用	二等

注:C_i为元素的实测值,S_i为《土壤环境质量 农用地土壤污染风险管控标准(试行)》(GB 15618—2018)中的风险筛选值,G_i为管控值。

2. 土壤质量地球化学综合等级

土壤质量地球化学综合等级由评价单元土壤养分地球化学综合等级与土壤环境地球化学综合等级叠加产生（表4-3）。

表4-3 土壤质量地球化学综合等级图示与含义

土壤质量		土壤环境地球化学综合等级		
		一等：优先保护	二等：安全利用	三等：严格管控
土壤养分地球化学综合等级	一等：丰富	一等	三等	五等
	二等：较丰富	一等	三等	五等
	三等：中等	二等	三等	五等
	四等：较缺乏	三等	三等	五等
	五等：缺乏	四等	四等	五等

一等为优质：表明土壤环境为优先保护，土壤养分丰富至较丰富。
二等为良好：表明土壤环境为优先保护，土壤养分中等。
三等为中等：表明土壤环境为优先保护，土壤养分较缺乏；土壤环境为安全利用，土壤养分丰富至较缺乏。
四等为差等：表明土壤环境为优先保护或安全利用，土壤养分缺乏。
五等为劣等：表明土壤环境为严格管控，土壤养分丰富至缺乏。

三、评价范围

评价范围为目前湖北省开展的1∶5万土地质量地球化学调查工作区，即2014年以来湖北省"金土地"工程——高标准基本农田地球化学调查、恩施州全域土地质量地球化学评价暨土壤硒资源普查和洪湖市全域土地质量地球化学评价暨地方特色农业硒资源调查涉及的耕地、园地、草地范围，面积2 159.48万亩（14 396.55 km^2）。

结合湖北省流域、地形地貌特征及行政区划情况，评价范围将分为3个大区和6个亚区，分别为沿江平原区、鄂北岗地-汉江夹道区、鄂西山区。其中，沿江平原区分为沿长江平原区和沿汉江平原区两个亚区，鄂北岗地-汉江夹道区分为鄂北岗地区和汉江夹道区两个亚区；鄂西山区分为秦巴山区和武陵山区两个亚区。沿长江平原区包括蔡甸区、监利市、洪湖市、嘉鱼县、武穴市，沿汉江平原区包括沙洋县、天门市、潜江市、仙桃市，鄂北岗地区包括南漳县、随县、京山市（含屈家岭管理区）、安陆市，汉江夹道区包括宜城市、钟祥市，秦巴山区包括竹山县、竹溪县，武陵山区包括巴东县、建始县、恩施市、利川市、咸丰县、宣恩县、来凤县、鹤峰县。

第二节 耕地质量地球化学等级

一、土壤质量地球化学等级与分布规律

（一）土壤酸碱度等级与分布

土壤酸碱度按强酸性（pH＜5.0）、酸性（5.0≤pH＜6.5）、中性（6.5≤pH＜7.5）、碱性（7.5≤pH＜8.5）和

强碱性(pH≥8.5)5级划分(表4-4)。

表4-4 湖北省不同分区土壤酸碱度面积统计表

分区	亚区	县(市、区)	强碱性 面积/km²	强碱性 占比/%	碱性 面积/km²	碱性 占比/%	中性 面积/km²	中性 占比/%	酸性 面积/km²	酸性 占比/%	强酸性 面积/km²	强酸性 占比/%
全省			13.19	0.09	4 936.23	34.29	2 577.59	17.90	5 841.37	40.58	1 028.17	7.14
沿江平原区	沿汉江平原区	沙洋县	0.10	0.01	191.06	14.89	141.45	11.03	939.53	73.24	10.61	0.83
		天门市	1.30	0.14	826.93	91.04	68.43	7.53	11.26	1.24	0.43	0.05
		潜江市	5.13	0.41	1 005.66	80.68	203.99	16.37	30.79	2.47	0.90	0.07
		仙桃市	0.40	0.05	607.63	70.32	206.72	23.92	48.60	5.62	0.78	0.09
		小计	6.93	0.16	2 631.28	61.17	620.59	14.42	1 030.18	23.95	12.72	0.30
	沿长江平原区	蔡甸区	—		40.14	35.81	35.55	31.71	32.69	29.16	3.72	3.32
		监利市	0.07	0.03	113.33	44.24	103.60	40.43	39.09	15.26	0.10	0.04
		洪湖市	2.36	0.31	572.81	74.42	173.49	22.54	20.84	2.71	0.15	0.02
		嘉鱼县	—		13.36	20.34	8.33	12.67	37.99	57.80	6.04	9.19
		武穴市	0.04	0.03	20.42	16.21	23.39	18.57	68.88	54.68	13.23	10.51
		小计	2.47	0.19	760.06	57.16	344.36	25.9	199.49	15.00	23.24	1.75
鄂北岗地-汉江夹道区	汉江夹道区	宜城市	0.54	0.25	121.44	55.21	80.74	36.71	17.21	7.81	0.04	0.02
		钟祥市	1.49	0.07	842.8	39.96	383.06	18.16	840.01	39.83	41.81	1.98
		小计	2.03	0.09	964.24	41.40	463.80	19.91	857.22	36.80	41.85	1.80
	鄂北岗地区	南漳县	—		12.20	36.13	11.85	35.09	9.23	27.32	0.49	1.46
		随县	—		9.42	6.05	34.03	21.83	108.86	69.85	3.54	2.27
		京山市	0.57	0.05	201.84	16.34	272.63	22.07	728.61	58.99	31.50	2.55
		安陆市	0.35	0.11	45.59	14.14	105.07	32.59	160.95	49.92	10.46	3.24
		小计	0.92	0.05	269.05	15.40	423.58	24.25	1 007.65	57.67	45.99	2.63
鄂西山区	秦巴山区	竹山县	0.07	0.05	10.89	9.02	22.01	18.24	85.09	70.49	2.66	2.20
		竹溪县	—		2.90	12.18	6.33	26.64	13.89	58.43	0.65	2.75
		小计	0.07	0.05	13.79	9.54	28.34	19.62	98.98	68.50	3.31	2.29
	武陵山区	巴东县	0.28	0.05	93.58	15.26	159.15	25.96	318.67	51.98	41.41	6.75
		建始县	0.20	0.04	24.81	5.12	77.49	16.00	313.00	64.60	68.97	14.24
		恩施市	0.03	0*	60.82	7.00	148.30	17.09	497.55	57.30	161.60	18.61
		利川市	0.17	0.02	67.49	6.55	137.72	13.35	595.64	57.76	230.21	22.32
		咸丰县	0.01	0*	14.84	3.12	47.50	9.98	276.02	57.99	137.64	28.91
		宣恩县	—		14.15	2.96	62.57	13.08	297.07	62.11	104.51	21.85
		来凤县	0.08	0.03	7.71	2.92	23.97	9.08	161.06	61.03	71.11	26.94
		鹤峰县	—		14.41	4.38	40.22	12.21	188.84	57.39	85.61	26.02
		小计	0.77	0.02	297.81	6.55	696.92	15.33	2 647.85	58.27	901.06	19.83

注:0*表示占比小于0.005%,故四舍五入后计为0。

土壤酸碱度以碱性、酸性和中性为主,分布面积占比92.77%,但在局部有少数强酸性和强碱性土壤(图4-2~图4-4)。

沿江平原区土壤整体以碱性为主,中性次之,沙洋县、嘉鱼县、武穴市的土壤以酸性为主,蔡甸区碱性、中性、酸性面积各占1/3左右;鄂北岗地-汉江夹道区土壤整体以酸性为主,中性次之,宜城市土壤以碱性为主,中性次之,钟祥市土壤以酸性和中性为主,南漳县碱性、中性、酸性面积各占1/3左右;鄂西山区土壤整体以酸性为主,中性次之,竹山县、竹溪县与恩施州相比,酸性土壤面积占比略小。

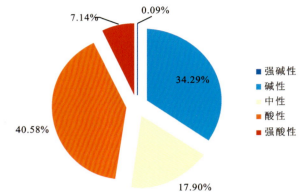

图4-2 湖北省土壤酸碱度面积占比分布图

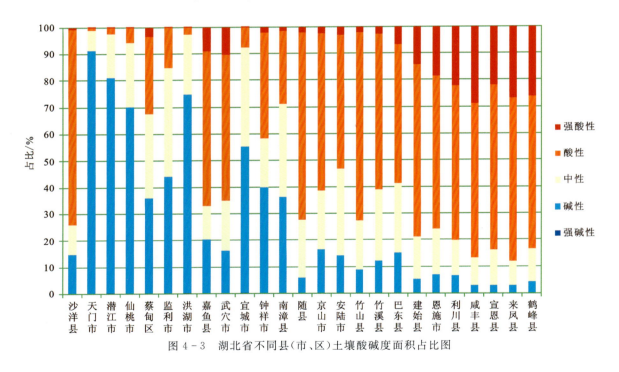

图4-3 湖北省不同县(市、区)土壤酸碱度面积占比图

(二)土壤养分综合分级与分布

土壤养分评价结果显示,耕地土壤养分较为充足,以二等(较丰富)和三等(中等)为主(表4-5,图4-5~图4-7),占比分别为36.13%和47.76%。沿江平原区土壤养分整体以二等、三等为主,沙洋县、嘉鱼县、武穴市的土壤养分二等面积占比明显少于沿江平原区其他县(市、区);鄂西山区土壤养分整体以二等、三等为主,面积占比与沿江平原区相差不大;鄂北岗地-汉江夹道区土壤养分总体较其他两大区域差,特别是四等土壤面积的占比明显高于其他两个区域。

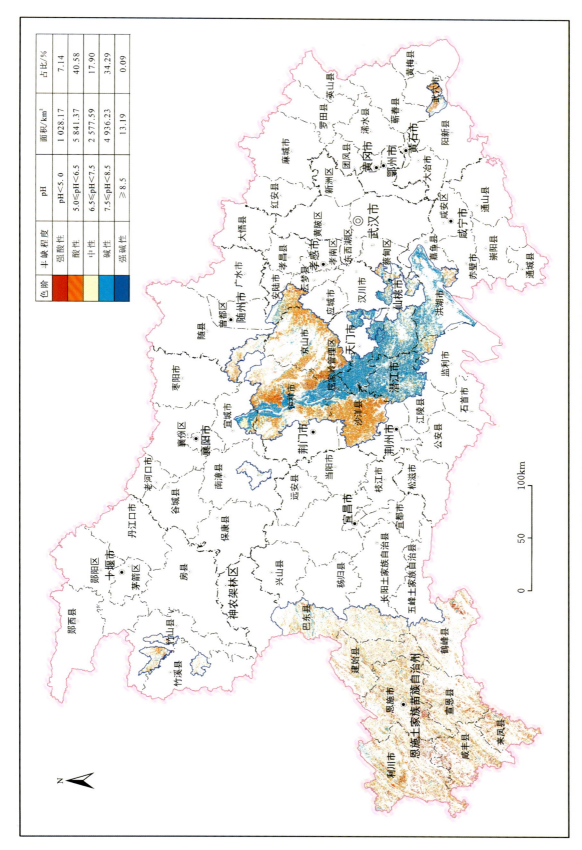

图 4-4 湖北省耕地土壤酸碱度地球化学等级评价图

表 4-5 湖北省耕园草地土壤养分综合等级面积统计表

分区	亚区	县(市、区)	一等(丰富)		二等(较丰富)		三等(中等)		四等(较缺乏)		五等(缺乏)	
			面积/km²	占比/%	面积/km²	占比/%	面积/km²	占比/%	面积/km²	占比/%	面积/km²	占比/%
全省			472.85	3.28	5 200.55	36.13	6 875.83	47.76	1 756.02	12.20	91.30	0.63
沿江平原区	沿汉江平原区	沙洋县	2.31	0.18	302.23	23.56	705.16	54.97	254.22	19.82	18.83	1.47
		天门市	27.56	3.03	439.31	48.36	388.92	42.82	52.40	5.77	0.16	0.02
		潜江市	36.96	2.96	524.98	42.12	617.33	49.53	66.55	5.34	0.65	0.05
		仙桃市	27.54	3.19	413.8	47.89	403.38	46.67	19.41	2.25	—	—
		小计	94.37	2.19	1 680.32	39.06	2 114.79	49.16	392.58	9.13	19.64	0.46
	沿长江平原区	蔡甸区	2.25	2.00	48.51	43.28	58.21	51.93	2.82	2.51	0.31	0.28
		监利市	9.53	3.72	169.67	66.23	75.72	29.56	1.27	0.49	—	—
		洪湖市	38.32	4.98	357.04	46.39	346.54	45.02	27.75	3.61		
		嘉鱼县	0.49	0.74	12.98	19.76	35.41	53.88	15.87	24.14	0.97	1.48
		武穴市	0.97	0.77	20.67	16.41	53.81	42.72	42.15	33.46	8.36	6.64
		小计	51.56	3.88	608.87	45.79	569.69	42.85	89.86	6.75	9.64	0.73
鄂北岗地-汉江夹道区	汉江夹道区	宜城市	1.35	0.61	54.95	24.99	108.32	49.24	53.80	24.46	1.55	0.70
		钟祥市	27.82	1.32	665.78	31.57	1 080.76	51.24	327.65	15.53	7.16	0.34
		小计	29.17	1.25	720.73	30.95	1 189.08	51.05	381.45	16.38	8.71	0.37
	鄂北岗地区	南漳县	1.58	4.68	15.49	45.85	14.14	41.88	1.77	5.24	0.79	2.35
		随县	4.25	2.73	44.78	28.74	73.73	47.31	31.16	19.98	1.93	1.24
		京山市	12.14	0.98	273.86	22.17	629.61	50.98	307.23	24.87	12.31	1.00
		安陆市	1.83	0.57	25.58	7.94	130.68	40.53	157.98	49.00	6.35	1.96
		小计	19.80	1.13	359.71	20.59	848.16	48.55	498.14	28.51	21.38	1.22
鄂西山区	秦巴山区	竹山县	0.78	0.64	19.94	16.52	71.44	59.18	26.04	21.57	2.52	2.09
		竹溪县	2.78	11.71	11.65	49.01	7.95	33.43	1.33	5.60	0.06	0.25
		小计	3.56	2.46	31.59	21.87	79.39	54.94	27.37	18.94	2.58	1.79
	武陵山区	巴东县	15.19	2.48	168.16	27.43	370.90	60.50	57.14	9.31	1.70	0.28
		建始县	30.20	6.24	227.61	46.98	198.87	41.05	25.64	5.29	2.15	0.44
		恩施市	70.91	8.17	366.41	42.2	365.29	42.07	59.77	6.88	5.92	0.68
		利川市	53.00	5.14	392.51	38.06	470.00	45.58	105.46	10.23	10.26	0.99
		咸丰县	13.83	2.90	187.71	39.44	237.86	49.97	35.00	7.35	1.61	0.34
		宣恩县	35.03	7.32	221.14	46.24	178.38	37.30	37.65	7.87	6.10	1.27
		来凤县	6.58	2.49	61.21	23.19	158.24	59.96	36.52	13.84	1.38	0.52
		鹤峰县	49.65	15.09	174.58	53.05	95.18	28.92	9.44	2.87	0.23	0.07
		小计	274.39	6.04	1 799.33	39.59	2 074.72	45.65	366.62	8.07	29.35	0.65

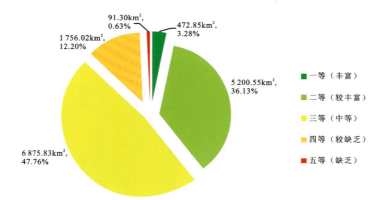

图 4-5 湖北省土壤养分综合等级面积及占比图

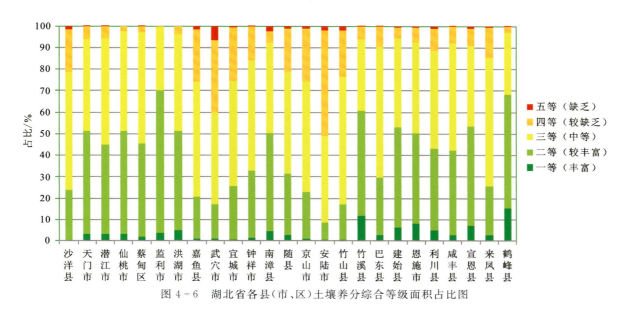

图 4-6 湖北省各县(市、区)土壤养分综合等级面积占比图

(三)土壤硒、氟和碘丰缺分级与分布

土壤中硒、氟和碘元素与植物、动物及人体健康之间有着密切的关系,一般被划为土壤环境类元素。评价结果显示,土壤中硒以三等(适量)和二等(丰富)为主(图4-8,表4-6),各县(市、区)土壤硒元素三等(适量)以上占比均达到88.17%以上,土壤中硒一等(极丰富)面积为127.69km²,主要分布于鄂西山区。土壤中硒元素二等(丰富)以上占比以鄂西山区最高,除巴东县外,均以较二等(丰富)为主。鄂北岗地-汉江夹道区、沿江平原区除监利市外土壤硒等级均以三等(适量)为主。

土壤中氟元素以极丰富和丰富为主(表4-7,图4-8),占比73.45%。沿江平原区土壤氟元素含量整体以一等(极丰富)、二等(丰富)为主;汉江夹道地区及竹山县土壤氟含量与沿江平原区相近;除南漳县外,鄂北岗地氟元素含量多以四等(缺乏)为主;除竹山县外的鄂西山区土壤氟元素含量以一等(极丰富)为主。

土壤中碘元素以三等(适量)和四等(边缘)为主(表4-8,图4-8),占比分别为48.88%和28.70%。沿江平原区蔡甸区、武穴市的土壤碘含量三等(适量)占比明显多于沿江平原区其他县(市);鄂北岗地-汉江夹道区钟祥市土壤碘含量三等(适量)占比相对较多;鄂西山区土壤碘元素含量整体好于全省其他县(市),其中鹤峰县土壤碘含量二等(丰富)面积占比超过40%。

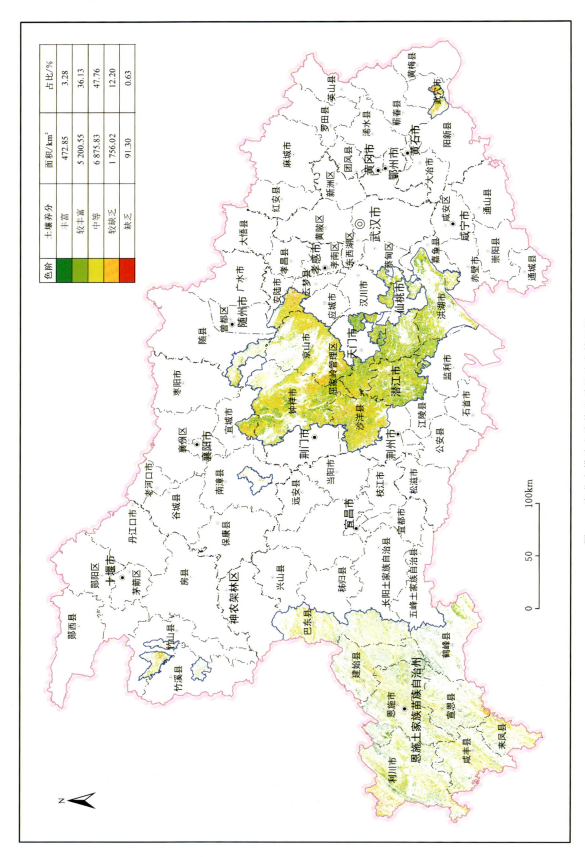

图 4-7 湖北省耕地土壤养分质量综合等级图

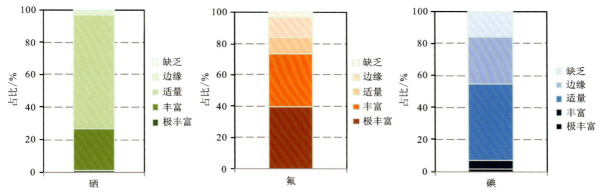

图 4-8 湖北省土壤健康元素丰缺分级面积占比柱状图

表 4-6 湖北省耕地、园地、草地土壤硒元素丰缺分级面积统计表

分区	亚区	县（市、区）	一等（极丰富）		二等（丰富）		三等（适量）		四等（边缘）		五等（缺乏）	
			面积/km²	占比/%	面积/km²	占比/%	面积/km²	占比/%	面积/km²	占比/%	面积/km²	占比/%
全省			127.69	0.89	3 684.53	25.59	10 097.42	70.14	392.72	2.73	94.19	0.65
沿江平原区	沿汉江平原区	沙洋县	—	—	49.48	3.86	1 177.61	91.80	48.22	3.76	7.44	0.58
		天门市	0.04	0*	76.07	8.37	829.39	91.32	2.68	0.29	0.17	0.02
		潜江市	—	—	191.07	15.33	1 034.10	82.96	18.56	1.49	2.74	0.22
		仙桃市	—	—	129.85	15.03	729.21	84.39	4.86	0.56	0.21	0.02
		小计	0.04	0*	446.47	10.38	3 770.31	87.65	74.32	1.72	10.56	0.25
	沿长江平原区	蔡甸区	—	—	29.73	26.53	81.68	72.87	0.55	0.48	0.14	0.12
		监利市	—	—	121.43	47.40	134.58	52.53	0.17	0.07	0.01	0*
		洪湖市	—	—	99.47	12.92	645.22	83.83	21.30	2.77	3.66	0.48
		嘉鱼县	—	—	3.38	5.14	62.03	94.39	0.31	0.47	—	—
		武穴市	0.13	0.10	24.67	19.59	98.40	78.12	2.35	1.86	0.41	0.33
		小计	0.13	0.01	278.68	20.96	1 021.91	76.86	24.68	1.85	4.22	0.32
鄂北岗地-汉江夹道区	汉江夹道区	宜城市	—	—	27.12	12.33	187.59	85.28	4.66	2.12	0.60	0.27
		钟祥市	0.01	0*	244.76	11.60	1 773.65	84.09	81.95	3.89	8.80	0.42
		小计	0.01	0*	271.88	11.68	1 961.24	84.20	86.61	3.72	9.40	0.40
	鄂北岗地地区	南漳县	0.05	0.15	3.12	9.24	29.25	86.61	1.33	3.94	0.02	0.06
		随县	0.29	0.19	14.56	9.34	134.02	85.99	6.48	4.16	0.50	0.32
		京山市	0.29	0.02	49.25	3.99	1 138.44	92.17	42.57	3.45	4.60	0.37
		安陆市	0.32	0.10	16.60	5.15	282.45	87.60	21.71	6.73	1.34	0.42
		小计	0.95	0.05	83.53	4.78	1 584.16	90.67	72.09	4.13	6.46	0.37
鄂西山区	秦巴山区	竹山县	4.77	3.95	62.97	52.17	50.09	41.49	2.58	2.14	0.31	0.25
		竹溪县	2.02	8.50	12.38	52.08	8.88	37.36	0.38	1.60	0.11	0.46
		小计	6.79	4.70	75.35	52.15	58.97	40.81	2.96	2.05	0.42	0.29
	武陵山区	巴东县	8.43	1.37	123.78	20.19	408.37	66.61	62.89	10.26	9.62	1.57
		建始县	19.87	4.10	266.09	54.93	195.56	40.37	2.73	0.56	0.22	0.04
		恩施市	58.08	6.69	693.53	79.87	114.49	13.19	1.39	0.16	0.81	0.09

续表 4-6

分区	亚区	县（市、区）	一等（极丰富）		二等（丰富）		三等（适量）		四等（边缘）		五等（缺乏）	
			面积/km²	占比/%	面积/km²	占比/%	面积/km²	占比/%	面积/km²	占比/%	面积/km²	占比/%
鄂西山区	武陵山区	利川市	8.56	0.83	514.67	49.91	396.82	38.48	58.94	5.71	52.24	5.07
		咸丰县	3.78	0.79	254.85	53.55	212.98	44.74	4.23	0.89	0.17	0.03
		宣恩县	15.49	3.24	340.82	71.26	121.07	25.31	0.90	0.19	0.02	0*
		来凤县	0.80	0.30	119.53	45.29	143.05	54.20	0.53	0.20	0.02	0.01
		鹤峰县	4.76	1.45	215.35	65.44	108.49	32.96	0.45	0.14	0.03	0.01
		小计	119.77	2.64	2 528.62	55.64	1 700.83	37.42	132.06	2.91	63.13	1.39

注：0*表示占比小于0.005%，故四舍五入后计为0。

表 4-7 湖北省耕地、园地、草地土壤氟元素丰缺分级面积统计表

分区	亚区	县（市、区）	一等（极丰富）		二等（丰富）		三等（适量）		四等（边缘）		五等（缺乏）	
			面积/km²	占比/%	面积/km²	占比/%	面积/km²	占比/%	面积/km²	占比/%	面积/km²	占比/%
		全省	5 738.31	39.86	4 836.17	33.59	1 490.11	10.35	1 930.62	13.41	401.34	2.79
沿江平原区	沿汉江平原区	沙洋县	78.90	6.15	305.90	23.85	295.85	23.06	543.02	42.33	59.08	4.61
		天门市	268.09	29.51	490.12	53.96	94.39	10.39	53.49	5.89	2.26	0.25
		潜江市	468.92	37.62	620.34	49.77	106.92	8.57	46.33	3.72	3.96	0.32
		仙桃市	324.74	37.58	417.87	48.36	81.86	9.47	37.62	4.35	2.04	0.24
		小计	1 140.65	26.52	1 834.23	42.64	579.02	13.46	680.46	15.81	67.34	1.57
	沿长江平原区	蔡甸区	74.60	66.54	22.35	19.95	6.11	5.45	7.55	6.73	1.49	1.33
		监利市	122.24	47.72	114.88	44.84	14.22	5.55	4.73	1.84	0.12	0.05
		洪湖市	407.23	52.91	310.77	40.38	31.46	4.09	17.18	2.23	3.01	0.39
		嘉鱼县	17.15	26.06	8.97	13.63	8.00	12.17	29.54	44.96	2.06	3.13
		武穴市	18.97	15.06	16.62	13.20	13.42	10.65	42.90	34.06	34.05	27.03
		小计	640.19	48.15	473.59	35.62	73.21	5.51	101.9	7.66	40.73	3.06
鄂北岗地-汉江夹道区	汉江夹道区	宜城市	45.39	20.63	102.79	46.73	31.37	14.26	36.44	16.57	3.98	1.81
		钟祥市	467.49	22.17	1 017.29	48.23	314.90	14.93	271.22	12.86	38.27	1.81
		小计	512.88	22.02	1 120.08	48.09	346.27	14.87	307.66	13.21	42.25	1.81
	鄂北岗地区	南漳县	23.85	70.63	8.51	25.20	1.13	3.34	0.27	0.79	0.01	0.04
		随县	28.92	18.56	29.52	18.94	21.15	13.57	46.54	29.86	29.72	19.07
		京山市	127.28	10.31	343.77	27.83	225.61	18.27	432.36	35.00	106.13	8.59
		安陆市	17.31	5.37	53.93	16.73	51.75	16.05	148.29	45.99	51.14	15.86
		小计	197.36	11.30	435.73	24.94	299.64	17.15	627.46	35.91	187.00	10.70
鄂西山区	秦巴山区	竹山县	37.44	31.01	59.18	49.03	13.35	11.06	9.70	8.03	1.05	0.87
		竹溪县	14.00	58.89	7.39	31.10	1.36	5.73	1.02	4.28	—	—
		小计	51.44	35.60	66.57	46.08	14.71	10.18	10.72	7.42	1.05	0.72

续表 4-7

分区	亚区	县（市、区）	一等（极丰富）		二等（丰富）		三等（适量）		四等（边缘）		五等（缺乏）	
			面积/km²	占比/%	面积/km²	占比/%	面积/km²	占比/%	面积/km²	占比/%	面积/km²	占比/%
鄂西山区	武陵山区	巴东县	481.23	78.49	83.14	13.56	19.28	3.15	21.91	3.57	7.53	1.23
		建始县	368.68	76.10	88.75	18.32	13.61	2.81	10.85	2.24	2.58	0.53
		恩施市	636.30	73.28	168.30	19.38	27.84	3.21	21.89	2.52	13.97	1.61
		利川市	646.12	62.66	188.19	18.25	59.42	5.76	105.55	10.23	31.95	3.10
		咸丰县	336.30	70.65	108.30	22.75	18.52	3.89	11.94	2.51	0.95	0.20
		宣恩县	347.99	72.76	97.37	20.36	14.55	3.04	13.64	2.85	4.75	0.99
		来凤县	133.26	50.49	110.46	41.86	11.98	4.54	7.53	2.85	0.70	0.26
		鹤峰县	245.91	74.73	61.46	18.67	12.06	3.67	9.11	2.77	0.54	0.16
		小计	3 195.79	70.32	905.97	19.94	177.26	3.90	202.42	4.45	62.97	1.39

表 4-8　湖北省耕地、园地、草地土壤碘元素丰缺分级面积统计表

分区	亚区	县（市、区）	二等（丰富）		三等（适量）		四等（边缘）		五等（缺乏）	
			面积/km²	占比/%	面积/km²	占比/%	面积/km²	占比/%	面积/km²	占比/%
全省			829.87	5.94	6 834.07	48.88	4 012.84	28.70	2 305.67	16.48
沿江平原区	沿汉江平原区	沙洋县	5.01	0.39	462.92	36.09	468.77	36.54	346.05	26.98
		天门市	0.26	0.03	394.21	43.40	368.50	40.57	145.38	16.00
		潜江市	0.90	0.07	622.66	49.95	482.21	38.69	140.70	11.29
		仙桃市	0.22	0.03	334.36	38.69	440.90	51.02	88.65	10.26
		小计	6.39	0.15	1 814.15	42.17	1 760.38	40.92	720.78	16.76
	沿长江平原区	蔡甸区	—	—	76.03	67.82	34.29	30.59	1.78	1.59
		监利市	—	—	120.34	46.97	112.77	44.02	23.08	9.01
		洪湖市	—	—	121.36	34.13	185.70	52.23	48.49	13.64
		嘉鱼县	0.39	0.59	29.21	44.44	21.15	32.19	14.97	22.78
		武穴市	1.25	0.99	80.33	63.78	33.76	26.80	10.62	8.43
		小计	1.64	0.18	427.27	46.67	387.67	42.34	98.94	10.81
鄂北岗地-汉江夹道区	汉江夹道区	宜城市	0.06	0.03	75.51	34.33	95.41	43.37	48.99	22.27
		钟祥市	14.96	0.71	1 215.44	57.63	599.95	28.44	278.82	13.22
		小计	15.02	0.64	1 290.95	55.44	695.36	29.85	327.81	14.07
	鄂北岗地区	南漳县	0.17	0.50	23.17	68.61	6.02	17.84	4.41	13.05
		随县	—	—	23.18	14.88	39.00	25.02	93.67	60.10
		京山市	8.28	0.67	449.66	36.41	422.56	34.21	354.65	28.71
		安陆市	0.33	0.10	102.90	31.92	126.87	39.35	92.32	28.63
		小计	8.78	0.50	598.91	34.28	594.45	34.02	545.05	31.20

续表 4-8

分区	亚区	县（市、区）	二等（丰富）		三等（适量）		四等（边缘）		五等（缺乏）	
			面积/km²	占比/%	面积/km²	占比/%	面积/km²	占比/%	面积/km²	占比/%
鄂西山区	秦巴山区	竹山县	1.34	1.11	51.12	42.35	41.68	34.52	26.58	22.02
		竹溪县	0.02	0.09	16.45	69.18	5.82	24.50	1.48	6.23
		小计	1.36	0.94	67.57	46.76	47.50	32.88	28.06	19.42
	武陵山区	巴东县	31.53	5.15	492.46	80.32	61.55	10.04	27.55	4.49
		建始县	60.09	12.40	354.76	73.23	35.93	7.42	33.69	6.95
		恩施市	164.39	18.93	561.51	64.67	79.01	9.10	63.39	7.30
		利川市	242.59	23.53	412.40	39.99	140.14	13.59	236.10	22.89
		咸丰县	39.77	8.36	257.26	54.04	84.01	17.65	94.97	19.95
		宣恩县	92.56	19.35	265.13	55.43	57.02	11.92	63.59	13.30
		来凤县	26.93	10.20	129.87	49.21	52.24	19.80	54.89	20.79
		鹤峰县	138.82	42.18	161.83	49.18	17.58	5.34	10.85	3.30
		小计	796.68	17.53	2 635.22	57.99	527.48	11.61	585.03	12.87

（四）土壤环境综合等级与分布规律

评价结果表明（表4-9），土壤环境地球化学综合等级总体以一等（优先保护类，安全区）为主，面积为 11 112.06km²，占比 77.19%；土壤环境质量为二等（安全利用类，风险区）的面积为 3 113.59km²，占比 21.62%；土壤环境质量为三等（严格管控类，管制区）的面积为 170.90km²，占比 1.19%。

表 4-9　湖北省各县（市、区）土壤环境地球化学综合等级面积统计表

分区	亚区	县（市、区）	一等（安全区）		二等（风险区）		三等（管制区）	
			面积/km²	占比/%	面积/km²	占比/%	面积/km²	占比/%
全省			11 112.06	77.19	3 113.59	21.62	170.90	1.19
沿江平原区	沿汉江平原区	沙洋县	1 273.84	99.31	8.52	0.66	0.39	0.03
		天门市	879.89	96.87	28.46	3.13	—	—
		潜江市	1 191.07	95.56	55.40	4.44	—	—
		仙桃市	755.43	87.42	108.70	12.58	—	—
		小计	4 100.23	95.32	201.08	4.67	0.39	0.01
	沿长江平原区	蔡甸区	66.74	59.54	45.31	40.42	0.05	0.04
		监利市	228.80	89.31	27.39	10.69	—	—
		洪湖市	730.95	94.97	38.70	5.03	—	—
		嘉鱼县	59.76	90.93	5.88	8.94	0.08	0.13
		武穴市	105.80	83.99	19.59	15.56	0.57	0.45
		小计	1 192.05	89.66	136.87	10.29	0.70	0.05

续表 4-9

分区	亚区	县（市、区）	一等（安全区）		二等（风险区）		三等（管制区）	
			面积/km²	占比/%	面积/km²	占比/%	面积/km²	占比/%
鄂北岗地-汉江夹道区	汉江夹道区	宜城市	216.85	98.58	3.11	1.41	0.01	0.01
		钟祥市	2 071.84	98.23	37.17	1.76	0.16	0.01
		小计	2 288.69	98.26	40.28	1.73	0.17	0.01
	鄂北岗地区	南漳县	24.66	73.02	9.10	26.94	0.01	0.04
		随县	134.27	86.16	21.21	13.60	0.37	0.24
		京山市	1 195.80	96.81	38.86	3.15	0.49	0.04
		安陆市	314.33	97.49	8.01	2.48	0.08	0.03
		小计	1 669.06	95.53	77.18	4.42	0.95	0.05
鄂西山区	秦巴山区	竹山县	63.41	52.53	54.79	45.39	2.52	2.08
		竹溪县	2.99	12.57	18.14	76.31	2.64	11.12
		小计	66.40	45.96	72.93	50.47	5.16	3.57
	武陵山区	巴东县	256.24	41.79	347.17	56.63	9.68	1.58
		建始县	132.96	27.44	328.12	67.73	23.39	4.83
		恩施市	199.96	23.03	583.52	67.20	84.82	9.77
		利川市	544.83	52.84	473.47	45.91	12.93	1.25
		咸丰县	238.57	50.12	229.16	48.14	8.28	1.74
		宣恩县	152.59	31.90	306.62	64.11	19.09	3.99
		来凤县	164.54	62.34	98.47	37.31	0.92	0.35
		鹤峰县	105.94	32.19	218.72	66.47	4.42	1.34
		小计	1 795.63	39.51	2 585.25	56.89	163.53	3.60

水田、水浇地和旱地三类耕地中，土壤环境质量为一等（优先保护）的面积为 10 595.59km²，占比 78.49%（耕地总面积）；土壤环境质量为二等（安全利用）的面积为 2 752.52km²，占比 20.39%；土壤环境质量为三等（严格管控）的面积为 151.27km²，占比 1.12%。耕地土壤环境质量总体以一等（优先保护）为主，仅有极少部分三等（严格管控）耕地（表 4-10、图 4-9、图 4-10）。

表 4-10 湖北省不同土地利用类型土壤环境地球化学综合等级面积统计表

土地利用类型		一等（安全区）		二等（风险区）		三等（管制区）		合计
		面积/km²	占比/%	面积/km²	占比/%	面积/km²	占比/%	
耕地	水田	6 053.91	94.40	347.49	5.42	11.93	0.18	6 413.33
	旱地	4 152.34	62.95	2 304.57	34.94	139.26	2.11	6 596.17
	水浇地	389.34	79.48	100.46	20.51	0.08	0.01	489.88
	小计	10 595.59	78.49	2 752.52	20.39	151.27	1.12	13 499.38
园地		465.14	58.42	314.66	39.52	16.41	2.06	796.21
草地		51.33	50.84	46.41	45.96	3.22	3.20	100.96
合计		11 112.06	77.18	3 113.59	21.63	170.90	1.19	14 396.55

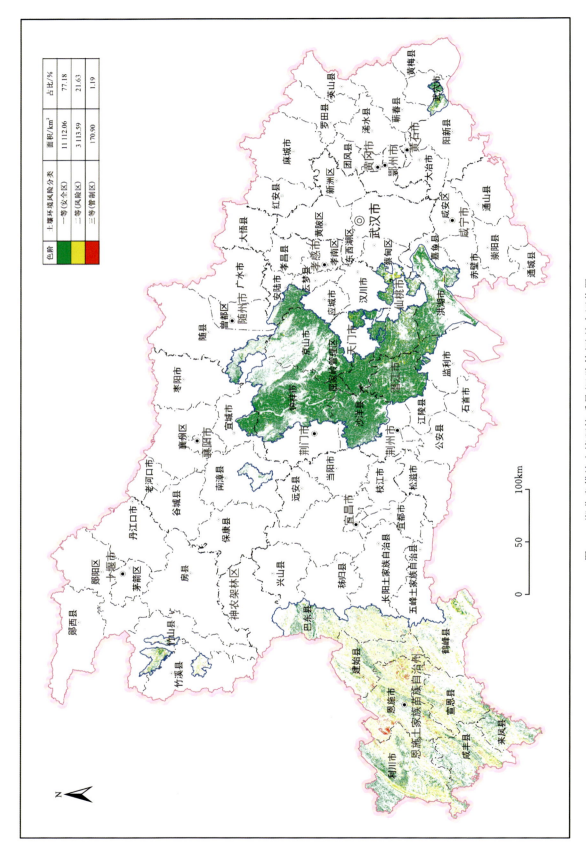

图 4-9 湖北省耕地土壤环境质量(风险等级)综合评价图

第四章 耕地质量地球化学等级

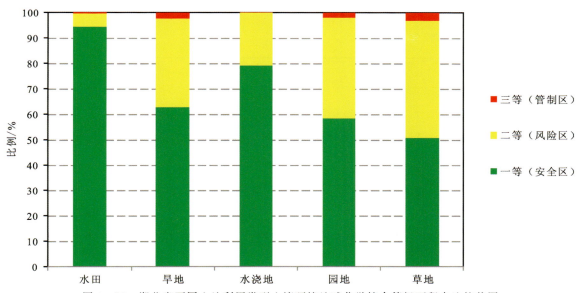

图4-10 湖北省不同土地利用类型土壤环境地球化学综合等级面积占比柱状图

园地和草地土壤以一等（优先保护）和二等（安全利用）为主，土壤环境质量为一等（优先保护）的面积分别为465.14km²、51.33km²，分别占本类土地利用类型的58.42%、50.84%；土壤环境质量为二等（安全利用）的面积分别为314.66km²、46.41km²，分别占本类土地利用类型的39.52%、45.96%；土壤环境质量为三等（严格管控）的面积分别为16.41km²、3.22km²，分别占本类土地利用类型的2.06%、3.20%。

土壤环境地球化学等级分布规律总体表现为沿江平原区、鄂北岗地-汉江夹道区土壤环境较好，鄂西山区土壤环境相对较差（表4-9）。其中，沿江平原区、鄂北岗地-汉江夹道区中蔡甸区、南漳县土壤环境相对略差，土壤环境二等（安全利用）面积占比超过25%；鄂西山区土壤环境相对较好的是竹山县、利川市和来凤县，土壤环境一等（优先保护）面积占比超过50%。

（五）土壤质量等级与分布规律

土壤质量地球化学综合等级以一等（优质）、二等（良好）、三等（中等）为主（表4-11，图4-11），面积分别为3 825.96km²、5 581.54km²和4 727.02km²，占比分别为26.58%、38.77%和32.83%；四等（差等）面积为91.13km²，占比0.63%；五等（劣等）面积为170.90km²，占比1.19%。

表4-11 湖北省不同土地利用类型土壤质量综合等级面积统计表

土地利用		一等（优质）		二等（良好）		三等（中等）		四等（差等）		五等（劣等）	
		面积/km²	占比/%	面积/km²	占比/%	面积/km²	占比/%	面积/km²	占比/%	面积/km²	占比/%
耕地	水田	2 193.85	34.21	2 948.32	45.97	1 217.52	18.98	41.71	0.65	11.93	0.19
	旱地	1 322.25	20.05	2 189.54	33.19	2 912.78	44.16	32.33	0.49	139.26	2.11
	水浇地	157.07	32.06	205.81	42.01	125.81	25.68	1.11	0.23	0.08	0.02
	小计	3 673.17	27.21	5 343.67	39.58	4 256.11	31.53	75.15	0.56	151.27	1.12
园地		142.97	17.96	213.36	26.80	410.49	51.55	12.99	1.63	16.41	2.06
草地		9.82	9.72	24.51	24.27	60.42	59.85	2.99	2.96	3.22	3.20
合计		3 825.96	26.58	5 581.54	38.77	4 727.02	32.83	91.13	0.63	170.90	1.19

水田、旱地和水浇地中，一等（优质）土壤面积3 673.17km²，占比27.21%（耕地总面积）；二等（良好）土壤面积5 343.67km²，占比39.58%（耕地总面积）；三等（中等）土壤面积4 256.11km²，占比31.53%（耕

地总面积);四等(差等)和五等(劣等)土壤面积占比较少,占比分别为 0.56% 和 1.12%。耕地土壤总体以优良为主,中等次之,差劣等较少(图 4-12)。

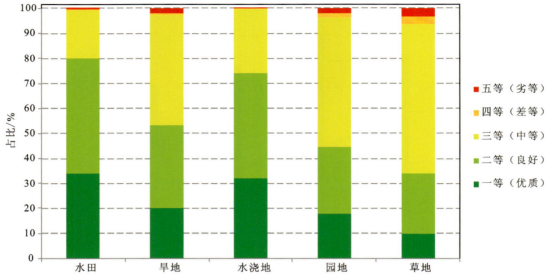

图 4-11　湖北省不同土地利用类型土壤质量综合等级面积占比柱状图

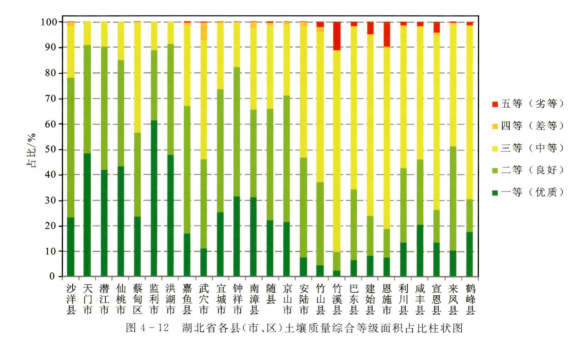

图 4-12　湖北省各县(市、区)土壤质量综合等级面积占比柱状图

园地和草地以一等(优质)和二等(良好)为主,一等(优质)和二等(良好)面积合计占比分别占本类土地利用类型的 44.76% 和 33.99%,三等(中等)面积也较多,分别占本类土地利用类型的 51.55% 和 59.85%;四等(差等)和五等(劣等)面积较少,分别占本类土地利用类型的 3.69% 和 6.16%。

土壤质量综合等级分布总体表现为鄂西山区较差,沿江平原区和鄂北岗地-汉江夹道区一带土壤质量优良(表 4-12,图 4-13);沿江平原区中蔡甸区、武穴市土壤综合质量三等(中等)面积占比高于同区其他县(市);鄂北岗地-汉江夹道区中安陆市土壤综合质量三等(中等)面积占比高于同区其他县(市);鄂西山区中来凤县土壤综合质量最好,二等(良好)以上面积占比超过 50%。

表 4-12 湖北省各县(市、区)土壤质量地球化学综合等级面积统计表

分区	亚区	县(市、区)	一等(优质)		二等(良好)		三等(中等)		四等(差等)		五等(劣等)	
			面积/km²	占比/%	面积/km²	占比/%	面积/km²	占比/%	面积/km²	占比/%	面积/km²	占比/%
全省			3 825.96	26.58	5 581.54	38.77	4 727.02	32.83	91.13	0.63	170.90	1.19
沿江平原区	沿汉江平原区	沙洋县	301.06	23.47	701.16	54.66	261.31	20.37	18.83	1.47	0.39	0.03
		天门市	440.90	48.54	386.59	42.56	80.70	8.88	0.16	0.02	—	
		潜江市	523.67	42.01	600.84	48.21	121.31	9.73	0.65	0.05	—	
		仙桃市	376.26	43.54	360.00	41.66	127.87	14.80	—		—	
		小计	1 641.89	38.17	2 048.59	47.62	591.19	13.74	19.64	0.46	0.39	0.01
	沿长江平原区	蔡甸区	26.55	23.68	37.08	33.08	48.11	42.92	0.31	0.28	0.05	0.04
		监利市	157.50	61.48	70.06	27.35	28.63	11.17	—		—	
		洪湖市	369.78	48.04	333.48	43.33	66.39	8.63	—		—	
		嘉鱼县	11.10	16.90	32.90	50.05	20.67	31.44	0.97	1.48	0.08	0.13
		武穴市	13.84	10.99	44.54	35.36	58.69	46.60	8.32	6.61	0.57	0.44
		小计	578.77	43.54	518.06	38.96	222.49	16.73	9.60	0.72	0.70	0.05
鄂北岗地-汉江夹道区	汉江夹道区	宜城市	55.60	25.28	106.43	48.38	56.38	25.63	1.55	0.70	0.01	0.01
		钟祥市	669.65	31.75	1 069.65	50.71	362.55	17.19	7.16	0.34	0.16	0.01
		小计	725.25	31.14	1 176.08	50.49	418.93	17.99	8.71	0.37	0.17	0.01
	鄂北岗地区	南漳县	10.59	31.36	11.54	34.15	10.84	32.10	0.79	2.35	0.01	0.04
		随县	34.54	22.16	68.10	43.70	50.91	32.66	1.93	1.24	0.37	0.24
		京山市	266.94	21.61	614.80	49.78	340.61	27.57	12.31	1.00	0.49	0.04
		安陆市	24.26	7.52	127.52	39.55	164.21	50.93	6.35	1.97	0.08	0.03
		小计	336.33	19.25	821.96	47.05	566.57	32.43	21.38	1.22	0.95	0.05
鄂西山区	秦巴山区	竹山县	5.52	4.57	39.40	32.64	70.75	58.61	2.53	2.09	2.52	2.09
		竹溪县	0.57	2.42	1.75	7.35	18.75	78.87	0.06	0.25	2.64	11.11
		小计	6.09	4.22	41.15	28.48	89.50	61.94	2.59	1.79	5.16	3.57
	武陵山区	巴东县	40.89	6.67	169.84	27.70	391.00	63.78	1.68	0.27	9.68	1.58
		建始县	40.91	8.44	75.19	15.52	342.86	70.77	2.12	0.44	23.39	4.83
		恩施市	66.61	7.67	97.65	11.25	613.36	70.64	5.86	0.67	84.82	9.77
		利川市	139.46	13.53	301.26	29.22	567.32	55.01	10.26	0.99	12.93	1.25
		咸丰县	98.38	20.67	121.17	25.45	246.57	51.80	1.61	0.34	8.28	1.74
		宣恩县	64.74	13.53	60.92	12.74	327.48	68.47	6.07	1.27	19.09	3.99
		来凤县	27.71	10.50	108.36	41.06	125.56	47.57	1.38	0.52	0.92	0.35
		鹤峰县	58.93	17.91	41.31	12.55	224.19	68.13	0.23	0.07	4.42	1.34
		小计	537.63	11.83	975.70	21.47	2 838.34	62.46	29.21	0.64	163.53	3.60

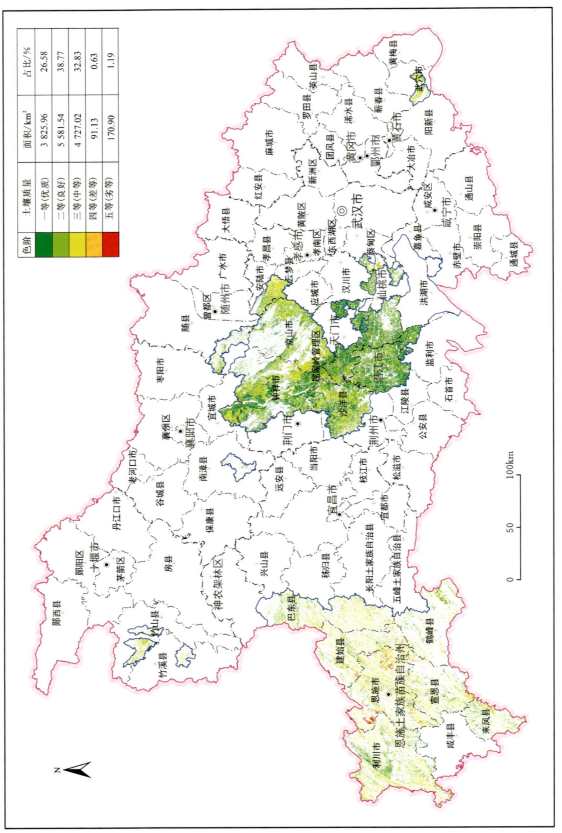

图4-13 湖北省土壤质量地球化学综合等级图

二、灌溉水环境地球化学等级与分布规律

根据《农田灌溉水质标准》（GB 5084—2021）评价，灌溉水环境地球化学等级总体上以一等为主，符合灌溉水水质标准的一等灌溉水占全球灌溉水的98.19%，不符合灌溉水水质标准的二等灌溉水占1.81%（图4-14、图4-15，表4-13）。

钟祥市、沙洋县和蔡甸区二等灌溉水水质点位较多，其中钟祥市和沙洋县的灌溉水中pH部分超出标准范围，蔡甸区灌溉水质主要受As元素影响；另外巴东县、建始县、恩施市、京山市、仙桃市、潜江市、洪湖市出现少量二等灌溉水水质，其他各县（市、区）均为一等灌溉水水质。从灌溉水As、Cd、Cr^{6+}、Hg、Pb、Cl^-、pH共7项指标来看，影响灌溉水等级划分的主要指标为pH，其次为As、Cd。

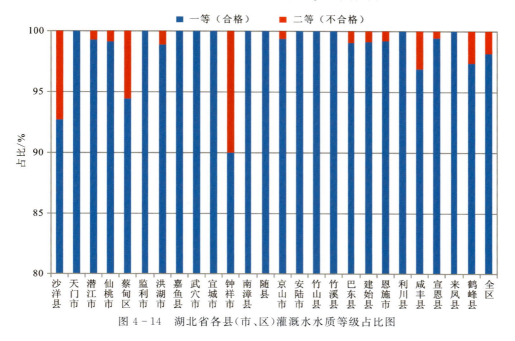

图4-14 湖北省各县（市、区）灌溉水水质等级占比图

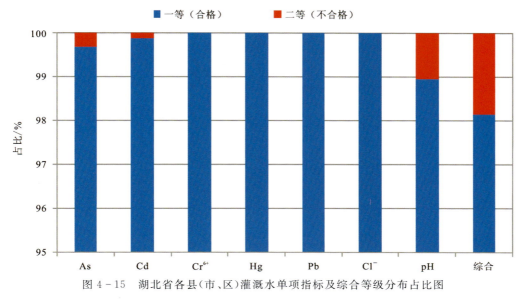

图4-15 湖北省各县（市、区）灌溉水单项指标及综合等级分布占比图

表 4-13 湖北省各县(市、区)的灌溉水水质等级统计表

分区	亚区	县(市、区)	数量/件	一等(合格)数量/件	占比/%	二等(不合格)数量/件	占比/%
全省			2768	2718	98.19	50	1.81
沿江平原区	沿汉江平原区	沙洋县	163	151	92.64	12	7.36
		天门市	82	82	100.00	0	0
		潜江市	133	132	99.25	1	0.75
		仙桃市	112	111	99.11	1	0.89
		小计	490	476	97.14	14	2.86
	沿长江平原区	蔡甸区	18	17	94.44	1	5.56
		监利市	23	23	100.00	0	0
		洪湖市	90	89	98.89	1	1.11
		嘉鱼县	12	12	100.00	0	0
		武穴市	20	20	100.00	0	0
		小计	163	161	98.77	2	1.23
鄂北岗地-汉江夹道区	汉江夹道区	宜城市	20	20	100.00	0	0
		钟祥市	179	161	89.94	18	10.06
		小计	199	181	90.95	18	9.05
	鄂北岗地地区	南漳县	25	25	100.00	0	0
		随县	40	40	100.00	0	0
		京山市	144	143	99.31	1	0.69
		安陆市	39	39	100.00	0	0
		小计	248	247	99.60	1	0.40
鄂西山区	秦巴山区	竹山县	32	32	100.00	0	0
		竹溪县	18	18	100.00	0	0
		小计	50	50	100.00	0	0
	武陵山区	巴东县	195	193	98.97	2	1.03
		建始县	229	227	99.13	2	0.87
		恩施市	353	350	99.15	3	0.85
		利川市	296	296	100.00	0	0
		咸丰县	160	155	96.875	5	3.125
		宣恩县	173	173	100.00	0	0
		来凤县	100	100	100.00	0	0
		鹤峰县	112	109	97.32	3	2.68
		小计	1618	1603	99.07	15	0.93

三、大气干湿沉降物环境地球化学等级与分布规律

大气干湿沉降物环境地球化学等级全部为一等(表 4-14),符合标准。

表 4-14 湖北省各县(市、区)大气干湿沉降物环境地球化学等级统计表

县(市、区)	数量/件	一等(合格)数量/件	占比/%	县(市、区)	数量/件	一等(合格)数量/件	占比/%
竹山县	8	8	100	钟祥市	117	117	100
竹溪县	14	14	100	京山市	126	126	100
巴东县	35	35	100	安陆市	22	22	100
建始县	34	34	100	沙洋县	34	34	100
恩施市	88	88	100	天门市	64	64	100
利川市	48	48	100	潜江市	77	77	100
咸丰县	27	27	100	仙桃市	98	98	100
宣恩县	72	72	100	蔡甸区	20	20	100
来凤县	35	35	100	监利市	8	8	100
鹤峰县	41	41	100	洪湖市	66	66	100
南漳县	20	20	100	嘉鱼县	16	16	100
宜城市	12	12	100	武穴市	12	12	100
随县	36	36	100				

四、耕地质量地球化学等级与分布规律

参照《土地质量地球化学评价规范》(DZ/T 0295—2016)的评价标准,湖北省大气环境地球化学综合等级均为一等。因此,耕地质量地球化学综合等级只需在土壤质量地球化学综合等级基础上,叠加灌溉水环境地球化学等级即可。

耕地质量综合等级分布总体表现为鄂西恩施地区、鄂西北十堰地区耕地综合质量较差,鄂北岗地-汉江夹道区和沿江平原区一带耕地质量优良。恩施州大部分县(市)、鄂西北十堰市竹山县、竹溪县耕地质量综合等级以三等(中等)为主;鄂北岗地-汉江夹道区耕地质量优良,该区除安陆市外,其他各县(市)一等(优质)和二等(良好)耕地面积占各自县(市)比例均超过65%;综合评价结果显示洪湖市、天门市、监利县、仙桃市、潜江市、钟祥市、沙洋县、宜城市、京山市二等(良好)以上耕地占比均在70%以上(表4-15)。

第三节 耕地质量地球化学等级影响因素分析

从农业角度出发,土壤质量的好坏对耕地质量具有决定性作用,土壤质量地球化学等级主要受土壤养分等级和土壤环境等级影响,且在湖北省不同的分区表现不同。灌溉水对土壤质量整体影响较小,二等(风险区)面积大多小于评价面积的0.2%。

沿江平原区,土壤环境地球化学一等(安全区)占比除仙桃市、蔡甸区和武穴市外均大于90%,整体环境较好,对土壤综合质量等级影响相对较小。土壤养分地球化学等级除沙洋县、嘉鱼县和武穴市外,三等(中等)以上面积占比均超过90%,整体养分质量良好。因此,土壤环境综合等级对土质质量综合等级影响较小,土壤养分综合等级对土壤质量综合等级的影响略大于土壤环境等级。

鄂北岗地-汉江夹道区,土壤环境地球化学等级整体与沿江平原区类似,对土壤综合质量等级的影响同样较小。土壤养分地球化学等级较沿江平原区和鄂西山区表现略差,除钟祥市和南漳县外其他地区养分四等、五等区域面积之和占比均超过20%,土壤养分综合等级对土壤质量综合等级的影响明显大于土壤环境等级。

表 4-15 湖北省各县(市、区)耕地质量综合等级面积统计表

分区	亚区	县(市、区)	灌溉水等级	一等(优质) 面积/km²	占比/%	二等(良好) 面积/km²	占比/%	三等(中等) 面积/km²	占比/%	四等(差等) 面积/km²	占比/%	五等(劣等) 面积/km²	占比/%
全省			一等	3 818.96	26.53	5 569.55	38.69	4 722.90	32.80	90.97	0.63	169.77	1.19
			二等	7.00	0.05	11.99	0.08	4.12	0.03	0.16	0	1.13	0
沿江平原区	沿汉江平原区	沙洋县	一等	300.5	23.43	699.87	54.56	260.83	20.33	18.80	1.47	0.39	0.03
			二等	0.56	0.04	1.29	0.10	0.48	0.04	0.03	0	—	—
		天门市	一等	440.90	48.54	386.59	42.56	80.70	8.88	0.16	0.02	—	—
		潜江市	一等	523.55	42.00	600.61	48.19	121.19	9.72	0.65	0.05	—	—
			二等	0.12	0.01	0.23	0.02	0.12	0.01	—	—	—	—
		仙桃市	一等	375.90	43.51	358.24	41.46	127.84	14.79	—	—	—	—
			二等	0.36	0.04	1.76	0.20	0.03	0	—	—	—	—
		小计	一等	1 640.85	38.14	2 045.31	47.55	590.56	13.73	19.61	0.46	0.39	0.01
			二等	1.04	0.02	3.28	0.08	0.63	0.01	0.03	0	—	—
	沿长江平原区	蔡甸区	一等	24.34	21.71	31.88	28.44	48.11	42.92	0.31	0.28	0.05	0.04
			二等	2.21	1.97	5.20	4.64						
		监利市	一等	157.50	61.48	70.06	27.35	28.63	11.17	—	—	—	—
		洪湖市	一等	369.67	48.03	333.17	43.29	66.39	8.63				
			二等	0.11	0.01	0.31	0.04	—					
		嘉鱼县	一等	11.10	16.90	32.90	50.05	20.67	31.44	0.97	1.48	0.08	0.13
		武穴市	一等	13.84	10.99	44.54	35.36	58.69	46.60	8.32	6.61	0.57	0.44
		小计	一等	576.45	43.36	512.55	38.55	222.49	16.73	9.60	0.72	0.70	0.05
			二等	2.32	0.18	5.51	0.41						
鄂北岗地-汉江夹道区	汉江夹道区	宜城市	一等	55.60	25.28	106.43	48.38	56.38	25.63	1.55	0.70	0.01	0.01
		钟祥市	一等	667.55	31.65	1 067.33	50.60	362.35	17.18	7.16	0.34	0.16	0.01
			二等	2.10	0.10	2.32	0.11	0.20	0.01	—	—	—	—
		小计	一等	723.15	31.05	1 173.76	50.39	418.73	17.98	8.71	0.37	0.17	0.01
			二等	2.10	0.09	2.32	0.10	0.20	0.01				
	鄂北岗地区	南漳县	一等	10.59	31.36	11.54	34.15	10.84	32.10	0.79	2.35	0.01	0.04
		随县	一等	34.54	22.16	68.10	43.70	50.91	32.66	1.93	1.24	0.37	0.24
		京山市	一等	266.9	21.61	614.59	49.76	340.44	27.56	12.31	1.00	0.49	0.04
			二等	0.04	0	0.21	0.02	0.17	0.01	—	—	—	—
		安陆市	一等	24.26	7.52	127.52	39.55	164.21	50.93	6.35	1.97	0.08	0.03
		小计	一等	336.29	19.25	821.75	47.04	566.40	32.42	21.38	1.22	0.95	0.05
			二等	0.04	0	0.21	0.01	0.17	0.01	—	—	—	—

续表 4-15

分区	亚区	县(市、区)	灌溉水等级	一等(优质)		二等(良好)		三等(中等)		四等(差等)		五等(劣等)	
				面积/km²	占比/%	面积/km²	占比/%	面积/km²	占比/%	面积/km²	占比/%	面积/km²	占比/%
鄂西山区	秦巴山区	竹山县	一等	5.52	4.57	39.40	32.64	70.75	58.61	2.53	2.09	2.52	2.09
		竹溪县	一等	0.57	2.42	1.75	7.35	18.75	78.87	0.06	0.25	2.64	11.11
		小计	一等	6.09	4.22	41.15	28.48	89.50	61.94	2.59	1.79	5.16	3.57
	武陵山区	巴东县	一等	40.68	6.64	169.84	27.70	390.58	63.71	1.68	0.27	9.68	1.58
			二等	0.21	0.03	—	—	0.42	0.07	—	—	—	—
		建始县	一等	40.91	8.44	75.07	15.50	342.50	70.70	2.12	0.44	23.39	4.83
			二等	—	—	0.12	0.02	0.36	0.07	—	—	—	—
		恩施市	一等	66.61	7.67	97.65	11.25	613.36	70.64	5.86	0.67	83.88	9.66
			二等	—	—	—	—	—	—	—	—	0.94	0.11
		利川市	一等	139.46	13.53	301.26	29.22	567.32	55.01	10.26	0.99	12.93	1.25
		咸丰县	一等	97.31	20.44	120.8	25.38	244.80	51.43	1.48	0.31	8.09	1.70
			二等	1.07	0.22	0.37	0.08	1.77	0.37	0.13	0.03	0.19	0.04
		宣恩县	一等	64.74	13.53	60.92	12.74	327.48	68.47	6.07	1.27	19.09	3.99
		来凤县	一等	27.71	10.50	108.36	41.06	125.56	47.57	1.38	0.52	0.92	0.35
		鹤峰县	一等	58.71	17.84	41.13	12.50	223.62	67.96	0.23	0.07	4.42	1.34
			二等	0.22	0.07	0.18	0.05	0.57	0.17	—	—	—	—
		小计	一等	536.13	11.80	975.03	21.46	2 835.22	62.39	29.08	0.64	162.40	3.58
			二等	1.50	0.03	0.67	0.01	3.12	0.07	0.13	0	1.13	0.02

鄂西山区地球化学环境等级二等(风险区)地区明显高于沿江平原区和鄂北岗地-汉江夹道区,面积占比介于 45%～77% 之间,对土壤综合质量等级的影响较大。土壤养分等级与沿江平原区相差不大,整体优于鄂北岗地-汉江夹道区,对土壤综合质量等级的影响较小。从成土母质方面进一步分析,鄂西山区黑色岩系分布广泛,黑色岩系岩石中 Cd、Cu、Ni 等元素较富集,黑色岩系岩石通过风化形成了区域性的 Cd、Ni 高背景土壤。鄂西山区土壤重金属污染风险状况主要受成土母质影响,引起土壤中 Cd、Cu、Ni 富集,从而使得土壤中重金属元素 Cd、Cu、Ni 含量超过风险筛选值,导致土壤为安全利用类,甚至为严格管控类。因此,鄂西山区土壤养分综合等级对土壤质量综合等级的影响小于其他地区,土壤环境综合等级对土壤质量综合等级的影响明显大于其他地区。

综合分析发现,湖北省耕地质量地球化学等级与地形地貌有着密切联系,宏观整体表现为平原区耕地质量最好,沙洋县、武穴市、嘉鱼县在本书分区中被划为平原区,但在实际地形中存在不少低山丘陵,因此这 3 个地区的耕地质量略差于江汉平原其他地区;其次为低山丘陵区,以钟祥市为例,沿汉江两岸平原地区耕地质量一等、二等面积占比明显高于远离汉江两岸的丘陵山地区;中高山区受地质背景的影响,土壤环境地球化学等级较差,耕地质量总体较差。

第五章 湖北省硒及锶锗资源

第一节 硒资源现状

一、岩石硒资源

在硒的地球化学循环中,硒最初来自于岩石,通过食物链最终进入动物和人体,这些复杂的生物地球化学过程包括岩石风化形成土壤、岩石-水界面反应和生物活动等。硒的迁移、转化也发生在上述复杂的循环过程中,土壤中 Se 含量对成土母质具有较强的继承性,同时土壤中硒的赋存形态也主要受控于成土母质和周围环境因素(Plant et al.,2003;Wang et al.,2003)。

本次工作通过岩石剖面调查,获得岩石 Se 含量水平。频数结果显示(图 5-1),60.31% 的岩石样品中 Se 含量在 0.2mg/kg 以下,80.66% 的岩石样品中 Se 含量在 1mg/kg 以下,仅 19.34% 的岩石样品中 Se 含量超过 1mg/kg;其中,样品 Se 含量最高的为 4 900.25mg/kg,位于恩施市新塘乡双河镇。

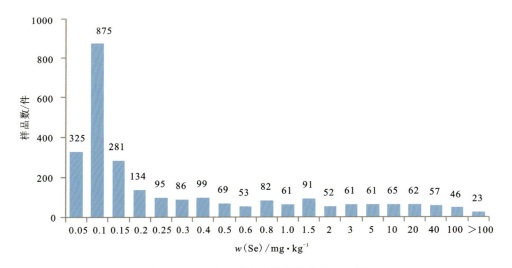

图 5-1 岩石 Se 元素含量频数分布柱状图

(一)硒元素在不同岩石中的含量

岩石硒含量主要受控于 3 个因素:一是岩层形成时代,二叠系沉积期是 Se 含量高峰期,尤其是二叠系孤峰组和大隆组两个沉积期更为显著;二是岩性组合,含碳质硅质岩和碳质页岩 Se 含量较高,黏土岩 Se 元素含量次之,灰岩、砂岩等 Se 含量较低;三是与矿物伴生情况,硒主要以类质同象形式存在于各类矿床中,因硒与硫的化学性质相似,容易发生替换,因此硫化物矿床中常含硒。孤峰组及大隆组中均主要为含碳硅质岩与碳质页岩的岩性组合特征:一方面由于岩石中有机质含量高,对 Se 的吸附富集能力强;另一方面由于脆性和塑性相间的物理力学性质,有利于 Se 在氧化条件下活化迁移和富集(田升平等,2007)。

湖北省下二叠统茅口组、下寒武统鲁家坪组和牛蹄塘组岩石中相对富硒。统计结果显示,在这些富硒地层中,不同岩性 Se 含量差异较大,其中,硅质岩、碳质页岩 Se 含量最高(图 5-2),几何平均值和中位值均高于 2.0mg/kg,其他岩性 Se 含量较低,几何平均值均不超过 0.2mg/kg。

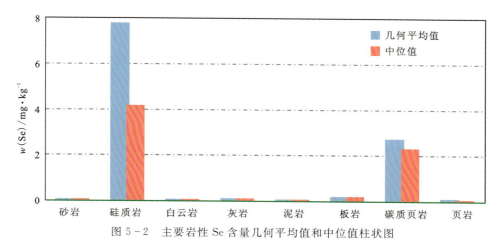

图 5-2　主要岩性 Se 含量几何平均值和中位值柱状图

(二)硒元素在各地层单元中的含量

岩石样品 Se 含量特征显示 Se 普遍存在于各类岩石,但 Se 含量与岩石的岩性及形成的时代密切相关,二叠系 Se 含量明显高于其他地层(图 5-3)。

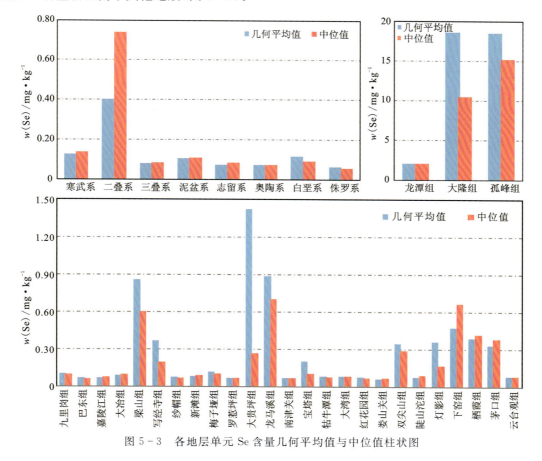

图 5-3　各地层单元 Se 含量几何平均值与中位值柱状图

统计结果显示,除白垩系和侏罗系外,其他地层Se含量算术平均值均明显高于几何平均值,说明极值点对样本统计影响较大,算术平均值不能代表元素的真实含量,几何平均值与中位值比较接近,因此使用几何平均值代表各统计单元中Se含量。在各地层单元中,二叠系大隆组和孤峰组的Se的含量最高,远高于其他地层;二叠系龙潭组、下窑组、栖霞组、茅口组和泥盆系云台观组Se含量也较为富集,但明显低于大隆组和孤峰组;另外,二叠系梁山组、志留系大贵坪组和奥陶系龙马溪组也相对富硒,泥盆系写经寺组、寒武系双尖山组和震旦系—寒武系灯影组Se含量略高;其余地层Se含量不高,与大陆地壳值接近。

以位于建始县南部官店镇的柳树坦—摩峰村一带的综合剖面JSYP4为例,二叠系中富硒地层主要为孤峰组和大隆组(图5-4),该剖面控制了二叠系茅口组、孤峰组、龙潭组、下窑组、大隆组,地层出露较好,顶底齐全。在孤峰组采的2件岩石样品中,碳质硅质岩中Se含量为75.1mg/kg,碳质页岩中Se含量高达378mg/kg,在大隆组采集的3件岩石样品中,Se含量为10.6~137mg/kg,孤峰组和大隆组Se含量均明显高于其他地层。

二、富硒耕地资源

根据李家熙等(2000)提出的富硒土壤划分方案,即土壤硒含量不低于0.4mg/kg为富硒土壤。以此标准对湖北省耕地富硒情况进行划定,全省富硒耕地面积为3812.22km²(571.83万亩),主要分布于鄂西山区,其次为沿江平原区,鄂北岗地-汉江夹道区分布最少;从亚区上来看,武陵山区和秦巴山区除巴东县外富硒耕地面积占比超过50%(表5-1)。

根据《天然富硒土地划定与标识》(DZ/T 0380—2021)标准,全省天然富硒土地面积为3908.29km²(586.24万亩),主要分布于沿江平原区,其次为鄂北岗地-汉江夹道区;从亚区上来看,沿长江平原区和沿汉江平原区天然富硒土地面积占比均超过40%,面积占比超过60%的地区有天门市和监利市,面积占比超过50%的地区有潜江市和仙桃市(表5-1)。总体上,湖北省天然富硒耕地资源丰富,开发程度差异较大,应积极开展相关申报工作。

三、农产品硒含量及富硒等级

本次工作共采集了粮食、油料作物、蔬菜、食用菌、水产品、水果、坚果、中药材、茶及烟叶类等88个品种共16 519件农作物样品(表5-2)。

(一)粮油类含硒状况及评价

1. 粮食类含硒状况

本次工作采集的粮食类农作物有稻米、小麦和玉米,共计8404件,粮食类农产品Se含量特征值见表5-3。

2. 油料作物类含硒状况

油料作物采集油菜籽、黄豆、花生、芝麻、油茶共五种,共1552件。油料作物中Se含量特征值见表5-4。

粮油类农产品富硒评价参照《富硒稻谷》(GB/T 22499—2008)、《食品安全国家标准 预包装食品营养标签通则》(GB 28050—2011)和《富有机硒食品硒含量要求》(DBS 42/002—2014),粮油类农产品硒含量划分为5级(表5-5),其中将一级、二级和三级划分为富硒粮油类农产品。

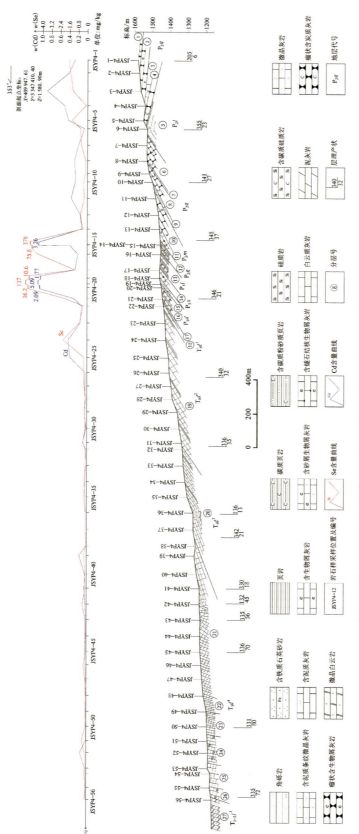

图5-4 湖北省恩施州建始县官店镇柳木坦二叠系茅口组—三叠系大冶组岩石地球化学剖面图

表 5-1 湖北省土地质量调查区富硒耕地面积状况

分区	亚区	县(市、区)	调查面积 km²	调查面积 万亩	富硒耕地面积 km²	富硒耕地面积 万亩	天然富硒耕地面积 km²	天然富硒耕地面积 万亩
全省			14 396.55	2 159.48	3 812.22	571.83	3 908.29	586.24
沿江平原区	沿汉江平原区	沙洋县	1 282.75	192.41	49.48	7.42	156.26	23.44
		天门市	908.35	136.25	76.11	11.42	552.35	82.85
		潜江市	1 246.47	186.97	191.07	28.66	663.24	99.49
		仙桃市	864.13	129.62	129.85	19.48	439.42	65.91
		小计	4 301.70	645.25	446.51	66.98	1 811.27	271.69
	沿长江平原区	蔡甸区	112.10	16.81	29.73	4.46	29.45	4.42
		监利市	256.19	38.43	121.44	18.21	159.86	23.98
		洪湖市	769.65	115.45	99.47	14.92	330.10	49.51
		嘉鱼县	65.72	9.86	3.38	0.51	9.40	1.41
		武穴市	125.96	18.89	24.80	3.72	16.07	2.41
		小计	1 329.62	199.44	278.82	41.83	544.88	81.73
鄂北岗地-汉江夹道区	汉江夹道区	宜城市	219.97	33.00	27.12	4.07	97.84	14.67
		钟祥市	2 109.17	316.37	244.77	36.71	647.12	97.07
		小计	2 329.14	349.37	271.89	40.78	744.96	111.74
	鄂北岗地区	南漳县	33.77	5.07	3.17	0.47	4.68	0.70
		随县	155.85	23.38	14.84	2.23	8.93	1.34
		京山市	1 235.15	185.27	49.54	7.43	127.49	19.12
		安陆市	322.42	48.36	16.92	2.54	20.32	3.05
		小计	1 747.19	262.08	84.47	12.67	161.42	24.21
鄂西山区	秦巴山区	竹山县	120.72	18.11	67.74	10.16	21.22	3.18
		竹溪县	23.77	3.57	14.40	2.16	0.39	0.06
		小计	144.49	21.68	82.14	12.32	21.61	3.24
	武陵山区	巴东县	613.09	91.96	132.20	19.83	22.60	3.39
		建始县	484.47	72.67	285.97	42.90	41.76	6.26
		恩施市	868.30	130.25	751.60	112.74	138.78	20.82
		利川市	1 031.23	154.69	523.23	78.48	161.75	24.26
		咸丰县	476.01	71.40	258.63	38.79	70.31	10.55
		宣恩县	478.30	71.74	356.30	53.45	77.12	11.57
		来凤县	263.93	39.59	120.33	18.05	50.92	7.64
		鹤峰县	329.08	49.36	220.10	33.02	60.91	9.14
		小计	4 544.41	681.66	2 648.36	397.26	624.15	93.63

第五章 湖北省硒及锶锗资源

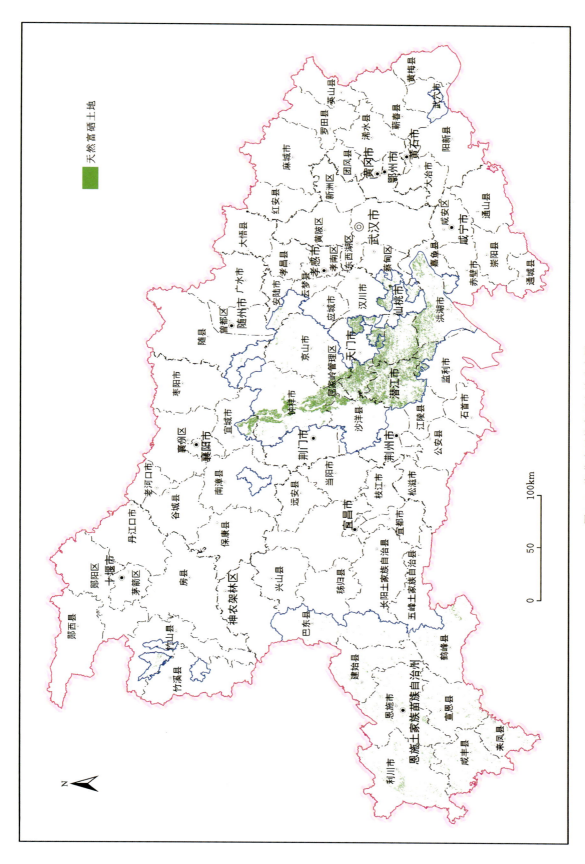

图 5-5 湖北省天然富硒土地分布图

表 5-2　农作物样品采集情况表

类别		品种	样本数/件
粮食		稻米、小麦、玉米、土豆、红薯	8404
油料作物		油菜籽、黄豆、花生、芝麻、油茶	1552
蔬菜	叶类蔬菜	白菜、包菜、白花菜、花菜、西兰花、藜蒿、莼菜、甘蓝	791
	块根茎蔬菜	大蒜、凉薯、藕带、莲藕、魔芋、萝卜、生姜、竹笋、山药	1029
	瓜果蔬菜	四季豆、辣椒、豇豆、毛豆、南瓜、丝瓜、黄瓜、冬瓜、茄子、西红柿	585
食用菌		香菇	112
水产品		鳝鱼、螃蟹、鱼、虾	419
水果		杨梅、西瓜、葡萄、柑橘、梨、橙柚、猕猴桃、柿子、柚子、李子、脐橙	650
坚果		板栗、核桃、莲子	163
中药材		竹节人参、银杏、银杏叶、药用木瓜、黄连、厚朴、党参、百合(湿剂)、白术、半夏、贝母、当归、大黄、独活、葛根、红三叶、牛蒡、天麻、神农香菊、缬草、玄参、牛膝、云木香、黄柏、枸杞(湿剂)、丹皮、黄精、木瓜	1089
茶			1610
烟叶			115

表 5-3　粮食类农产品 Se 含量特征值表

品种		数量	平均值	中位值	最小值	最大值	算术标准差
		件	mg/kg	mg/kg	mg/kg	mg/kg	mg/kg
稻米		2607	0.084	0.048	0.005	5.741	0.225
小麦	面粉	559	0.095	0.070	0.010	0.686	0.074
	麸皮	479	0.101	0.079	0.010	0.393	0.070
	籽粒	454	0.095	0.056	0.010	0.510	0.093
玉米		2099	0.123	0.023	0.001	32.283	0.850
土豆		1382	0.011	0.004	0.001	2.706	0.079
红薯		824	0.020	0.004	0.001	1.521	0.104

表 5-4　油料作物 Se 含量特征参数统计表

品种	数量	平均值	中位值	最小值	最大值	算术标准差
	件	mg/kg	mg/kg	mg/kg	mg/kg	mg/kg
油菜籽	894	0.244	0.068	0.003	23.850	1.03
黄豆	534	0.166	0.098	0.005	9.504	0.490
花生	89	0.069	0.041	0.005	0.475	0.08
芝麻	25	0.081	0.059	0.03	0.216	0.05
油茶	10	0.02	0.007	0.002	0.073	0.03

表 5-5　粮油类农产品富硒评价标准

单位:mg/kg

等级	一级	二级	三级	四级	五级
含义	硒极丰富	硒丰富	硒较丰富	富含硒	硒含量一般
标准值	≥0.2	0.15~0.2	0.075~0.15	0.04~0.075	<0.04

3. 稻米富硒评价

评价结果显示(表5-6),稻米以富含硒为主。硒极丰富、硒丰富和硒较丰富稻米整体占比22.71%,富含硒稻米占比44.49%,硒含量一般稻米占比32.80%。

表5-6 湖北省各县(市、区)不同区域稻米富硒分级样品数据及占比统计表

分区	亚区	县(市、区)	样本数/件	评价标准值									
				一级硒极丰富		二级硒丰富		三级硒较丰富		四级富含硒		五级硒含量一般	
				数量/件	占比/%	数量/件	占比/%	数量/件	占比/%	数量/件	占比/%	数量/件	占比/%
沿江平原区	沿汉江平原区	沙洋县	147	2	1.36	1	0.68	16	10.88	69	46.94	59	40.14
		天门市	94	—	—	—	—	16	17.02	57	60.64	21	22.34
		潜江市	132	1	0.76	—	—	38	28.79	61	46.21	32	24.24
		仙桃市	404	2	0.49	5	1.24	52	12.87	255	63.12	90	22.28
		小计	777	5	0.64	6	0.77	122	15.70	442	56.89	202	26.00
	沿长江平原区	蔡甸区	11	—	—	—	—	4	36.36	6	54.55	1	9.09
		监利市	31	—	—	—	—	2	6.45	7	22.58	22	70.97
		洪湖市	146	1	0.69	3	2.06	27	18.49	78	53.42	37	25.34
		嘉鱼县	34	1	2.94	—	—	13	38.24	20	58.82	—	—
		武穴市	55	2	3.64	4	7.27	20	36.36	27	49.09	2	3.64
		小计	277	4	1.44	7	2.53	66	23.83	138	49.82	62	22.38
鄂北岗地-汉江夹道区	汉江夹道区	宜城市	50	1	2.00	—	—	3	6.00	41	82.00	5	10.00
		钟祥市	260	4	1.54	3	1.15	31	11.92	91	35.00	131	50.39
		小计	310	5	1.61	3	0.97	34	10.97	132	42.58	136	43.87
	鄂北岗地区	南漳县	16	0	0	—	—	1	6.25	5	31.25	10	62.50
		随县	71	1	1.41	—	—	9	12.68	36	50.70	25	35.21
		京山市	258	1	0.39	3	1.16	21	8.14	104	40.31	129	50.00
		安陆市	70	5	7.14	4	5.71	10	14.29	22	31.43	29	41.43
		小计	415	7	1.69	7	1.69	41	9.88	167	40.24	193	46.50
鄂西山区	秦巴山区	竹山县	13	1	7.69	2	15.385	2	15.385	5	38.46	3	23.08
		竹溪县	18	7	38.89	2	11.11	6	33.33	3	16.67	—	—
		小计	31	8	25.81	4	12.90	8	25.81	8	25.81	3	9.68
	武陵山区	巴东县	45	4	8.89	1	2.22	5	11.11	16	35.56	19	42.22
		建始县	56	7	12.50	3	5.36	21	37.50	14	25.00	11	19.64
		恩施市	163	55	33.74	9	5.52	38	23.32	46	28.22	15	9.20
		利川市	183	3	1.64	1	0.55	11	6.01	63	34.42	105	57.38
		咸丰县	60	2	3.33	3	5.00	13	21.67	25	41.67	17	28.33
		宣恩县	110	14	12.73	4	3.64	34	30.91	31	28.18	27	24.54
		来凤县	130	—	—	2	1.54	18	13.85	60	46.15	50	38.46
		鹤峰县	50	4	8.00	1	2.00	12	24.00	18	36.00	15	30.00
		小计	797	89	11.17	24	3.01	152	19.07	273	34.25	259	32.50

从不同区域稻米富硒率分析，鄂西山区稻米硒极丰富占比明显高于其他两大区域；从亚区上来看，秦巴山区稻米整体富硒率最高，硒极丰富、丰富明显高于其他县（市）占比；从县（市、区）分区来看，富硒占比较高的主要有竹溪县、竹山县、建始县、恩施市、宣恩县、鹤峰县、咸丰县、武穴市、嘉鱼县和蔡甸区，稻米硒较丰富率大于30.00%，土壤高硒背景为稻米硒富集提供了保障。

4. 小麦富硒评价

评价结果显示（表5-7），小麦总体以富含硒和硒较丰富为主。从亚区分区上来看，沿汉江平原区硒极丰富、硒丰富和硒较丰富占比最高，从县（市、区）分区来看，天门市、潜江市、仙桃市和钟祥市较丰富及以上占比均超过50%，由此可见汉江冲积平原为湖北省主要小麦富硒区。

表5-7 湖北省不同区域小麦富硒分级样品数据及占比统计表

分区	亚区	县（市、区）	样本数/件	评价标准值									
				一级硒极丰富		二级硒丰富		三级硒较丰富		四级富含硒		五级硒含量一般	
				数量/件	占比/%	数量/件	占比/%	数量/件	占比/%	数量/件	占比/%	数量/件	占比/%
沿江平原区	沿汉江平原区	沙洋县	70	5	7.14	—	—	15	21.43	27	38.57	23	32.86
		天门市	222	42	18.92	29	13.06	85	38.29	58	26.13	8	3.60
		潜江市	60	7	11.67	10	16.67	37	61.67	6	10.00		
		仙桃市	210	33	15.71	25	11.90	82	39.05	69	32.86	1	0.48
		小计	562	87	15.48	64	11.39	219	38.97	160	28.47	32	5.69
	沿长江平原区	蔡甸区	22	0	0	4	18.18	17	77.27	1	4.55		
		监利市	14	1	7.14	2	14.29	3	21.43	7	50.00	1	7.14
		洪湖市	50	3	6	—	—	21	42.00	22	44.00	4	8.00
		小计	86	4	4.65	6	6.98	41	47.68	30	34.88	5	5.81
鄂北岗地-汉江夹道区	汉江夹道区	宜城市	100	5	5	11	11.00	32	32.00	47	47.00	5	5.00
		钟祥市	279	49	17.56	28	10.04	89	31.90	68	24.37	45	16.13
		小计	379	54	14.25	39	10.29	121	31.93	115	30.34	50	13.19
	鄂北岗地区	南漳县	56	—	—	—	—	6	10.715	30	53.57	20	35.715
		随县	126	4	3.17	4	3.17	2	1.59	46	36.51	70	55.56
		京山市	213	9	4.23	3	1.41	14	6.57	71	33.33	116	54.46
		安陆市	60	6	10.00			8	13.33	19	31.67	27	45.00
		小计	455	19	4.18	7	1.54	30	6.59	166	36.48	233	51.21
鄂西山区	秦巴山区	竹溪县	10	1	10.00			6	60.00	3	30.00		

5. 玉米富硒评价

评价结果显示（表5-8），玉米总体以硒含量一般为主，且玉米富硒状况差于小麦和稻米。江汉平原区玉米富硒率大于其他两个区域。从不同县（市）玉米富硒率分析，玉米富硒率较高的地区主要有竹溪县、仙桃市、洪湖市、蔡甸区和潜江市，富硒率大于30.00%；其次，恩施市、钟祥市、安陆市、宣恩县、鹤峰县、来凤县、天门市、建始县、竹山县、京山市、宜城市玉米富硒率大于10.00%。

表 5-8 湖北省不同区域玉米富硒分级样品数据及占比统计表

分区	亚区	县（市、区）	样本数/件	评价标准值									
				一级硒极丰富		二级硒丰富		三级硒较丰富		四级富含硒		五级硒含量一般	
				数量/件	占比/%	数量/件	占比/%	数量/件	占比/%	数量/件	占比/%	数量/件	占比/%
沿江平原区	沿汉江平原区	沙洋县	50	1	2.00	0	0	2	4.00	3	6.00	44	88.00
		天门市	18	0	0	1	5.56	2	11.11	5	27.78	10	55.56
		潜江市	45	2	4.44	3	6.67	9	20.00	17	37.78	14	31.11
		仙桃市	102	8	7.84	8	7.84	28	27.45	35	34.31	23	22.55
		小计	215	11	5.12	12	5.58	41	19.07	60	27.91	91	42.33
	沿长江平原区	蔡甸区	30	1	3.33	2	6.67	9	30.00	7	23.33	11	36.67
		洪湖市	5	0	0	1	20.00	1	20.00	1	20.00	2	40.00
		小计	35	1	2.86	3	8.57	10	28.57	8	22.86	13	37.14
鄂北岗地-汉江夹道区	汉江夹道区	宜城市	50	1	2.00	1	2.00	4	8.00	21	42.00	23	46.00
		钟祥市	162	6	3.70	5	3.09	25	15.43	51	31.48	75	46.30
		小计	212	7	3.30	6	2.83	29	13.68	72	33.96	98	46.23
	鄂北岗地区	南漳县	35	0	0	0	0	0	0	0	0	35	100.00
		随县	5	0	0	0	0	0	0	0	0	5	100.00
		京山市	177	3	1.69	4	2.26	8	4.52	8	4.52	154	87.01
		安陆市	21	2	9.52	0	0	3	14.29	3	14.29	13	61.90
		小计	238	5	2.10	4	1.68	11	4.62	11	4.62	207	86.97
鄂西山区	秦巴山区	竹山县	15	2	13.33	0	0	3	20.00	3	20.00	7	46.67
		竹溪县	20	3	15.00	2	10.00	3	15.00	3	15.00	9	45.00
		小计	35	5	14.29	2	5.71	6	17.14	6	17.14	16	45.71
	武陵山区	巴东县	129	4	3.10	1	0.78	3	2.33	4	3.10	117	90.70
		建始县	170	20	11.76	1	0.59	4	2.35	12	7.06	133	78.24
		恩施市	325	54	16.62	8	2.46	33	10.15	50	15.38	180	55.38
		利川市	161	4	2.48	1	0.62	5	3.11	7	4.35	144	89.44
		咸丰县	200	1	0.50	1	0.50	2	1.00	18	9.00	178	89.00
		宣恩县	182	15	8.24	3	1.65	11	6.04	37	20.33	116	63.74
		来凤县	75	5	6.67	1	1.33	4	5.33	7	9.33	58	77.33
		鹤峰县	122	6	4.92	2	1.64	12	9.84	16	13.11	86	70.49
		小计	1364	109	7.99	18	1.32	74	5.43	151	11.07	1012	74.19

6. 土豆富硒评价

评价结果显示（表 5-9），土豆总体以硒含量一般为主，占比高达 93.78%，富含硒土豆占比 3.40%，硒极丰富、硒丰富和硒较丰富仅为 2.82%。土豆富硒状况明显差于小麦、稻米和玉米。其中，宣恩县和来凤县土豆富硒率大于 5%。

表 5-9 湖北省不同区域土豆富硒分级样品数据统计表

分区	亚区	县（市、区）	样本数/件	评价标准值									
				一级硒极丰富		二级硒丰富		三级硒较丰富		四级富含硒		五级硒含量一般	
				数量/件	占比/%	数量/件	占比/%	数量/件	占比/%	数量/件	占比/%	数量/件	占比/%
沿江平原区	沿汉江平原区	天门市	5	0	0	0	0	0	0	0	0	5	100.00
鄂西山区	武陵山区	巴东县	220	0	0	0	0	1	0.45	1	0.45	218	99.09
		建始县	198	1	0.51	0	0	1	0.51	2	1.01	194	97.98
		恩施市	284	5	1.76	2	0.70	5	1.76	7	2.46	265	93.31
		利川市	141	0	0	0	0	0	0	0	0	141	100.00
		咸丰县	230	2	0.87	0	0	4	1.74	15	6.52	209	90.87
		宣恩县	144	9	6.25	1	0.69	3	2.08	17	11.81	114	79.17
		来凤县	70	2	2.86	2	2.86	1	1.43	5	7.14	60	85.71
		鹤峰县	90	0	0	0	0	0	0	0	0	90	100.00
		小计	1377	19	1.38	5	0.36	15	1.09	47	3.41	1291	93.76

7. 红薯富硒评价

评价结果显示（表5-10），红薯和土豆富硒状况相似，总体以硒含量一般为主，富硒状况明显差于小麦、稻米和玉米。其中，硒极丰富、硒丰富和硒较丰富占比5.22%，富含硒红薯占比5.34%，硒含量一般的红薯占比89.44%。从不同地区红薯富硒率分析看，红薯富硒率较高的主要为建始县和恩施市，富硒率大于10%。

表 5-10 湖北省不同区域红薯富硒分级样品数据及占比统计表

分区	亚区	县（市、区）	样本数/件	评价标准值									
				一级硒极丰富		二级硒丰富		三级硒较丰富		四级富含硒		五级硒含量一般	
				数量/件	占比/%	数量/件	占比/%	数量/件	占比/%	数量/件	占比/%	数量/件	占比/%
鄂西山区	武陵山区	巴东县	64	—	—	—	—	—	—	2	3.125	62	96.875
		建始县	46	3	6.52	3	6.52	2	4.35	8	17.39	30	65.22
		恩施市	186	11	5.91	2	1.08	8	4.30	6	3.23	159	85.48
		利川市	90	1	1.11	—		—		—		89	98.89
		咸丰县	200	1	0.50	1	0.50	4	2.00	16	8.00	178	89.00
		宣恩县	60	1	1.67	—		3	5.00	8	13.33	48	80.00
		鹤峰县	118					3	2.54			115	97.46
		来凤县	60					0	0	4	6.67	56	93.33
		小计	824	17	2.06	6	0.73	20	2.43	44	5.34	737	89.44

8. 油料作物富硒评价

评价结果显示（表5-11），不同品种油料作物富硒能力差异较大。其中，黄豆富硒能力相对较好，富硒率为65.17%；其次油菜籽和芝麻富硒率分别为47.21%和40.00%，也较为富硒，芝麻籽多为含硒和较为丰富；油茶和花生以硒含量一般为主，富硒能力相对较差。总体上，油料作物富硒情况较好。其中，硒极丰富、硒丰富和硒较丰富油料农产品占比51.80%,富含硒油料农产品占比19.72%,硒含量一般油料农产品占比28.48%。

表5-11 不同油料类农产品富硒分级样品数据及占比统计表

油料类农产品	评价标准值									
	一级硒极丰富		二级硒丰富		三级硒较丰富		四级富含硒		五级硒含量一般	
	数量/件	占比/%	数量/件	占比/%	数量/件	占比/%	数量/件	占比/%	数量/件	占比/%
黄豆	89	16.67	67	12.55	192	35.95	100	18.73	86	16.10
花生	6	6.74	4	4.50	14	15.73	22	24.72	43	48.31
油菜籽	213	23.83	71	7.94	138	15.44	169	18.90	303	33.89
芝麻	1	4.00	2	8.00	7	28.00	13	52.00	2	8.00
油茶	—	—	—	—	—	—	2	20.00	8	80.00

注:样本数同表5-4。

从不同分类亚区油料作物富硒率分析(表5-12),油料作物富硒率最高的地区为秦巴山区,最低的区域为武陵山区。从不同县(市、区)来看,油料作物富硒率较高的主要有洪湖市、监利市、潜江市、蔡甸区、仙桃市、钟祥市、天门市、竹山县、竹溪县,富硒率大于50%。不同县(市、区)富硒率的差异与油料作物的种类有一定的关系。

表5-12 湖北省不同区域油料农产品富硒分级样品数据及占比统计表

分区	亚区	县(市、区)	样本数/件	评价标准值									
				一级硒极丰富		二级硒丰富		三级硒较丰富		四级富含硒		五级硒含量一般	
				数量/件	占比/%	数量/件	占比/%	数量/件	占比/%	数量/件	占比/%	数量/件	占比/%
沿江平原区	沿汉江平原区	沙洋县	124	17	13.71	5	4.03	20	16.13	14	11.29	68	54.84
		天门市	124	11	8.87	14	11.29	50	40.32	16	12.91	33	26.61
		潜江市	141	47	33.33	25	17.73	54	38.30	15	10.64	0	0
		仙桃市	123	41	33.33	21	17.07	28	22.77	22	17.89	11	8.94
		小计	512	116	22.66	65	12.69	152	29.69	67	13.09	112	21.87
	沿长江平原区	蔡甸区	11	6	54.55	2	18.18	1	9.09	2	18.18	0	0
		监利市	20	12	60.00	1	5.00	5	25.00	0	0	2	10.00
		洪湖市	30	16	53.33	8	26.67	4	13.33	2	6.67	0	0
		嘉鱼县	10	2	20.00	1	10.00	1	10.00	6	60.00	0	0
		武穴市	80	3	3.75	4	5.00	25	31.25	45	56.25	3	3.75
		小计	151	39	25.83	16	10.60	36	23.84	55	36.42	5	3.31
鄂北岗地-汉江夹道区	汉江夹道	钟祥市	201	50	24.88	25	12.93	63	30.85	23	11.44	40	19.90
	鄂北岗地区	南漳县	25	1	4.00	0	0	7	28.00	8	32.00	9	36.00
		随县	62	3	4.84	4	6.45	15	24.19	16	25.81	24	38.7
		京山市	104	10	9.61	5	4.81	16	15.38	24	23.08	49	47.12
		安陆市	41	0	0	3	7.32	4	9.76	16	39.02	18	43.90
		小计	433	64	14.78	38	8.78	104	24.02	87	20.09	140	32.33

续表 5-12

分区	亚区	县（市、区）	样本数/件	评价标准值									
				一级硒极丰富		二级硒丰富		三级硒较丰富		四级富含硒		五级硒含量一般	
				数量/件	占比/%	数量/件	占比/%	数量/件	占比/%	数量/件	占比/%	数量/件	占比/%
鄂西山区	秦巴山区	竹山县	7	2	28.57	0	0	2	28.57	2	28.57	1	14.29
		竹溪县	10	4	40.00	1	10.00	0	0	2	20.00	3	30.00
		小计	17	6	35.29	1	5.88	2	11.77	4	23.53	4	23.53
	武陵山区	巴东县	90	11	12.22	9	10.00	11	12.22	13	14.45	46	51.11
		建始县	80	21	26.25	1	1.25	10	12.50	14	17.50	34	42.50
		恩施市	104	20	19.23	12	11.54	26	25.00	26	25.00	20	19.23
		利川市	95	2	2.11	0	0	5	5.26	14	14.74	74	77.89
		咸丰县	35	0	0	0	0	1	2.86	10	28.57	24	68.57
		宣恩县	20	3	15.00	0	0	4	20.00	13	65.00	0	0
		来凤县	15	0	0	0	0	0	0	3	20.00	12	80.00
		小计	439	57	12.98	22	5.01	57	12.98	93	21.19	210	47.84

(二)蔬菜类及食用菌类含硒状况及评价

本次工作共采集 2405 件蔬菜类样品，包括叶类、块根茎类、瓜果类三大类共 27 个品种。

1. 蔬菜类含硒状况

采集的蔬菜包括叶类蔬菜、块根茎类蔬菜和瓜果类蔬菜，其硒含量特征值见表 5-13。

表 5-13 湖北省各类蔬菜 Se 含量特征值对比表   单位：mg/kg

	品种	样本数/件	算术平均值	几何平均值	中位值	最小值	最大值	算术标准差
叶类蔬菜	白菜	412	0.032	0.006	0.004	0.001	1.089	0.116
	白花菜	14	0.045	0.028	0.025	0.004	0.167	0.051
	包菜	157	0.015	0.004	0.003	0.001	0.695	0.067
	莼菜	68	0.002	0.001	0.001	0.001	0.032	0.004
	甘蓝	87	0.007	0.004	0.003	0.001	0.070	0.012
	花菜	9	0.015	0.013	0.019	0.004	0.026	0.008
	藜蒿	4	0.005	0.004	0.003	0.003	0.009	0.003
	西蓝花	40	0.081	0.054	0.064	0.007	0.294	0.071
块根茎类蔬菜	大蒜	50	0.047	0.031	0.035	0.008	0.272	0.054
	凉薯	14	0.005	0.004	0.004	0.002	0.013	0.003
	莲藕	78	0.011	0.008	0.008	0.003	0.051	0.012
	萝卜	488	0.018	0.004	0.003	0.001	1.911	0.103
	魔芋	180	0.101	0.009	0.006	0.000	11.698	0.879
	藕带	74	0.004	0.003	0.003	0.001	0.011	0.002
	山药	55	0.005	0.005	0.004	0.003	0.017	0.003
	生姜（凤头姜）	75	0.002	0.002	0.002	0.001	0.008	0.001
	竹笋	15	1.105	0.284	0.126	0.044	5.026	1.773

续表 5-13

	品种	样本数/件	算术平均值	几何平均值	中位值	最小值	最大值	算术标准差
瓜果类蔬菜	辣椒	491	0.055	0.005	0.004	0.000	3.588	0.282
	毛豆	16	0.068	0.058	0.059	0.025	0.185	0.042
	黄瓜	1	0.025	0.025	0.025	0.025	0.025	0.000
	冬瓜	10	0.001	0.001	0.001	0.001	0.002	0.000
	南瓜	15	0.014	0.008	0.006	0.002	0.099	0.025
	丝瓜	8	0.009	0.008	0.008	0.005	0.022	0.006
	茄子	2	0.072	0.072	0.072	0.041	0.103	0.044
	西红柿	1	0.019	0.019	0.019	0.019	0.019	0.000
	四季豆	34	0.009	0.006	0.005	0.002	0.052	0.011
	豇豆	7	0.086	0.072	0.072	0.029	0.145	0.049

2. 蔬菜类富硒评价

蔬菜类富硒评价标准值结合《富有机硒食品硒含量要求》(DBS 42/002—2014)及《富硒食品硒含量分类标准》(DB36/T 566—2017)执行,满足表 5-14 富硒含量标准即为富硒蔬菜。

表 5-14 蔬菜类农产品硒含量等级划分标准值   单位:mg/kg

项目	极富硒含量	富硒含量
叶类、块根类蔬菜(干基)、笋类、蕨菜类	≥0.2	≥0.1
食用菌(干基)	≥0.2	≥0.1

评价结果显示(表 5-15),富硒率较好的蔬菜品种主要有竹笋、毛豆、雷竹、白花菜、西兰花、花菜、南瓜、白菜、四季豆、茄子、莼菜、萝卜、藕带、包菜等,富硒率大于等于 40%,其次为大蒜、魔芋、芸豆、辣椒和丝瓜,富硒率为 10%~40%;生姜(凤头姜)、甘蓝和莲藕富硒状况相对较差;黄瓜、冬瓜、西红柿、山药、藜蒿和凉薯基本不富硒。

表 5-15 不同蔬菜产品富硒分级样品数据统计表

蔬菜品种		极富硒(≥0.2mg/kg)		富硒(≥0.1mg/kg)		含硒(≥0.05mg/kg)	
		件数/件	极富硒率/%	件数/件	富硒率/%	件数/件	含硒率/%
叶类蔬菜	白菜(N=412)	126	30.58	240	58.25	125	27.17
	白花菜(N=14)	10	71.43	13	92.86	13	92.86
	包菜(N=157)	34	15.53	77	49.04	156	99.36
	莼菜(N=68)	1	1.47	29	42.65	29	42.65
	甘蓝(N=87)	2	6.67	6	6.90	17	19.54
	花菜(N=9)	4	44.44	7	77.78	7	77.78
	藜蒿(N=4)	—	—	—	—	1	25.00
	西兰花(N=40)	32	80.00	36	90.00	40	100.00
块根茎类蔬菜	大蒜(N=50)	8	16.00	16	32.00	32	64.00
	凉薯(N=14)	—	—	—	—	1	7.14

续表 5-15

蔬菜品种		极富硒(≥0.2mg/kg)		富硒(≥0.1mg/kg)		含硒(≥0.05mg/kg)	
		件数/件	富硒率/%	件数/件	富硒率/%	件数/件	含硒率/%
块根茎类蔬菜	莲藕($N=78$)	—	—	1	1.28	12	15.38
	萝卜($N=488$)	85	16.90	200	40.98	200	40.98
	魔芋($N=180$)	34	21.66	55	30.56	82	45.56
	藕带($N=74$)	4	5.41	32	43.24	61	82.43
	山药($N=55$)	—	—	—	—	3	5.45
	生姜($N=75$)	1	1.33	2	2.66	11	14.67
	竹笋($N=15$)	10	66.67	15	100.00	15	100.00
	雷竹($N=5$)	—	—	2	40.00	4	80.00
瓜果类蔬菜	辣椒($N=510$)	58	11.37	110	21.57	180	35.29
	毛豆($N=16$)	11	68.75	16	100.00	16	100.00
	黄瓜($N=1$)	—	—	—	—	—	—
	冬瓜($N=10$)	—	—	—	—	—	—
	南瓜($N=15$)	5	33.33	9	60.00	11	73.33
	丝瓜($N=8$)	—	—	1	12.50	3	37.50
	茄子($N=2$)	—	—	1	50.00	1	50.00
	西红柿($N=1$)	—	—	—	—	—	—
	四季豆($N=4$)	1	25.00	2	50.00	4	100.00
	豇豆($N=7$)	5	71.43	7	100.00	7	100.00
	芸豆($N=30$)	6	20.00	9	30.00	20	66.67

不同分区蔬菜富硒率不同(表 5-16),全省叶类蔬菜富硒率为 40.96%,块根茎类蔬菜富硒率为 29.62%。叶类蔬菜在武陵山区恩施市、利川市、宣恩县、来凤县、鹤峰县、沿江平原区仙桃市、鄂北岗地区安陆市富硒率较高;其次为汉江夹道区宜城市、钟祥市、沿江平原区天门市和沙洋县,武陵山区建始县、巴东县和咸丰县。块根茎类蔬菜在鄂西山区竹溪县、恩施市、宣恩县,沿江平原区仙桃市和潜江市富硒率较高,富硒率大于 30%;其次为武陵山区建始县、巴东县、利川市、咸丰县、鹤峰县和沿江平原区洪湖市,富硒率大于 20%。

表 5-16 湖北省不同区域蔬菜产品富硒分级样品数据统计表

分区	亚区	县(市、区)	叶类蔬菜				块根茎类蔬菜			
			件数/件	极富硒(≥0.2 mg/kg)	富硒(≥0.1 mg/kg)	含硒(≥0.05 mg/kg)	件数/件	极富硒(≥0.2 mg/kg)	富硒(≥0.1 mg/kg)	含硒(≥0.05 mg/kg)
沿江平原区	沿汉江平原区	沙洋县	29	—	—	21	2	—	—	1
		天门市	39	6	13	24	34	3	4	10
		潜江市	—	—	—	—	15	5	8	10
		仙桃市	40	32	36	40	26	11	16	7
		小计	108	38	49	85	77	19	28	38

续表 5-16

分区	亚区	县（市、区）	叶类蔬菜				块根类蔬菜			
			件数/件	极富硒（≥0.2 mg/kg）	富硒（≥0.1 mg/kg）	含硒（≥0.05 mg/kg）	件数/件	极富硒（≥0.2 mg/kg）	富硒（≥0.1 mg/kg）	含硒（≥0.05 mg/kg）
沿江平原区	沿长江平原区	蔡甸区	4	—	—	1	—	—	—	—
		监利市	—	—	—	—	10	—	—	2
		洪湖市	—	—	—	—	134	4	34	70
		嘉鱼县	—	—	—	—	5	—	—	1
		小计	4	0	0	1	149	4	34	73
鄂北岗地-汉江夹道区	汉江夹道区	宜城市	10	2	4	8	10	—	—	—
		钟祥市	44	4	11	20	54	1	3	8
		小计	54	6	15	28	64	1	3	8
	鄂北岗地区	安陆市	14	10	13	—	10	—	—	—
鄂西山区	秦巴山区	竹溪县	—	—	—	—	10	10	—	—
	武陵山区	巴东县	60	8	12	43	196	18	48	79
		建始县	53	7	11	32	89	18	29	45
		恩施市	174	42	58	95	315	63	128	307
		利川市	223	23	123	156	273	19	72	125
		咸丰县	30	1	5	24	60	6	15	30
		宣恩县	34	9	16	24	140	41	66	101
		来凤县	20	0	10	13	145	12	24	46
		鹤峰县	17	9	12	14	86	17	21	36
		小计	611	99	247	401	1304	194	403	769
合计			791	153	324	515	1614	228	478	898

3. 食用菌含硒情况

采集的食用菌主要为香菇，样品共 112 件，主要采于随县、京山市、钟祥市，香菇 Se 元素特征值见表 5-17。

表 5-17 香菇硒元素含量特征值表   单位：mg/kg

特征值	算术平均值	几何平均值	中位值	最小值	最大值	算术标准差
参数	0.068	0.041	0.031	0.006	0.212	0.062

（三）水果及坚果含硒状况评价

1. 水果含硒情况

本次工作采集水果类农产品 650 件。水果种类达 11 种，其中杨梅、柿子、西瓜、李子和脐橙样品数量未达到统计要求，各种水果中 Se 含量总体较低（表 5-18）。

表 5-18 水果 Se 含量特征表

品种	样本数 件	算术平均值 mg/kg	几何平均值 mg/kg	中位值 mg/kg	最小值 mg/kg	最大值 mg/kg	算术标准差 mg/kg
杨梅	15	0.003	0.003	0.003	0.002	0.003	0
柑橘	220	0.001	0.001	0.001	0.001	0.014	0.002
梨	132	0.002	0.002	0.001	0.001	0.015	0.002
柿子	18	0.004	0.003	0.002	0.001	0.023	0.005
西瓜	7	0.003	0.003	0.003	0.002	0.004	0.001
葡萄	40	0.001	0.001	0.001	0.001	0.005	0.001
柚子	155	0.004	0.002	0.001	0.001	0.095	0.011
猕猴桃	59	0.009	0.004	0.003	0.001	0.246	0.032
李子	2	0.019	0.019	0.019	0.018	0.019	0.001
脐橙	2	0.004	0.004	0.004	0.003	0.004	0
合计	650	0.003	0.002	0.001	0.001	0.246	0.011

2. 坚果含硒情况

共采集核桃、板栗和莲子 3 种坚果共 163 件。核桃主要采自巴东县和建始县；板栗采自京山市和来凤县；莲子采自沿江平原区洪湖市、仙桃市、蔡甸区。结果显示核桃中 Se 含量最高，板栗中 Se 含量最低（表 5-19、表 5-20）。

表 5-19 水果和部分坚果 Se 含量等级划分标准值　　　　　　　　　　　　　　　　单位:mg/kg

类别	极富硒	富硒
鲜果（干基）	≥0.2	≥0.1
干果	≥0.2	≥0.1
鲜坚果	≥0.15	≥0.075

表 5-20 坚果 Se 含量特征值表　　　　　　　　　　　　　　　　单位:mg/kg

特征值	算术平均值	中位值	最小值	最大值	算术标准差	核桃平均值	板栗平均值	莲子平均值
参数	0.044	0.021	0.003	1.585	0.132	0.079	0.016	0.038

3. 水果类富硒评价

水果类富硒评价标准值结合《富有机硒食品硒含量要求》(DBS 42/002—2014)及《富硒食品硒含量分类标准》(DB36/T 566—2017)执行。满足表 5-19 富硒含量标准值的水果即为富硒水果类农产品。

评价结果显示（表 5-21），全省大部分水果样品中 Se 含量未达到检出限。总体来讲，水果类富硒状况差于粮油类作物，其中水果类富硒情况相对较好的品种主要为板栗、杨梅、核桃、猕猴桃等。

（四）茶含硒情况及评价

1. 茶叶含硒情况

本次工作采集茶叶共 1525 件，主要采自武陵山区，鄂北岗地区和秦巴山区也有少数样品。茶叶 Se 含量特征值见表 5-22、表 5-23。

表 5-21 不同水果富硒分级样品数量及比率统计表

分区	亚区	县(市、区)	含义	极富硒 (≥0.2 mg/kg)		富硒 (≥0.05 mg/kg)		富含硒 (≥0.02 mg/kg)	
			标准值	件数/件	极富硒率%	件数/件	富硒率%	件数/件	富含硒率/%
鄂西山区	武陵山区	恩施市	核桃($N=49$)	4	8.16	9	18.37	25	51.02
			柑橘($N=185$)	0	0	4	2.11	20	10.53
			梨($N=86$)	0	0	4	3.03	10	7.58
			猕猴桃($N=59$)	1	1.69	8	13.56	23	38.98
			杨梅($N=15$)	0	0	0	0	10	66.67
			白柚($N=155$)	2	1.29	9	5.81	27	17.42
			葡萄($N=40$)	0	0	0	0	1	2.50
			板栗($N=15$)	0	0	0	0	11	73.33
			柿子($N=18$)	0	0	1	5.56	4	22.22
鄂北岗地-汉江夹道区	汉江夹道区	钟祥市	橘子($N=8$)	0	0	0	0	1	12.50
			泉水柑($N=22$)	0	0	0	0	2	9.09
			梨子($N=51$)	0	0	0	0	28	21.21
沿江平原区	沿长江平原区	蔡甸区	西瓜($N=7$)	0	0	0	0	7	100.00
		嘉鱼县	李子($N=2$)	0	0	0	0	0	0
			脐橙($N=2$)	0	0	0	0	0	0
全省			$N=714$	7	0.98	35	4.90	169	23.67

表 5-22 茶叶 Se 含量特征值表

特征值	平均值 mg/kg	中位值 mg/kg	最小值 mg/kg	最大值 mg/kg	算术标准差 mg/kg	变异系数 %
参数	0.111	0.062	0.003	4.432	0.27	243

表 5-23 湖北省不同县(市)茶叶 Se 含量平均值

单位:mg/kg

分区	亚区	县(市)	平均值	分区	亚区	县(市)名	平均值
鄂西山区	武陵山区	巴东县	0.118	鄂西山区	秦巴山区	竹山县	0.111
		建始县	0.131			竹溪县	0.109
		恩施市	0.219			小计	0.110
		利川市	0.080	鄂北岗地-汉江夹道区	鄂北岗地区	南漳县	0.078
		咸丰县	0.077			随县	0.069
		宣恩县	0.114			京山市	0.077
		来凤县	0.069			安陆市	0.091
		鹤峰县	0.060			小计	0.315
		小计	0.113				

2. 藤茶含硒状况

采集藤茶共 85 件,其中来凤县采集 75 件,咸丰县采集 10 件,藤茶 Se 含量特征值见表 5-24。

表 5-24 藤茶 Se 含量特征值表

行政区	数量/件	平均值 mg/kg	中位值 mg/kg	最小值 mg/kg	最大值 mg/kg	算术标准差 mg/kg	变异系数 %
来凤县	75	0.071	0.039	0.008	0.862	0.111	157.23
咸丰县	10	0.045	0.027	0.145	0.019	0.040	88.67
研究区	85	0.068	0.038	0.008	0.862	0.110	162.57

3. 茶叶富硒评价

茶叶富硒评价标准值参照《富有机硒食品硒含量要求》(DBS 42/002—2014)和《富硒茶》(GH/T 1090—2014)执行。本次评价规定富硒茶叶(经过加工后水分小于等于 7%)评价标准参考值为 $w(Se) \geqslant 0.2mg/kg$。

统计结果表明(表 5-25),茶叶富硒率为 7.93%。秦巴山区茶叶整体富硒率高于武陵山区,其中恩施市、竹山县、竹溪县和建始县茶叶富硒状况相对较好,富硒率大于 10.00%;其次,巴东县、宣恩县、咸丰县、利川市、鹤峰县茶叶富硒率为 2%~10%;来凤县、京山市、南漳县、随县和安陆市茶叶样品基本不富硒。

表 5-25 湖北省茶叶富硒分级样品数量及比率统计表

分区	亚区	县(市、区)	样本数/件	富硒(≥0.2mg/kg) 件数/件	富硒率/%	富含硒(≥0.05mg/kg) 件数/件	富含硒率/%	含硒(≥0.02mg/kg) 件数/件	含硒率/%
鄂西山区	秦巴山区	竹山县	23	4	17.39	15	65.22	23	100.00
		竹溪县	19	3	15.79	19	100.00	19	100.00
		小计	42	7	16.67	34	80.95	42	100.00
	武陵山区	巴东县	144	13	9.03	26	18.06	144	100.00
		建始县	198	21	10.61	65	32.83	198	100.00
		恩施市	225	51	22.67	208	92.44	225	100.00
		利川市	180	6	3.33	142	78.89	180	100.00
		咸丰县	130	6	4.62	90	69.23	130	100.00
		宣恩县	171	10	5.85	160	93.57	171	100.00
		来凤县	96	—	—	56	58.33	91	94.79
		鹤峰县	271	7	2.58	131	48.34	271	100.00
		小计	1415	114	8.06	878	62.05	1410	99.65
鄂北岗地-汉江夹道区	鄂北岗地区	南漳县	33	—	—	28	84.85	32	96.97
		随县	28	—	—	23	82.14	28	100.00
		京山市	2	—	—	2	100.00	2	100.00
		安陆市	5	—	—	5	100.00	5	100.00
		小计	68	—	—	58	85.29	67	98.53
全省			1525	121	7.93	970	63.61	1519	99.61

(五)水产含硒情况及评价

本次工作采集湖北省水产品共419件,主要包括虾、鱼、螃蟹、鳝鱼4种。水产品类农产品主要采自沿江平原区洪湖市、潜江市、仙桃市、沙洋县、监利市。水产品 Se 含量特征及富硒情况见表5-26、表5-27。评价结果显示,水产品富硒率高达99.52%。

表5-26 湖北省水产品富硒分级样品数量统计表

分区	亚区	县(市、区)	评价标准值/mg·kg^{-1}								富硒率/%
			黄鳝		螃蟹		虾		鱼		
			极富硒	富硒	极富硒	富硒	极富硒	富硒	极富硒	富硒	
			≥0.2	≥0.1	≥0.2	≥0.1	≥0.2	≥0.1	≥0.2	≥0.1	
鄂西山区	武陵山区	建始县	—	—	—	—	—	—	0	2	100.00
沿江平原区	沿汉江平原区	沙洋县	—	—	—	—	4	38	4	4	100.00
		潜江市	8	10	—	—	1	46	0	0	96.55
		仙桃市	10	10	—	—	—	—	—	—	100.00
		小计	18	20	0	0	5	84	4	6	98.21
	沿长江平原区	监利市	—	—	—	—	0	15	—	—	100.00
		洪湖市	—	—	83	91	8	75	73	125	100.00
		嘉鱼县	—	—	—	—	—	—	1	1	100.00
		小计	0	0	83	91	8	90	74	126	100.00
全省			18	20	83	91	13	174	78	132	99.52

表5-27 湖北省不同品种水产品元素含量平均值表

品种	数量	算术平均值	几何平均值	中位值	最小值	最大值	算术标准差
	件	mg/kg	mg/kg	mg/kg	mg/kg	mg/kg	mg/kg
鱼	132	0.223	0.211	0.220	0.112	0.721	0.077
鳝鱼	20	0.323	0.311	0.325	0.180	0.526	0.090
螃蟹	91	0.286	0.278	0.293	0.149	0.487	0.066
虾	176	0.146	0.143	0.141	0.081	0.26	0.030
合计	419	0.209	0.194	0.186	0.081	0.721	0.085

(六)中药材类含硒情况

本次工作采集中药材样品1089件,共包括28个品种。其中当归、药用木瓜、银杏、竹节人参、红三叶、牛蒡、缬草等中药材样品数据未达统计学要求。中药材含硒量较高的有党参、葛根、红三叶、木瓜、银杏叶和竹节人参。除了半夏采自潜江市,银杏和银杏叶采自安陆市,葛根采自钟祥市外,其他中药材均采自武陵山区恩施州8个县(市)。中药材 Se 含量特征见表5-28。

表 5-28 中药材 Se 含量特征值表

品种	数量 件	算术平均值 mg/kg	几何平均值 mg/kg	中位值 mg/kg	最小值 mg/kg	最大值 mg/kg	算术标准差 mg/kg
白术	56	0.033	0.030	0.027	0.016	0.105	0.018
百合	58	0.008	0.007	0.007	0.003	0.023	0.004
半夏	15	0.091	0.081	0.080	0.042	0.210	0.049
贝母	130	0.036	0.023	0.019	0.003	0.419	0.053
大黄	110	0.063	0.041	0.037	0.005	0.706	0.095
当归	5	0.079	0.078	0.073	0.064	0.102	0.014
黄连	78	0.159	0.134	0.132	0.047	0.800	0.120
党参	22	0.341	0.079	0.055	0.044	5.669	1.197
葛根	40	0.271	0.054	0.032	0.009	3.724	0.678
厚朴	212	0.068	0.046	0.042	0.003	1.403	0.114
丹皮	22	0.038	0.031	0.027	0.019	0.231	0.044
独活	50	0.056	0.046	0.045	0.019	0.192	0.039
枸杞	15	0.044	0.013	0.007	0.003	0.231	0.077
黄柏	45	0.081	0.036	0.035	0.003	1.328	0.204
黄精	15	0.053	0.038	0.033	0.014	0.202	0.057
红三叶	10	1.775	0.503	0.195	0.111	7.739	2.720
木瓜	18	0.214	0.006	0.003	0.003	2.155	0.619
神龙香菊	10	0.085	0.081	0.077	0.053	0.136	0.028
牛蒡	7	0.036	0.028	0.029	0.009	0.098	0.030
天麻	14	0.022	0.021	0.021	0.011	0.032	0.005
缬草	5	0.134	0.097	0.081	0.042	0.379	0.139
玄参	45	0.027	0.025	0.025	0.016	0.109	0.015
药用木瓜	3	0.026	0.026	0.027	0.023	0.029	0.003
牛膝	15	0.050	0.048	0.043	0.027	0.083	0.017
银杏	5	0.039	0.021	0.010	0.010	0.138	0.056
银杏叶	65	0.303	0.060	0.049	0.010	12.670	1.572
云木香	15	0.039	0.038	0.038	0.024	0.053	0.009
竹节人参	4	0.728	0.413	0.488	0.078	1.859	0.794
合计	1089	0.109	0.038	0.035	0.003	12.67	0.548

四、富硒土壤资源开发利用选区

(一)选区原则

在湖北省土地质量和农产品质量综合调查评价的基础上,根据区内富硒土壤分布特征及土壤养分、土壤环境质量、农作物富硒、土地利用现状、交通及经济现状等诸多要素综合考评。选区原则主要有3条：一是优质富硒土壤连片分布；二是富硒无公害或有地方特色的农作物连片分布；三是紧扣《湖北省富硒产业发展规划(2021—2025年)》及《湖北省农业发展"十三五"规划纲要》中有关工作区的农业布局。

根据以上原则，初步提出富硒农业产业园建设或富硒农产品生产基地规划建议区129处（表5-29，图5-6）。

表5-29　湖北省各县（市、区）富硒产业园（基地）选区建议及基本情况表

县（市、区）	编号	建议产业园（基地）名称	面积/km²	优势农作物	土壤含硒量平均值/mg·kg⁻¹
巴东县	1	茶店子镇富硒大豆产业园	15.40	大豆	0.820
	2	绿葱坡镇富硒蔬菜产业园	15.78	辣椒、白菜、大蒜	0.540
	3	绿葱坡镇富硒香菇产业园	2.62	香菇	0.780
	4	大支坪镇富硒蔬菜产业园	8.76	辣椒、萝卜、甘蓝	0.480
	5	野三关镇富硒蔬菜(辣椒)、富硒粮油(土豆、大豆)产业园	23.48	辣椒、土豆、大豆	0.660
	6	水布垭镇富硒玉米产业园	10.40	玉米、茶叶	0.540
	7	水布垭镇富硒粮油(水稻、油菜)产业园	14.07	水稻、油菜	0.760
	8	金果坪乡富硒茶叶产业园	12.24	茶叶	0.920
建始县	9	长梁镇白云村富硒水稻产业园	4.50	茶叶、土油菜、玉米、甘蓝、魔芋、猕猴桃、烟叶、银杏、厚朴、贝母	0.479
	10	茅田乡三道岩村-长梁镇双塘村富硒茶园	5.69	茶叶、水稻、玉米、猕猴桃	0.472
	11	高坪镇塘坝子村-龙坪乡店子坪村富硒黄豆、蔬菜产业园	3.58	茶叶、水稻、土豆、玉米、梨子	0.612
	12	长梁镇桂花村-广龙村富硒粮油产业园	6.15	茶叶、土油菜、玉米、甘蓝	0.541
	13	三里乡小屯-老村富硒水稻、油菜产业园	6.95	土豆、红薯、玉米、甘蓝、萝卜、核桃	0.930
	14	三里乡马坡村-窑场村富硒茶园	3.20	茶叶、土豆、油菜、柿子	0.280
	15	官店镇猪耳河村富硒茶园	3.20	茶叶、油菜、土豆、大白菜、丹皮	0.630
	16	官店镇照京村-永兴坪村富硒玉米、黄豆、蔬菜产业园	5.36	水稻、油菜、玉米、土豆、梨子、厚朴、银杏	0.696
恩施市	17	新田村富硒萝卜种植建议区	4.30	萝卜	1.141
	18	营上村-沐抚-木贡村富硒茶叶种植建议区	11.06	茶叶	2.735
	19	大山顶村富硒包菜、萝卜、玉米种植建议区	14.73	萝卜、包菜、玉米	1.508
	20	杨家山村-车坝村富硒水稻种植建议区	5.52	水稻	0.909
	21	三龙坝村-古场坝村-店子槽村富硒油菜、白菜、萝卜、辣椒、水稻种植建议区	39.24	油菜、白菜、萝卜、辣椒、水稻	1.023
	22	黄广田村富硒萝卜种植建议区	4.41	萝卜	0.713

续表 5-29

县(市、区)	编号	建议产业园(基地)名称	面积/km²	优势农作物	土壤含硒量平均值/mg·kg⁻¹
恩施市	23	秋木村-花被村富硒茶叶种植建议区	1.809	茶叶	4.648
	24	保水溪村-柳池村-下塘坝村富硒水稻、玉米、萝卜种植建议区	23.76	水稻、玉米、萝卜	2.401
	25	前坪村-下坝村-龚家坪村富硒白菜、萝卜种植建议区	21.35	白菜、萝卜	1.298
	26	石灰窑村-龙角坝村-漆树坪村富硒包菜种植建议区	13.61	包菜	1.810
	27	甘溪村-白果树村-楠木园村富硒茶叶种植建议区	23.04	茶叶	1.590
	28	板桥镇社区-大木村富硒产业园区	2.95	红薯、包菜、萝卜	0.737
	29	桅杆堡村-石栏村富硒水稻种植建议区	6.91	水稻	1.148
利川市	30	柏杨坝高山富硒萝卜种植建议区	1.96	萝卜	2.380
	31	佛宝山-忠路富硒莼菜种植建议区	1.56	莼菜	0.650
	32	凉雾富硒莼菜种植建议区	2.12	莼菜	0.420
	33	毛坝富硒茶叶种植建议区	0.97	茶叶	0.780
	34	谋道-汪营高山富硒蔬菜种植建议区	3.45	包菜、萝卜	1.050
	35	南坪富硒水稻种植建议区	2.31	水稻	0.380
	36	沙溪富硒茶叶种植建议区	1.66	茶叶	1.360
	37	团堡富硒蔬菜种植建议区	0.78	包菜、山药	0.450
	38	汪营富硒水稻种植建议区	1.53	水稻	0.620
	39	文斗富硒蔬菜种植建议区	0.92	包菜、萝卜、魔芋	0.840
	40	元堡富硒蔬菜种植建议区	0.58	玉米、包菜	0.500
	41	忠路高山富硒种植建议区	1.46	白菜、茶叶	1.020
咸丰县	42	黄金洞Ⅰ级富硒玉米产业园	5.22	玉米	0.760
	43	清坪镇至黄金洞乡富硒茶叶产业园	9.45	茶叶	1.130
	44	活龙坪Ⅰ级富硒水稻产业园	8.87	水稻	0.430
	45	活龙坪乡Ⅱ级富硒蔬菜园区	4.91	萝卜	0.620
	46	清坪镇Ⅰ级富硒蔬菜园区	10.01	萝卜、红薯	0.920
	47	坪坝营Ⅱ级富硒水稻产业园	11.19	水稻	0.970
宣恩县	48	万寨乡中台村-凉风村-铁厂沟村富硒水稻、茶叶种植规划区	7.18	水稻、茶叶	0.930
	49	椒园镇洗草坝-水田坝村富硒特色农产品种植及观光旅游规划区	12.13	茶叶、玉米、水稻和土豆	0.870
	50	长潭河乡细沙村富硒农产品综合种植规划区	1.39	茶叶、水稻、玉米、萝卜、白菜、辣椒、土豆和红薯	4.380

续表 5-29

县(市、区)	编号	建议产业园(基地)名称	面积/km²	优势农作物	土壤含硒量平均值/mg·kg^{-1}
宣恩县	51	椿木营乡白果坪-白岩溪-甘竹坪-黄家坪村富硒蔬菜、玉米种植规划区	7.41	白菜、萝卜、魔芋、土豆、玉米和黄豆	1.240
	52	珠山镇铁厂坡-界直岭村富硒玉米种植规划区	6.13	玉米	1.600
	53	晓关侗族乡卧西坪村-铜锣坪村水稻种植规划区	3.11	水稻	0.490
	54	沙道沟镇木龙寨村富硒康养田园综合体规划区	2.08	水稻、玉米、萝卜、红薯和芸豆	0.480
	55	李家河镇金陵寨村富硒蔬菜种植规划区	3.85	萝卜、芸豆、玉米	0.430
来凤县	56	翔凤镇马家园村-小河坪村核心示范区	7.40	藤茶、来凤姜	—
	57	绿水镇老寨村-田家寨村生产种植区	16.00	凤头姜、水稻、藤茶、土豆	—
	58	旧司镇新街村-三寨坪村生产种植区	13.20	蔬菜、凤头姜、藤茶、玉米	—
	59	三胡乡三堡岭村-黄柏园村生产种植区	9.10	水稻、藤茶	—
	60	革勒车镇桐麻村-岩板村生产种植区	9.50	玉米、土豆	—
	61	大河镇富饶村-楠木坪村生产种植区	17.60	水稻、土豆、藤茶、生姜	—
	62	漫水乡龟塘村-百福司镇荆竹堡村生产种植区	10.20	水稻、藤茶	—
鹤峰县	63、64	邬阳富硒产业园	23.09	茶叶、萝卜	1.180
	65~67	燕子高山蔬菜产业园	41.31	玉米、萝卜	0.610
	68~70	中营富硒茶叶产业园	38.61	茶叶	0.590
	71	太平富硒水稻产业园	21.95	水稻	0.940
	72	五里乡富硒蔬菜产业园	25.60	萝卜、玉米	0.390
	73~75	走马生态茶谷综合体	25.08	茶叶、玉米、水稻	0.800
随县	76	洪山镇东富硒产业园	5.32	水稻、小麦、油菜	—
钟祥市	77	胡集镇游湖村、杨台村、赵集村、邹市村富硒产业园	13.07	小麦、油菜、玉米、白菜	0.410
	78	丰乐镇耀星村、高庙村、杨集村、杜湖村、腰湖港村、王福营村、龙泉港村、合星村、左堰村、立新村、毛套村、叶庄村、金划滩村富硒产业园	37.53	黄豆、小麦、玉米、油菜	0.400
	79	石牌镇三喜村、耿巷村、杨祠村、刘堰村、李集村、关庙村、红金村富硒产业园	24.74	小麦、油菜和玉米	0.430
	80	柴湖镇胜利村、西沟村、上头村、红旗村、刘庄村、中干桥村、沙楼村、马南村、吴营村、邓营村富硒产业园	22.24	小麦、油菜、玉米、黄豆	0.440

续表 5-29

县(市、区)	编号	建议产业园(基地)名称	面积/km²	优势农作物	土壤含硒量平均值/mg·kg⁻¹
钟祥市	81	柴湖镇曾家营房村、中心集村、新联村、芦席场村富硒产业园	59.43	小麦、玉米、黄豆、油菜、水稻和大蒜	0.440
	82	丰乐镇李河村、邢台村、沈湾村、沈巷村富硒产业园	5.31	黄豆、玉米、蔬菜	0.390
	83	胡集镇王营村、陈营村、周营村、赵河村富硒产业园	7.70	玉米、水稻和蔬菜	0.380
京山市	84	永隆镇下陈桥村-樊家巷村富硒农作物规划区	4.79	小麦、蔬菜	0.350
	85	雁门口镇周冲村-刘集村农作物规划区	5.23	水稻、小麦	0.300
	86	京山市钱场-新市地区富硒产业园	50.39	水稻、小麦	0.540
	87	孙桥镇双泉村富硒产业园	3.15	水稻、小麦	0.380
	88	三阳镇光武岭村-石羊村富硒农作物规划区	24.69	水稻、小麦	0.660
沙洋县	89	马良镇北部北港村、艾店村富硒产业园	13.07	小麦、大豆	0.420
	90	马良镇东部姚集村、耀星村、张集村富硒产业园	24.45	水稻、大豆、小麦、油菜	0.420
	91	李市镇富硒产业园	13.04	水稻、大豆	0.400
	92	李市镇中部张巷村、高丰村和荆马村富硒产业园	7.92	水稻、大豆、小麦	0.387
	93	李市镇南部刘淌村、漳湖垸农场富硒产业园	3.53	小麦	0.430
安陆市	94	王义贞镇桐岭村、黄金村至雷公镇云岭村、望河村富硒产业园	16.34	水稻、茶叶和银杏	0.910
	95	王义贞镇钱冲村、仁和村富硒产业园	18.67	水稻和银杏	0.530
	96	雷公镇大安村、九峰村、曹程村、白兆村、杜棚村、王祠村富硒产业园	14.40	水稻和油菜	0.930
	97	雷公镇望河村、万福村富硒产业园	7.845	水稻、玉米和油菜	0.550
天门市	98	张港镇周庄村-渔薪镇张蔡村富硒产业园	19.79	水稻	—
	99	卢市镇魏家场村-肖山村富硒产业园	22.39	水稻	—
	100	卢市镇张毕咀村-双沟桥村富硒产业园	16.43	水稻、小麦	—
	101	麻洋镇五朝村-佛岭村富硒产业园	16.31	水稻、小麦	—
	102	沉湖农场富硒产业园建议区	9.90	水稻、小麦	—
潜江市	103	竹根滩镇富硒产业园Ⅰ	2.41	小麦、大豆	—
	104	竹根滩镇富硒产业园Ⅱ	2.53	大豆、小麦、蔬菜、水稻	—
	105	杨市办事处富硒产业园Ⅲ	1.32	玉米、大豆、小麦	—

续表 5-29

县(市、区)	编号	建议产业园(基地)名称	面积/km²	优势农作物	土壤含硒量平均值/mg·kg⁻¹
潜江市	106	杨市办事处富硒产业园Ⅳ	1.06	水稻、玉米	—
	107	总口管理区富硒产业园Ⅴ	5.36	水稻	—
	108	熊口镇富硒产业园Ⅵ	4.23	水稻	—
仙桃市	109	郑场镇渔泛村-香铺村富硒产业规划区	27.44	水稻、油菜、小麦	—
	110	新湾村-九合垸原种场富硒产业规划区	17.38	油菜、玉米、水稻、小麦、蔬菜	0.420
	111	仁合场村-潘坝村富硒产业规划区	10.61	水稻、玉米、小麦、油菜	0.400
	112	沙埂坝村-堤湾村富硒产业规划区	5.87	水稻、油菜、玉米	0.430
	113	陈闸村-东堤村富硒产业规划区	5.62	水稻、小麦、油菜、玉米	0.450
	114	毛嘴镇伍家场村-横堤拐村富硒产业规划区	14.59	水稻、小麦、油菜	—
	115	张沟镇越舟湖渔场-杨林尾镇杨丰村富硒产业规划区	24.40	水稻、小麦、油菜	—
	116	禹王村-下湖堤村-大福村富硒产业规划区	17.77	水稻、小麦、油菜	—
武汉市蔡甸区	117	侏儒山街道中湾村-中刘村-群丰村富硒农作物产业规划区	9.00	小麦、玉米、油菜、水稻、莲子	0.500
	118	消泗乡九沟村富硒农作物产业规划区	6.10	小麦、玉米、油菜、水稻、莲子	0.450
	119	消泗乡洪南村-渔樵村-罗汉村-汉洪村富硒农作物产业规划区	12.50	小麦、玉米、油菜、水稻、莲子	0.470
	120	消泗乡港洲村富硒农作物产业规划区	4.20	小麦、玉米、油菜	0.400
洪湖市	121	洪湖市黄家口镇十河村-万岭村富硒水生蔬菜种植区	24.90	藕带、莲、水稻	—
	122	洪湖市汉河镇金湾村-五丰村富硒水稻种植区	17.50	水稻	—
	123	洪湖市小港富硒鱼蟹养殖区	17.60	水稻、螃蟹	—
嘉鱼县	124	高铁岭镇金鸡山-八斗角富硒产业园	8.31	水稻	0.430
	125	陆溪镇茅草岭富硒产业园	0.23	小麦、油菜	0.540
	126	陆溪镇莲藕基地富硒区	0.10	水稻、蔬菜	0.590
武穴市	127	大法寺镇湖桥村-李德升村富硒农作物产业规划区	25.25	油菜、黄豆、水稻	0.500
	128	大法寺镇黄泥湖富硒农作物产业规划区	15.45	油菜、水稻、黄豆	0.460
	129	武山湖生物产业规划区	14.84	鱼	0.890

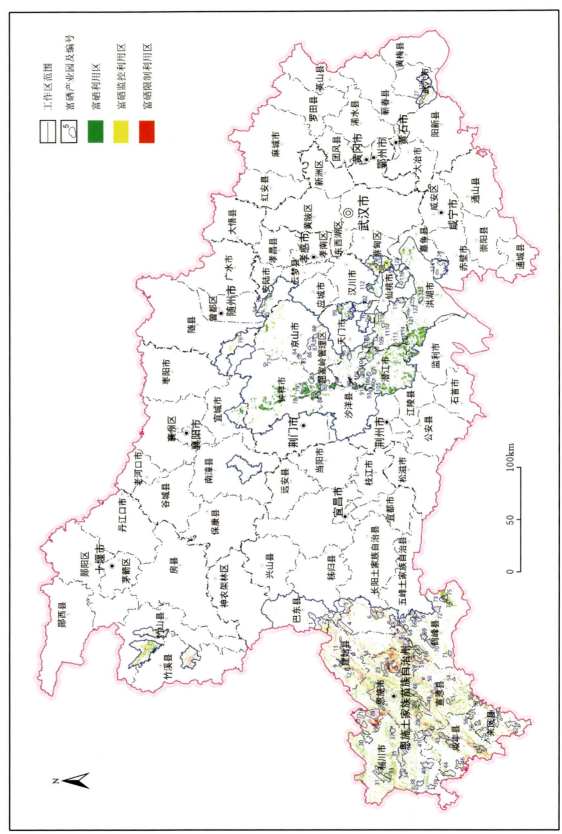

图5-6 湖北省富硒产业园选区建议图

（二）选区建议

根据选区原则，湖北省各县（市、区）规划部分富硒产业园或富硒生产基地基本情况见表5-29。

第二节　土壤硒物源分析

一、成土母质硒来源

成土母质也称土壤母质，是地表岩石经风化作用破碎形成的松散碎屑物理性质改变所形成疏松的风化物，是形成土壤的原始物质，是土壤形成的物质基础，是土壤矿物养分元素（除氮外）的主要来源。硒是稀散元素，在岩石中的富集严格受沉积层位的控制，除沉积层位以外，岩石性质也控制着硒含量（郭宇，2012）。研究发现在恩施地区，硒元素在二叠纪中后期形成的黑色岩系的赋存量明显高于其他地层，呈现较为集中的现象，江汉平原土壤中硒物质主要来自上游冲积携带的含硒泥沙堆积（丁晓英等，2017）。

据雒昆利和姜继圣（1995）及朱建明等（2000）研究发现下寒武统硒含量受岩石影响的主要因素如下：①岩石的岩性，硒含量在黑色含硅碳页岩及石煤中较高，而在硅质岩及灰岩中较低；②与火山岩有关，在靠近火成岩岩体，特别是在浅成岩及喷发岩岩体邻近的黑色岩系中硒含量较高；③与岩石的有机质含量密切相关，一般在含有机质较高的黑色岩系中，硒含量较高，但两者并非呈纯粹的正比关系，如有的石煤含碳量在26%左右，但其硒含量仅18mg/kg（如箭竹坝组的石煤），而在含碳量为20%的石煤中硒含量为37mg/kg或更高，总之，在岩性及地质特征相同的条件下，含碳量高的岩石中硒含量要比碳含量低的岩石高，石煤中的硒含量要比围岩中的硒含量高；④与岩石中黄铁矿颗粒大小及硫含量密切相关，在含黄铁矿碳板岩中的硒含量要比一般碳板岩中的高；⑤与岩石中SiO_2的含量呈反比关系。

（一）湖北省含硒地层分布特征

湖北省特别是鄂西地区黑色岩系分布较为广泛，且含矿层位稳定。以青峰-襄樊-广济断裂为界，北部黑色岩系主要分布在下震旦统江西沟组（Z_1j）、下寒武统杨家堡组（ϵ_1y）和庄子沟组（ϵ_1z）、下志留统大贵坪组（S_1d）中；南部黑色岩系主要分布在下震旦统陡山沱组（Z_1d）、下寒武统牛蹄塘组（ϵ_1n）、中二叠统孤峰组（P_2g）、上二叠统龙潭组（P_3l）和大隆组（P_3d）等中（李明龙等，2015）。

综合已有成果资料，结合野外采样验证，湖北省富硒地层、岩石特征如图5-7所示，富硒地层、岩石具有以下的特征和规律。

（1）不同地层富硒程度存在差异：从硒平均含量来看，二叠系＞寒武系＞震旦系＞志留系＞奥陶系。二叠系富硒地层中硒平均含量最高，其中，孤峰组＞梁山组＞大隆组，龙潭组在二叠系中硒平均含量最低。寒武系富硒地层中硒平均含量从高到低依次为牛蹄塘组＞庄子沟组＞鲁家坪组（箭竹坝组）＞杨家堡组。震旦系富硒地层中硒平均含量从高到低依次为陡山沱组＞江西沟组。

（2）岩性相同的岩石在不同地层中的硒含量也有差别：①硅质岩、碳质硅质岩硒含量表现为孤峰组＞大隆组＞鲁家坪组＞龙马溪组＞杨家堡组；②碳质页岩硒含量在不同地层中由大到小为牛蹄塘组＞陡山沱组＞龙马溪组＞龙潭组；③石煤硒含量在不同地层中表现为梁山组＞大贵坪组＞龙潭组；④碳质板岩、碳质硅质板岩硒含量在不同地层中表现为庄子沟组＞鲁家坪组（箭竹坝组）＞大贵坪组＞江西沟组。

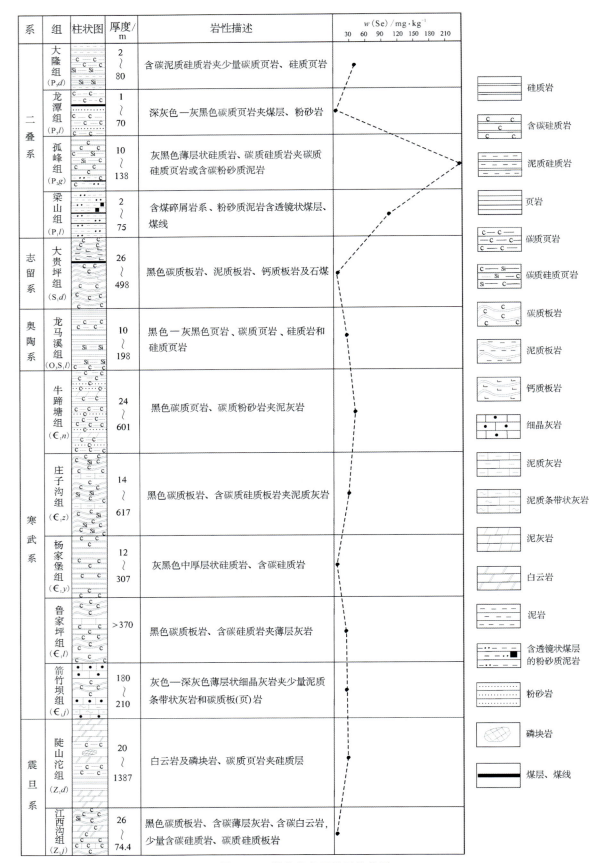

图 5-7 湖北省富硒岩石柱状图

(二)湖北省富硒地层岩石的空间分布特征

根据湖北省富硒岩石层位,得到全省富硒地层分布特征(表5-30,图5-8)。这些富硒地层是全省富硒土壤中硒的主要的来源。湖北省富硒岩层分布面积最广的为寒武系、二叠系和震旦系,几乎分布于全省。奥陶系富硒岩层在扬子陆块区均有分布,但分布面积较小且较为分散。志留系富硒岩层仅仅分布于竹山、竹溪一带。

表5-30 湖北省富硒岩层面积统计表

地质年代	地层	富硒面积/km²	占比/%
震旦系	陡山沱组(Z_1d)、江西沟组(Z_1j)	5 269.9	25.85
寒武系	牛蹄塘组(ϵ_1n)、杨家堡组(ϵ_1y)、庄子沟组(ϵ_1z)、鲁家坪组(ϵ_1l)、箭竹坝组(ϵ_1j)	6 554.3	32.15
奥陶系	龙马溪组(O_3S_1l)	1 964.5	9.63
志留系	大贵坪组(S_1d)	522.6	2.56
二叠系	梁山组(P_1l)、孤峰组(P_2g)、龙潭组(P_3l)、大隆组(P_3d)	6 077.8	29.81

寒武系富硒岩层主要有牛蹄塘组(ϵ_1n)、杨家堡组(ϵ_1y)、庄子沟组(ϵ_1z)、鲁家坪组(ϵ_1l)、箭竹坝组(ϵ_1j)。以青峰-襄樊-广济断裂为界,牛蹄塘组分布在扬子地层区,而杨家堡组、庄子沟组、鲁家坪组、箭竹坝组等地层分布在南秦岭-大别地层区。

二叠系富硒岩系在全省富硒地层中占有重要的地位,富硒地层主要有梁山组(P_1l)、孤峰组(P_2g)、龙潭组(P_3l)和大隆组(P_3d),主要分布在鄂东南和鄂西南地区。其中,孤峰组由黑色碳质硅质岩、碳质硅质页岩及腐泥质煤层组成的黑色岩系中硒最高含量达到8590mg/kg,是世界上唯一的沉积型硒矿——双河硒矿中硒的物质来源。

湖北省震旦系富硒地层主要为陡山沱组(Z_1d)和江西沟组(Z_1j)。陡山沱组在省内广泛分布,江西沟组仅在南秦岭-大别地层区的竹山县境内有分布,震旦系富硒岩层常常与寒武系富硒岩层相伴出现,常构成向斜或背斜的翼部。

奥陶系富硒地层主要为龙马溪组(O_3S_1l),广泛分布于扬子陆块区除江汉平原外的广大地区。该富硒地层主要以线状展布。

志留系富硒地层主要为大贵坪组(S_1d),在全省仅仅分布于竹山、竹溪地区。该富硒地层主要呈北西向展布。

恩施地区大部分地区、秦巴山片区郧西—郧县、竹山—竹溪、神农架地区以及鄂东南地区分布有大量的富硒岩石,这些富硒岩石经风化后会形成残积型、坡积型富硒土。

二、表生地球化学作用与硒的富集

岩石内硒局部富集或蚀变矿化为土壤硒异常提供了物质基础,表生地球化学作用使硒进一步富集,成土母质在成土过程中由于酸性环境导致大多数硒因不溶于水或溶解度低而在土壤中逐渐富集,尤其是海拔相对较高的土壤中硒表生富集更明显。土壤对硒的吸附作用也是导致不同土壤中硒含量有差异的原因。氧化铁和氧化铝、高岭石和蒙脱石均对硒有较强的亲合力,但各组分固硒能力差异很大,从而导致土壤吸附硒的能力各异。铁对硒的亲合力大于铝,氧化铁能够吸附大量的硒,这是硒进入表面配位层产生的专性吸附,很难被解析下来(郭宇,2012)。

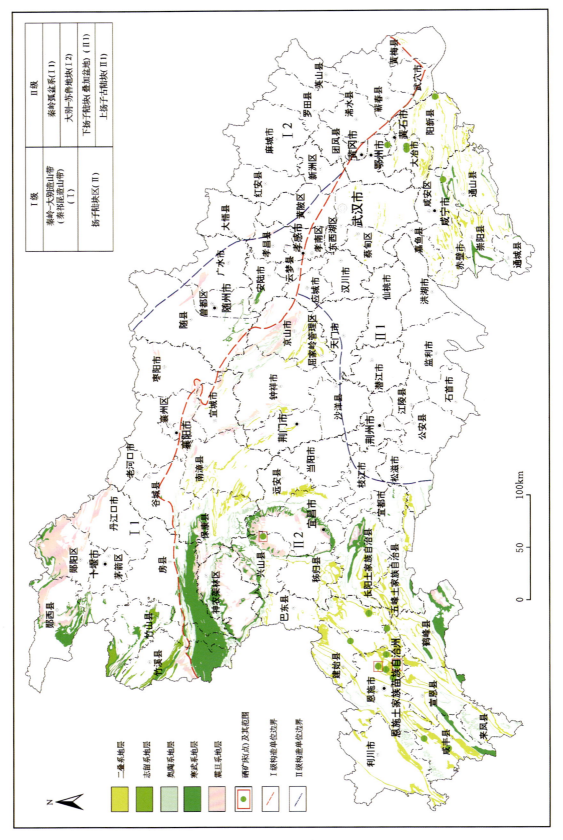

图5-8 湖北省富硒地层分布图

作物对硒的吸收主要是形成生物体内硒代蛋白,因此土壤中硒还来源于动植物死亡躯体或者排泄物的分解释放,以及地下水中的硒通过毛细管作用上升至土体上部等(井明艳等,2006)。

土壤垂直剖面显示,湖北恩施州富硒土壤区中,硒元素受地层控制明显,表现为在茅口组、孤峰组、龙潭组、梁山组、大隆组等二叠系碳质硅质岩地层以及少数寒武系地层中富集。恩施州的地貌以山地为主,坡地土壤的成因是坡积物堆积。因此,在山地的平缓地带且有富硒地层的岩石出露且风化破碎堆积的地区,土壤剖面中往往表层出现很高的硒含量;而在山谷地区,土壤残积和堆积的地层,土壤含硒量虽然高,但在整个深度范围内的变异程度不如风化破碎带,且容易被山谷流水侵蚀带走大量的硒元素,而江汉平原地区的土壤剖面硒含量在垂直深度上表现为较稳定的变化,即硒元素很少出现表聚性。主要是由于江汉平原是第四系冲积物、沉积物地层,土壤层厚,在垂剖深度范围内土壤物质和质地较为均一。

(一)恩施地区(鄂西山区)土壤硒迁移特征

从上文可知,恩施地区富硒地层主要为梁山组(P_1l)、孤峰组(P_2g)、龙潭组(P_3l)和大隆组(P_3d)。以屯堡乡梁山组、盛家坝镇龙潭组、芭蕉侗族乡孤峰组、崔家坝镇茅口组等典型剖面为例,孤峰组分布区土壤硒含量从深层到表层有减小趋势(表5-31,图5-9),表现为深部富集,这是由于孤峰组发育黑色岩系,表明该区土壤对母岩有继承性;而龙潭组地层区土壤硒含量从深层到表层有增大的趋势,表现为表层富集,一般表层土壤因为植物对硒的吸收而后通过枯落物形式形成有机物,使土壤富集硒。这两个地层区有机碳和硒含量在垂向上的渐变趋势也体现了表层土壤对深层土壤和成土母质的继承性,同时说明了地质背景对土壤中硒的分布具有控制作用。需要注意的是,在梁山组地层区,深度0~20cm的耕作层土壤硒含量大于20~200cm的深层地层土壤硒含量,这可能是由于0~20cm的土壤为耕作层,植物富硒作用下植物的残积物在表土层积累了硒元素,整体上恩施地区的富硒地层偏酸性;茅口组、孤峰组和部分龙潭组土壤硒含量均较高,高于同类其他大梁组的土壤硒含量,而且3个剖面的硒含量变化趋势较为一致,同时每个地层都有表现出有机质和土壤含硒的正比例关系。

表5-31 恩施地区富硒地层分布区土壤垂向硒元素及理化指标特征值(以恩施市主要富硒地层为例)

深度	屯堡乡梁山组(ESCP20)			盛家坝镇龙潭组(ESCP13)		
	Se/mg·kg^{-1}	pH	Corg/%	Se/mg·kg^{-1}	pH	Corg/%
0~20cm	1.30	5.89	1.15	20.07	6.65	2.25
20~50cm	0.96	6.46	1.30	3.88	7.35	0.50
50~100cm	0.84	6.15	0.73	3.89	7.18	0.52
100~150cm	0.85	7.33	0.76	3.42	7.12	0.50
150~200cm	0.69	7.84	0.62	15.12	7.09	0.78

深度	芭蕉侗族乡二叠系孤峰组(ESCP10)			崔家坝镇二叠系茅口组(ESCP56)		
	Se/mg·kg^{-1}	pH	Corg/%	Se/mg·kg^{-1}	pH	Corg/%
0~20cm	7.55	4.98	1.21	2.60	5.34	1.40
20~50cm	18.44	5.88	0.83	2.87	6.20	1.20
50~100cm	26.39	5.89	0.66	2.30	6.42	1.28
100~150cm	4.41	6.20	0.66	2.44	6.10	1.15
150~200cm	3.45	6.48	0.44	1.65	6.12	0.46

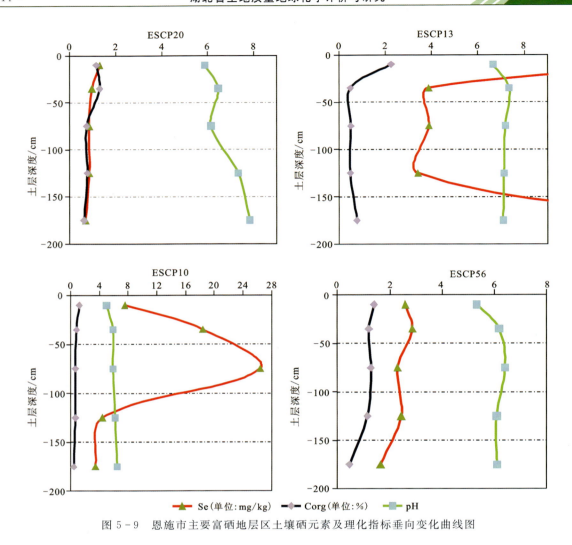

图 5-9 恩施市主要富硒地层区土壤硒元素及理化指标垂向变化曲线图

(二)江汉平原典型地区土壤硒迁移特征

江汉平原地层以第四系冲积物为主,土壤层较厚。从洪湖市和沙洋县土壤垂直剖面样品分析结果来看,土壤中硒含量均显著小于恩施地区梁山组、茅口组、孤峰组、龙潭组等富硒地层,洪湖市第四系分布区土壤中硒含量出现了局部的表聚现象,但整体在 2m 的深度范围内土壤含硒量变化不大(表 5-32,图 5-10)。沙洋县第四系和娄山关组的硒含量状况与洪湖市基本一致,且硒元素含量与该土壤层的有机质含量较为协同,与土壤酸碱度的协同关系不如与有机质的协同关系明显(表 5-33,图 5-11)。

三、外源硒输入来源

土壤中硒的外源输入主要有大气沉降输入和人类生产生活活动输入,具体特征如下。

(一)大气沉降输入硒的强度及特征

很多研究表明,天然外源硒元素的量化可以通过大气降尘和大气降水测得,沙洋县大气沉降的年通量测得大气降尘中的硒元素和相关重金属元素含量,大气中硒的含量主要与重金属 $Cd(r=0.948**)$、

表 5-32 江汉平原富硒土壤分布区土壤垂向硒元素及理化指标特征值(洪湖市)

深度	府场镇第四系(HHCP1)			戴家场镇第四系(HHCP45)		
	Se/mg·kg^{-1}	pH	Corg/%	Se/mg·kg^{-1}	pH	Corg/%
0~20cm	0.53	7.72	1.8	0.44	7.14	3.22
20~50cm	0.18	8.32	0.31	0.49	7.29	3.01
50~100cm	0.15	8.39	0.23	0.33	7.76	1.57
100~150cm	0.16	8.40	0.26	0.22	8.25	0.47
150~200cm	0.16	8.44	0.23	0.24	8.15	0.69
深度	戴家场镇第四系(HHCP49)			洪湖市第四系(HHCP48)		
	Se/mg·kg^{-1}	pH	Corg/%	Se/mg·kg^{-1}	pH	Corg/%
0~20cm	0.40	8.01	1.41	0.37	7.78	1.41
20~50cm	0.57	6.4	2.78	0.46	7.61	2.56
50~100cm	0.51	7.41	2.71	0.37	7.90	2.06
100~150cm	0.37	7.90	1.55	0.55	7.26	3.62
150~200cm	0.37	7.52	1.41	0.53	7.52	2.88

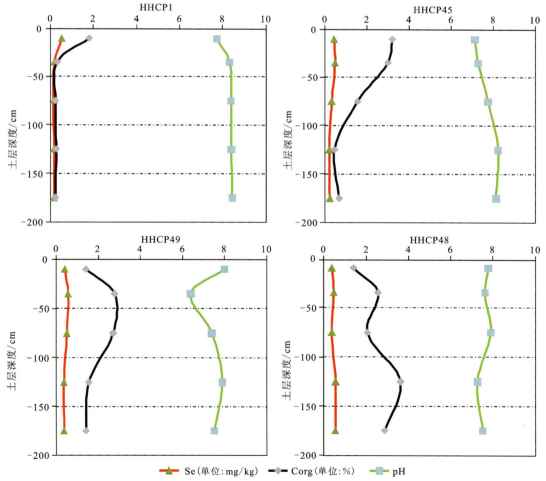

图 5-10 洪湖市地层区富硒土壤剖面土壤硒元素及理化指标垂向变化曲线图

表 5-33 江汉平原富硒地层分布区土壤垂向硒元素及理化指标特征值(沙洋县)

深度	后港镇第四系孙家河组(SY2CP28)			马良镇第四系孙家河组(SY1CP03)		
	Se/mg·kg^{-1}	pH	Corg/%	Se/mg·kg^{-1}	pH	Corg/%
0～20cm	0.26	6.27	2.16	0.38	8.13	1.09
20～50cm	0.12	7.77	0.52	0.33	8.18	0.57
50～100cm	0.11	7.89	0.33	0.31	8.25	0.58
100～150cm	0.08	7.89	0.29	0.35	8.13	0.65
深度	马良镇娄山关组(SY1CP04)			小江湖农场第四系孙家河组(SY1CP10)		
	Se/mg·kg^{-1}	pH	Corg/%	Se/mg·kg^{-1}	pH	Corg/%
0～20cm	0.56	6.76	0.49	0.40	8.00	1.68
20～50cm	0.48	6.48	0.37	0.39	8.14	0.62
50～100cm	0.45	6.32	0.24	0.26	8.22	0.51
100～150cm	0.59	6.28	0.25	0.33	8.12	0.85

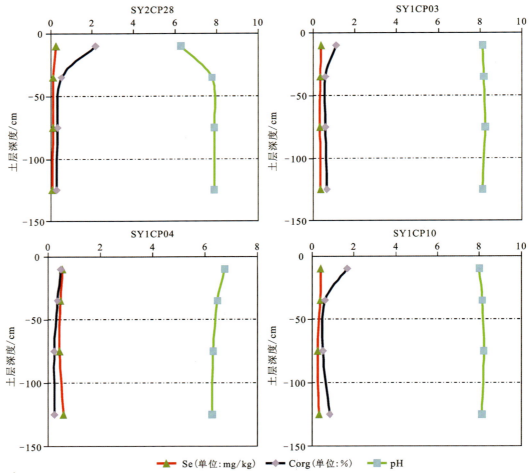

图 5-11 沙洋县地层区富硒土壤剖面土壤硒元素及理化指标垂向变化曲线图

Pb($r=0.923^{**}$)、Zn($r=0.889^{**}$)、As($r=0.786^{**}$)为较强的正相关(表5-34),江汉平原地区的土壤淋溶作用和冲积堆积的土壤发生作用,可以得出这类重金属元素主要来自人类活动,比如尾气排放、煤炭燃烧、工业排放等,而江汉平原这类重金属元素的来源通常受到人类活动剧烈影响。故可以初步判断,大气降尘中外源性硒元素往往伴随着重金属含量的增加而增加,因此在外源性大气降尘中硒元素较多的地区也可以初步判断,大气降尘的镉、铅、锌、砷等重金属元素含量也较高。

表5-34 江汉平原地区大气降尘中硒元素含量和相关重金属元素含量相关性表(以沙洋县为例)

元素	Se	As	Hg	Cr	Ni	Cu	Zn	Cd	Pb
Se	1	0.786**	0.542**	0.402*	0.687**	0.698**	0.889**	0.948**	0.923**
As		1	0.320	0.394*	0.661**	0.718**	0.805**	0.775**	0.815**
Hg			1	0.816**	0.564**	0.580**	0.494**	0.356*	0.697**
Cr				1	0.571**	0.679**	0.519**	0.241	0.648**
Ni					1	0.698**	0.717**	0.635**	0.739**
Cu						1	0.785**	0.609**	0.830**
Zn							1	0.882**	0.917**
Cd								1	0.850**
Pb									1

注:**表示达到($p<0.01$)显著水平。

但是同一监测点中的大气降水和大气降尘的硒元素含量出现了略微的反比例关系(图5-12,表5-35),因此可以初步得出大气降水可以在一定程度上稀释大气降尘中的硒元素含量,即在降水较多的地区,大气降尘中硒元素甚至其他重金属元素均会出现一定的被稀释效应。大气降水(雨、雪等)中硒与硼、锶、总硬度、溶解性总固体、氟化物、硫酸盐含量呈现正相关关系,因此可以得知大气降水中硒主要来自于大气颗粒物,随大气中含硒降尘被雨水一同带入水体。

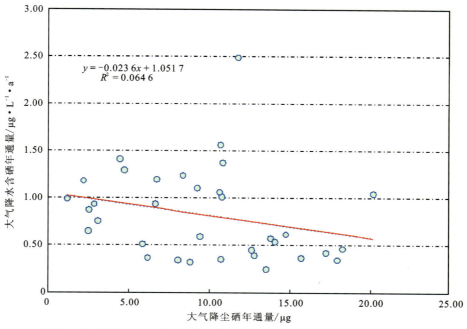

图5-12 沙洋县大气降尘硒年通量和大气降水含硒年通量的线性关系图

表 5-35　江汉平原地区大气降水中硒元素含量和相关重金属元素含量相关性表（以沙洋县为例）

元素	与 Se 相关性	元素	与 Se 相关性
As	0.27	V	−0.14
Hg	−0.13	总磷（以 P 计）	0.05
Se	1	总氮（以 N 计）	0.432*
B	0.664**	总硬度	0.829**
Cu	0.09	高锰酸钾指数	0.27
Zn	0.11	溶解性总固体	0.849**
Cd	−0.18	硫化物（以 S^{2-} 计）	−0.342*
Pb	0.27	氟化物（以 F^- 计）	0.868**
Fe	0.2	氯化物（以 Cl^- 计）	0.33
Mn	0.343*	硫酸盐（以 SO_4^{2-} 计）	0.836**
Sr	0.756**	pH	0.18

（二）人为来源

人为来源一般是含硒的化学肥料、杀虫剂、施用粉煤灰、燃煤产生的降尘和工业废弃物（如污水、垃圾）等进入土壤。恩施州工业欠发达，自然环境优良，相比自然因素，人为因素对土壤硒含量影响较小。

第三节　硒元素迁移转化规律

一、土壤硒的形态特征

（一）恩施地区（鄂西山区）土壤硒的形态特征

1. 土壤硒赋存形态特征

从硒的物理形态来看，土壤硒各形态中残渣态含量最高，占全量的 61.13%，其次为强有机质结合态，占全量的 20.03%，再为腐殖酸结合态，占全量的 16.44%；水溶态、离子交换态、碳酸盐结合态、铁锰结合态含量均很低（表 5-36，图 5-13），不到全量的 3%，其中碳酸盐结合态占比最低，仅占全量的 0.40%。可见土壤硒形态以残渣态和强有机结合态赋存状态为主。按照生物可利用性，惰性态含量最高，占全量的 81.16%；其次为中等利用态，占全量的 16.95%；再为易利用态，占全量的 1.89%。

从变异系数的大小来看，不同硒富集区中各形态变异系数变化范围较大，介于 7%～187% 之间，表明硒各形态在不同土壤中分布较不均匀，形态含量受环境因素影响较大。硒各形态变异程度大小次序为残渣态＞强有机结合态＞离子交换态＞腐殖酸结合态＞碳酸盐结合态＞水溶态＞铁锰结合态。

表 5-36 恩施地区(鄂西山区)土壤硒各形态特征值表

形态		研究区			富硒区			非富硒区		
		平均值 μg/kg	变异系数 %	全量占比 %	平均值 μg/kg	变异系数 %	全量占比 %	平均值 μg/kg	变异系数 %	全量占比 %
生物易利用态	水溶态	0.014	62	0.80	0.015	60	0.76	0.008	8	2.26
	离子交换态	0.012	122	0.69	0.013	118	0.66	0.005	20	1.41
	碳酸盐结合态	0.007	77	0.40	0.008	74	0.40	0.004	11	1.13
	小计	0.033		1.89	0.036		1.82	0.017		4.80
生物中等利用态	腐殖酸结合态	0.288	80	16.44	0.318	74	16.03	0.107	25	30.23
	铁锰结合态	0.009	47	0.51	0.009	48	0.45	0.007	12	1.98
	小计	0.297		16.95	0.327		16.48	0.114		32.21
生物惰性态	强有机结合态	0.351	157	20.03	0.396	147	19.96	0.079	12	22.32
	残渣态	1.071	187	61.13	1.225	173	61.74	0.144	7	40.68
	小计	1.422		81.16	1.621		81.70	0.223		63.00
全量		1.752			1.984			0.354		

注:全量为各形态含量之和。

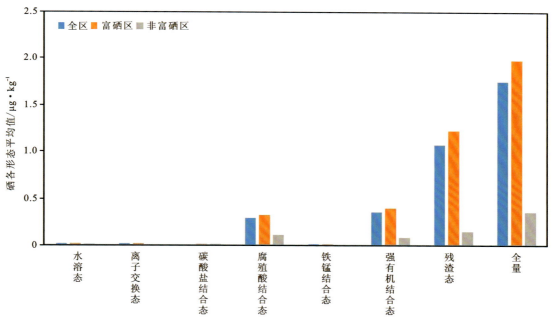

图 5-13 恩施地区(鄂西山区)土壤硒各形态平均值对比图

2. 土壤硒形态受控因素研究

1) 土壤硒形态与全量关系

按土壤硒全量是否富硒(≥0.4mg/kg)分别统计硒各形态特征,硒各形态含量平均值与全量对比结果,如图 5-14 所示。富硒土壤中各形态硒的含量均明显高于非富硒土壤硒的各形态。从生物可利用性来看,富硒土壤可交换态、易利用态、中等利用态、惰性态含量均高于非富硒土壤;可见硒的各形态含量特征受控于硒全量,即土壤硒含量越高,各形态分配的数量越大,可推断出土壤硒全量与各形态硒相关性较好。

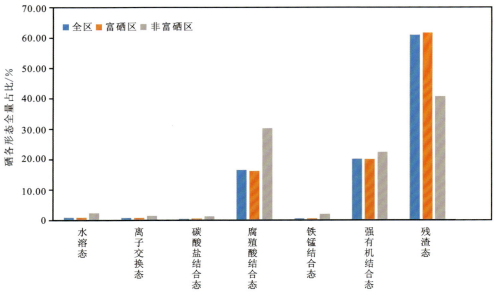

图 5-14 恩施地区(鄂西山区)土壤硒各形态含量全量占比图

相关性分析结果显示(表 5-37),硒全量与铁锰结合态、强有机质结合态、残渣态呈显著正相关,与水溶态、离子交换态、碳酸盐结合态、腐殖酸结合态呈显著正相关,相关系数由大到小依次为:残渣态＞强有机结合态＞铁锰结合态＞腐殖酸结合态＞离子交换态＞碳酸盐结合态＞水溶态。土壤硒全量主要影响残渣态、强有机结合态、铁锰结合态的分配量,尤其对残渣态影响最为显著,其次为强有机结合态,这也说明土壤中腐殖酸结合态在一定条件能释放活性硒离子,使土壤中硒有效量增加。由此可见,硒的各形态与全量相关性较好。

表 5-37 恩施地区(鄂西山区)土壤全量、有机质、pH 与元素 Se 各形态相关系数表

形态	全量	有机质	pH
水溶态	0.53**	0.17	0.47*
离子交换态	0.58**	0.10	0.50**
碳酸盐结合态	0.55**	0.49*	0.25
腐殖酸结合态	0.74**	0.42*	0.19
铁锰结合态	0.76**	0.34	0.19
强有机结合态	0.78**	0.41*	0.24
残渣态	0.98**	0.35	0.17
可交换态	0.57**	0.13	0.50**
易利用态	0.59**	0.20	0.47*
中等利用态	0.75**	0.42*	0.20
惰性态	0.99**	0.38	0.20

注:** 表示达到($p<0.01$)显著水平,* 表示达到($p<0.05$)显著水平,本书默认** 表示达到显著水平。

2)有机质含量对土壤硒形态的影响

土壤有机质与碳酸盐结合态呈显著正相关(0.5≤相关系数＜0.8),土壤有机质与腐殖酸结合态、铁锰结合态、强有机结合态、残渣态呈正相关,与水溶态、离子交换态呈弱正相关(表 5-37)。通常土壤硒主要以有机态形式赋存于土壤中,当土壤中有机质含量增加时,一方面,富有机质土壤胶体表面积增大,吸附能力增强,将活性硒酸根离子吸附于胶体表面,易形成硒有机复合体;另一方面,增加了土壤中有机基团量,亦增加了硒与有机基团络合或螯合的配位需要量,从而导致硒的强有机结合态增加。

3) 土壤酸碱度与土壤硒形态

土壤酸碱度对硒各形态的影响较大,总体上土壤酸碱度与水溶态和离子交换态的相关性显著(表5-37)。不同酸碱度土壤中硒形态表现为不同的状况,碱性土壤中硒易利用态与全量的比值高于中性土壤和酸性土壤(表5-38,图5-15)。从平均值来看,水溶态、碳酸盐结合态、铁锰结合态、强有机结合态在酸性土壤中含量最高,中性土壤次之,酸性土壤最低;离子交换态在酸性土壤中含量最高,碱性土壤次之,中性土壤最低,腐殖酸结合态、残渣态在中性土壤中含量最高,碱性土壤次之,酸性土壤最低。按照生物可利用性,易利用态(水溶态、离子交换态、碳酸盐结合态)及中等利用态(腐殖酸结合态、铁锰结合态)硒全量占比依次为碱性土壤＞酸性土壤＞中性土壤;惰性态硒全量占比依次为中性土壤＞酸性土壤＞碱性土壤。

表5-38 恩施地区(鄂西山区)不同酸碱度与土壤硒各形态特征值统计表

形态		酸性		中性		碱性	
		平均值 μg/kg	全量占比 %	平均值 μg/kg	全量占比 %	平均值 μg/kg	全量占比 %
生物易利用态	水溶态	0.017	1.01	0.011	0.46	0.009	1.78
	离子交换态	0.015	0.89	0.005	0.21	0.006	1.19
	碳酸盐结合态	0.008	0.47	0.004	0.17	0.003	0.59
	小计	0.040	2.37	0.020	0.84	0.018	3.56
生物中等利用态	腐殖酸结合态	0.298	17.63	0.304	12.63	0.140	27.72
	铁锰结合态	0.010	0.59	0.008	0.33	0.006	1.19
	小计	0.308	18.22	0.312	12.96	0.146	28.91
生物惰性态	强有机结合态	0.436	25.80	0.199	8.27	0.113	22.38
	残渣态	0.906	53.61	1.875	77.93	0.228	45.15
	小计	1.342	79.41	2.074	86.20	0.341	67.53
	全量	1.690		2.406		0.505	

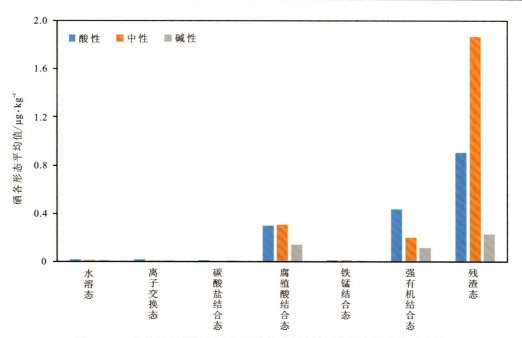

图5-15 恩施地区(鄂西山区)不同酸碱度土壤硒各形态平均值对比图

从各形态含量与全量的比值来看,在酸性、中性土壤中易利用态占全量的占比分别达 2.37%、0.84%,而在碱性土壤中达 3.56%,易利用态在酸性土壤中占比较高。因此,在土壤中总硒含量相同时,碱性土壤的易利用态最高,碱性土壤更利于硒的活化转移,其次为中性土壤(图 5-16,表 5-38)。

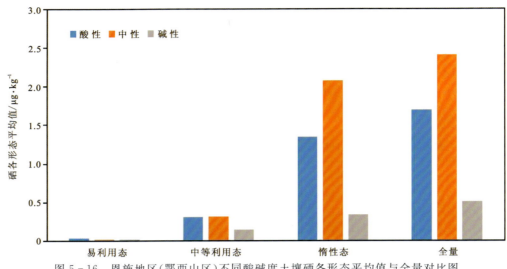

图 5-16 恩施地区(鄂西山区)不同酸碱度土壤硒各形态平均值与全量对比图

(二)江汉平原土壤硒的形态特征(以沙洋县为例)

1. 硒元素赋存形态特征

按土壤硒全量是否富硒(≥0.4mg/kg)划分得到研究区、富硒区、非富硒区土壤硒各形态特征参数(表 5-39,图 5-17),沙洋县富硒区和非富硒区土壤硒各形态中残渣态含量最高,其次为强有机结合态,最后为腐殖酸结合态。离子交换态、碳酸盐结合态、铁锰结合态含量均很低,占比均不到全量的 4%,其中碳酸盐结合态含量最低,占比分别为 0.82%、0.97% 和 0.89%。按照生物可利用性划分,惰性态含量最高,在研究区、富硒区和非富硒区全量占比分别的 69.39%、78.50% 和 67.11%;其次为中等利用态,分别占全量的 25.30%、16.67% 和 27.11%,易利用态占比最低。

表 5-39 江汉平原(沙洋县)土壤硒各形态特征值统计表

形态		研究区			富硒区			非富硒区		
		平均值 μg/kg	变异系数 %	全量占比 %	平均值 μg/kg	变异系数 %	全量占比 %	平均值 μg/kg	变异系数 %	全量占比 %
生物易利用态	水溶态	0.008	19.24	3.27	0.01	28.10	2.41	0.008	16.02	3.56
	离子交换态	0.003	94.74	1.22	0.006	34.95	1.45	0.003	102.43	1.33
	碳酸盐结合态	0.002	70.59	0.82	0.004	44.37	0.97	0.002	64.50	0.89
	小计	0.013		5.31	0.02		4.83	0.013		5.78
生物中等利用态	腐殖酸结合态	0.058	33.66	23.67	0.064	27.59	15.46	0.057	34.64	25.33
	铁锰结合态	0.004	40.72	1.63	0.005	76.31	1.21	0.004	27.13	1.78
	小计	0.062		25.30	0.069		16.67	0.061		27.11
生物惰性态	强有机结合态	0.069	41.04	28.16	0.088	43.44	21.25	0.067	39.80	29.78
	残渣态	0.101	70.12	41.22	0.237	55.92	57.25	0.084	40.29	37.33
	小计	0.170		69.39	0.325		78.50	0.151		67.11
全量		0.245			0.414			0.225		

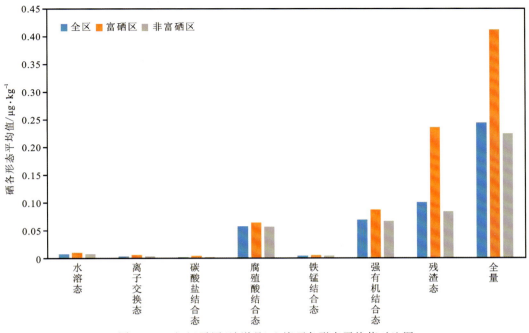

图 5-17 江汉平原(沙洋县)土壤硒各形态平均值对比图

从变异系数的大小来看,土壤硒各形态变异系数变化范围较大,介于19.24%~94.74%之间,表明硒各形态在土壤中分布较不均匀,形态含量受环境因素影响较大。

2. 硒元素赋存形态受控因素分析

1)土壤硒各种形态与全量关系

按土壤硒全量是否富硒(≥0.4mg/kg)分别统计硒各形态平均含量与全量。富硒区土壤惰性态、中等利用态和易利用态均高于非富硒区。总体上,3类形态含量较为一致,很大可能性是因为沙洋县土壤整体上的硒的含量和赋存状态十分稳定(表5-39,图5-18)。

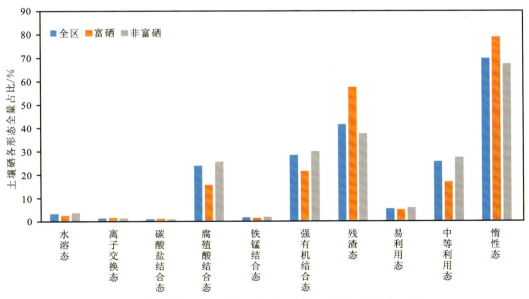

图 5-18 江汉平原(沙洋县)土壤硒各形态含量全量占比图

土壤全量硒及各形态硒的相关性分析结果显示(表5-40),土壤硒残渣态硒与全量硒呈显著的正相关关系(相关系数>0.8);铁锰结合态硒、离子交换态硒与全量硒呈较显著的正相关关系,相关系数分别为

0.507 和 0.489；碳酸盐结合态、强有机结合态硒和水溶态硒与全量硒呈不显著的正相关关系，相关系数在 0.296～0.390 之间。硒各形态与全量硒相关系数由大到小依次为残渣态＞铁锰结合态＞离子交换态＞碳酸盐结合态＞强有机结合态＞水溶态＞腐殖酸结合态；从生物利用性来看，硒各形态与全量硒相关系数由大到小依次为惰性态＞易利用态＞中等利用态。

表 5-40　江汉平原（沙洋县）土壤全量、有机质、pH 与元素 Se 各形态相关系数表

形态	全量	有机质	pH
水溶态	0.296*	0.015	0.448**
离子交换态	0.489**	−0.047	0.661**
碳酸盐结合态	0.390*	0.229	0.212
腐殖酸结合态	0.256	0.259	−0.222
铁锰结合态	0.507**	−0.154	0.166
强有机结合态	0.342*	0.348*	0.16
残渣态	0.884**	−0.149	0.315*
易利用态	0.517*	0.045	0.622**
中等利用态	0.304	0.25	−0.212
惰性态	0.957**	−0.009	0.355*

注：** 表示达到（$p<0.01$）显著水平，* 表示达到（$p<0.05$）显著水平，本书默认 ** 表示达到显著水平。

上述结果表明，江汉平原（沙洋县）土壤全量硒主要对铁锰结合态、离子交换态和残渣态的分配影响较大，对能被植物直接吸收利用的易利用态影响相对较强，即本区土壤中离子交换态和腐殖酸结合态在一定条件下能释放活性硒离子，使土壤中硒有效量增加。

2）有机质含量对土壤硒形态的影响

土壤有机质与土壤硒形态相关特征较硒全量与硒形态相关特征不同（表 5-40）。强有机结合态硒与土壤有机质呈较显著的中度正相关关系，相关系数为 0.348；碳酸盐结合态硒、腐殖酸结合态硒与土壤有机质呈不显著的正相关关系，相关系数分别为 0.229 和 0.259；离子交换态硒、铁锰结合态硒和残渣态硒与土壤中有机质呈不显著的负相关关系。从生物利用性来看，中等利用态硒与有机质相关性最好，其次为易利用态硒，与惰性态硒为弱负相关。

3）土壤酸碱度与土壤硒形态

土壤酸碱度对硒的各形态影响较大，在一定范围内，随着酸碱度的提升，硒的生物活性逐渐增加（表 5-41）。离子交换态硒、水溶态硒与土壤 pH 相关性最好，相关系数分别为 0.661、0.448；其次为残渣态硒，其他形态硒均与 pH 呈现不显著的相关关系。从生物可利用性来看，易利用态硒与 pH 相关性最好，相关系数为 0.622，惰性态硒与 pH 呈不显著正相关，而中等利用态硒与 pH 呈不显著的弱负相关性。以上表明，随着土壤中碱性的增加，土壤中硒的生物活性更容易提高，土壤中硒的有效量增加。

不同酸碱性土壤硒形态平均值的全量占比差异较大（表 5-41，图 5-19）。从平均值来看，水溶态、离子交换态、碳酸盐结合态、强有机结合态和残渣态均在碱性土壤最高；腐殖酸结合态以酸性土壤最高，碱性土壤最低；铁锰结合态硒在 3 类酸碱度土壤中含量相差无几。

按照生物可利用性划分，易利用态硒含量值排序为碱性土壤＞中性土壤≈酸性土壤，中等利用态硒含量值排序为酸性土壤＞中性土壤＞碱性土壤，惰性态硒含量值排序为碱性土壤＞中性土壤＞酸性土壤（表 5-41，图 5-20）；土壤中硒各形态含量与全量的比值具有相似性，在碱性土壤中易利用态占全量的比例达到 6.24%，酸性土壤中占比 5.61%。由上可知，在土壤中总硒含量相同时，碱性土壤的易利用态明显高于酸性土壤，酸碱度的升高更利于硒的活化转移。

表 5-41　江汉平原(沙洋县)不同酸碱度土壤硒各形态特征值表

形态		酸性		中性		碱性	
		平均值 μg/kg	全量占比 %	平均值 μg/kg	全量占比 %	平均值 μg/kg	全量占比 %
生物易利用态	水溶态	0.008	3.74	0.008	3.48	0.009	3.12
	离子交换态	0.002	0.93	0.001	0.43	0.006	2.08
	碳酸盐结合态	0.002	0.93	0.002	0.87	0.003	1.04
	小计	0.012	5.61	0.011	4.78	0.018	6.24
生物中等利用态	腐殖酸结合态	0.064	29.91	0.058	25.22	0.055	19.10
	铁锰结合态	0.003	1.40	0.004	1.74	0.004	1.39
	小计	0.067	31.31	0.062	26.96	0.059	20.49
生物惰性态	强有机结合态	0.066	30.84	0.065	28.26	0.077	26.74
	残渣态	0.069	32.24	0.092	40.00	0.134	46.53
	小计	0.135	63.08	0.157	68.26	0.211	73.27
	全量	0.214		0.230		0.288	

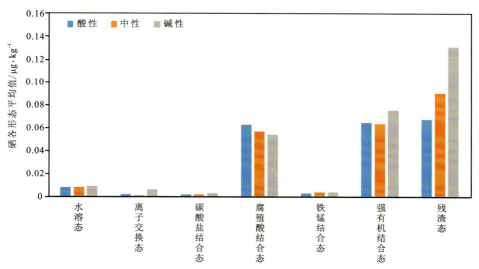

图 5-19　江汉平原(沙洋县)不同酸碱度土壤硒各形态平均值对比图

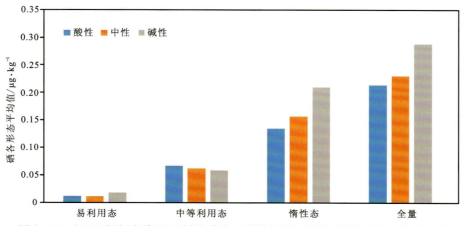

图 5-20　江汉平原(沙洋县)不同酸碱度土壤硒各生物利用态平均值与全量对比图

二、硒元素的生态效应

为了分析农作物含硒及其根系土含硒的关系,了解土壤硒含量的变化对该类型农作物富硒能力的影响,探索农作物在土壤不同硒含量的地层是否表现出相同或者相近的富硒能力,本书对6类常见农作物含硒量和富硒能力(富集系数)与该农作物的根系土含硒的关系(R^2表示线性方程拟合度,p为显著性检验参数)进行了深入研究。

土豆的硒含量随着土壤的硒含量升高而升高,但富集系数有降低的趋势(图5-21)。土壤硒与土豆硒含量呈线性正相关($R^2=0.318\,39$,$r=0.564\,26$,$p=4.329\,8\times10^{-15}$),与土豆硒富集系数呈负相关($R^2=0.135\,26$,$r=-0.367\,77$,$p=1.367\,86\times10^{-6}$),说明随着根系土硒含量的增加,土豆硒含量也增加,但是富硒能力并非稳定增长,而是呈略微下降趋势。

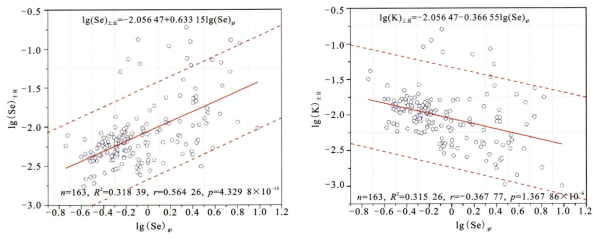

图5-21 土豆硒含量和富硒系数与根系土硒含量的线性关系图

注:gt代表根系土,如$\lg(Se)_{gt}$代表根系土中硒含量对数取值。

茶叶对硒的吸收能力随着土壤硒含量上升而显著下降(图5-22),土壤硒与茶叶含硒量呈显著线性正相关($R^2=0.154\,68$,$r=-0.393\,29$,$p=2.064\,58\times10^{-7}$),与茶叶硒富集系数呈负相关($R^2=0.327\,22$,$r=-0.572\,03$,$p=1.554\,13\times10^{-15}$),说明随着根系土硒含量的增加,茶叶硒含量也增加,但是茶叶富硒能力并非稳定增长,而是呈略微下降趋势。

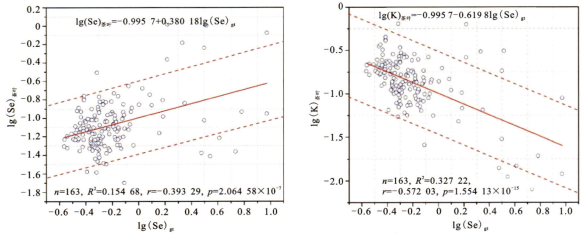

图5-22 茶叶硒含量和富硒系数与根系土硒含量的线性关系图

玉米根系土的硒含量越高,玉米中的硒含量随之增加(图 5-23)。土壤硒与玉米硒含量呈显著线性正相关($R^2=0.439, r=0.661, p=0$)。

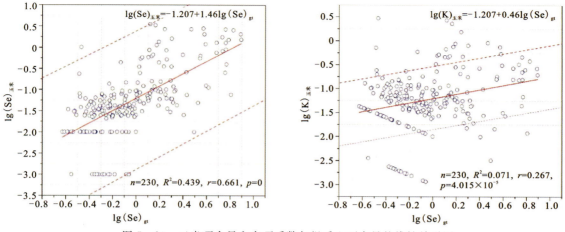

图 5-23　玉米硒含量和富硒系数与根系土硒含量的线性关系图

水稻对硒的吸收能力在不同富硒土壤均较为稳定(图 5-24),随着土壤硒含量的增加,土壤硒与水稻硒含量呈显著线性正相关($R^2=0.807, r=0.898, p=0$)。

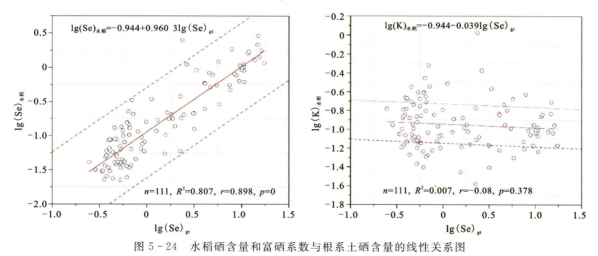

图 5-24　水稻硒含量和富硒系数与根系土硒含量的线性关系图

白菜茎叶对硒的吸收能力随着土壤硒含量上升而没有明显变化(图 5-25)。土壤硒与白菜硒含量呈显著线性正相关($R^2=0.2998, r=-0.5475, p=2.8337\times10^{-6}$),但是随着土壤硒含量的增加,白菜硒富集系数没有显著变化。

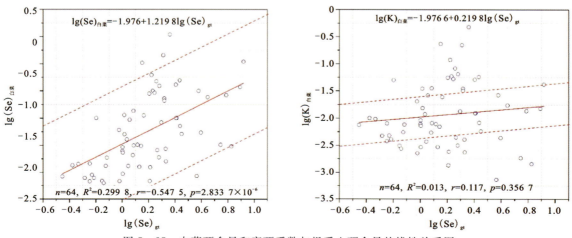

图 5-25　白菜硒含量和富硒系数与根系土硒含量的线性关系图

土壤硒与萝卜硒含量呈线性正相关（图5-26）（$R^2=0.216, r=0.4656, p=8.0729\times10^{-6}$）。

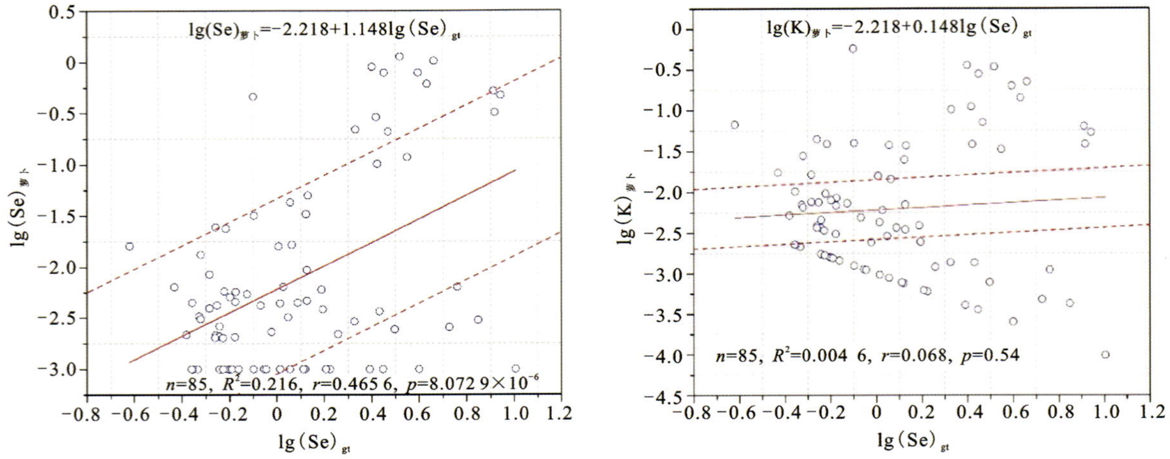

图5-26 萝卜硒含量和富硒系数与根系土硒含量的线性关系图

三、硒生态效应影响因素

1. 土壤酸碱度对农作物富硒能力的影响

江汉平原沙洋县大宗农作物及其根系土壤酸碱度和农作物硒富集系数关系分析结果显示（图5-27），

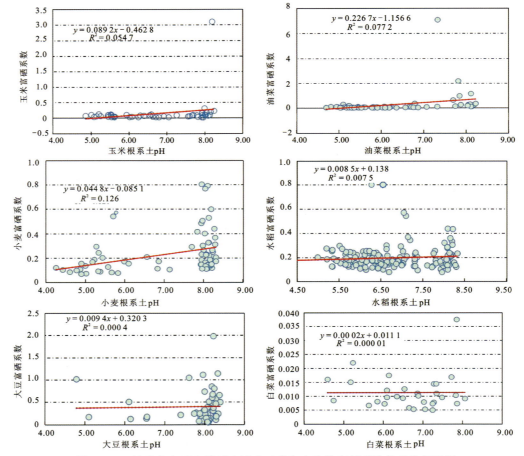

图5-27 恩施市富硒土壤区土壤酸碱度和农作物富硒系数关系分析组图

玉米、油菜、大豆、小麦、水稻、蔬菜六大农作物在土壤酸碱度的影响下,富硒能力的变化有所差异。玉米、油菜、小麦随着土壤酸碱度的提高,富硒能力呈稳定提升,即硒含量和富集系数都在提高;水稻、大豆、油菜的富硒能力随着土壤酸碱度的提升,其富硒能力基本不变的。因此,在对这六大农作物的土壤进行富硒改良时,可以适当提高玉米、油菜、小麦根系土壤的硒含量和酸碱度,对水稻、大豆、蔬菜的土壤酸碱度也需要适当的提高,以达到最佳的富硒生态效应。

2. 土壤有机质对土壤硒含量影响

土壤中的有机质是土壤中含碳的各种有机化合物,其影响土壤硒的固定,因此可以直接影响土壤硒的含量,郭宇(2012)在研究恩施市芭蕉侗族乡富硒茶园的土壤时发现,茶园土壤硒含量与土壤有机质呈显著正相关。恩施市富硒土壤区中农作物根系土硒含量和土壤有机质含量也呈显著的正相关,函数拟合度达到 0.578,呈显著的正相关(图 5-28)。

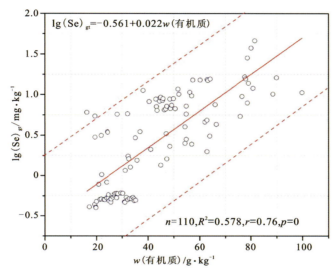

图 5-28 恩施市富硒土壤区农作物根系土有机质对应硒含量(对数化)的线性回归

恩施市富硒土壤区农作物根系土的有机质普遍较高(图 5-29,表 5-42),最低一级达到第四级,第一级的根系土数量最多达到 56 件,约占全部分析样品的 51%,且随着等级上升,土壤硒含量显著上升[$p=0.03452(<0.05)$],一级有机质土壤中硒平均值达到 9.688mg/kg,分别是二级有机质土壤硒平均值的 5.32 倍,三级的 8.78 倍,四级的 4.67 倍。

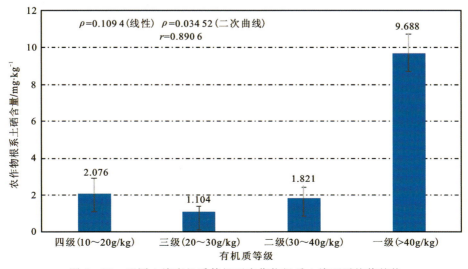

图 5-29 不同土壤有机质等级下农作物根系土壤硒平均值趋势

表 5－42　不同土壤有机质等级下农作物根系土壤硒含量特征表

有机质等级	样本数	平均值	标准差	最小值	最大值	变异系数
	件	mg/kg	mg/kg	mg/kg	mg/kg	%
四级(10～20g/kg)	8	2.076	2.435	0.40	6.05	117.290
三级(20～30g/kg)	26	1.104	1.308	0.47	5.71	118.566
二级(30～40g/kg)	20	1.821	2.594	0.47	11.22	142.395
一级(>40g/kg)	56	9.688	8.0063	1.35	46.01	82.645

3. 土壤酸碱度对有效硒影响

碱性土壤有利于硒向可利用态转化,继而有利于植物对游离态硒的吸收。土壤 pH 指示土壤酸碱度,在酸性环境下,土壤中的硒以亚硒酸(SeO_3^{2-})形式存在,SeO_3^{2-} 能与土壤中的游离氧化铁、氧化铝、氧化锰及其氢氧化物形成难溶的复合物,其次 SeO_3^{2-} 能够与黏土矿物中的铁、铝、锰氧化物表面的羟基发生交换配位而发生专性吸附。此外,在酸性条件下,铁、铝、锰的氧化物表面所带的正电荷比较多,有利于对 SeO_3^{2-} 的吸附。因此,土壤 pH 的大小制约着土壤中硒的吸附和游离态,继而控制着土壤中硒的生物利用率(郭宇,2012)。从收集的土壤有效态数据来看,有效硒含量和土壤酸碱度含量呈显著的正相关[$p=0(<0.01)$],相关系数达到 0.472(图 5－30),和郭宇的研究结论几乎一致,即富硒土壤酸性越强,土壤中的可利用态的硒含量越低,富硒土壤呈碱性,有利于土壤的可利用硒含量的增加,继而有利于植物对游离态硒的吸收。

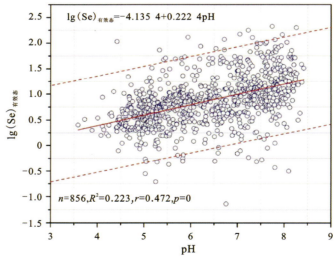

图 5－30　土壤酸碱度和对数化有效态硒含量的线性回归

随着土壤的酸碱度等级上升,土壤有效态硒含量显著上升[$p=0(<0.05)$],碱性土壤区间中有效态硒平均值达到 26.2962mg/kg,分别是中性、微酸、酸性、强酸性土壤区间的 1.51 倍、2.86 倍、4.62 倍、3.63 倍(表 5－43,图 5－31)。

4. 土壤阳离子交换量对有效硒影响

恩施市富硒土壤有效态硒含量和土壤阳离子的线性关系不显著,土壤阳离子交换量对土壤可利用态硒含量影响有限。土壤阳离子交换量的主要影响因素为:①土壤胶体类型,不同类型的土壤胶体其阳离子交换量差异较大,例如有机胶体＞蒙脱石＞水化云母＞高岭石＞含水氧化铁、铝;②土壤质地越细,阳离子交换量越高;③土壤黏土矿物的硅铝铁率[$SiO_2/(Al_2O_3+Fe_2O_3)$ 摩尔数比值]越高,其交换量就越大;④土壤溶液 pH,因为土壤胶体微粒表面的羟基(—OH)的解离受介质 pH 的影响,当介质 pH 降低时,土壤

表 5-43 不同酸碱度等级下土壤有效态硒含量特征表

pH 分级	样本	平均值	标准差	最小值	最大值	变异系数
	件	mg/kg	mg/kg	mg/kg	mg/kg	%
强酸(<4.5)	26	7.238	20.527	0.79	107.32	283.587
酸性(4.5~5.5)	231	5.687	7.467	0.20	72.74	131.309
微酸(5.5~6.5)	217	9.209	13.933	0.002	129.85	151.290
中性(6.5~7.5)	217	17.426	24.612	0.07	178.15	141.238
碱性(>7.5)	184	26.296	30.823	0.32	210.85	117.216

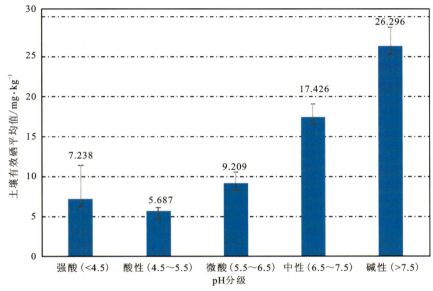

图 5-31 不同土壤酸碱度等级下土壤有效硒平均值趋势

胶体微粒表面所带负电荷也减少,其阳离子交换量也降低,反之就增大。本书中土壤有效态硒和对应阳离子交换量的数据进行线性回归分析结果显示(图 5-32),土壤有效态硒含量和土壤阳离子的线性关系不显著($p=0.0816$)。究其原因,可能是恩施地区的土壤 CEC(离子交换态)较为稳定,土壤 CEC 的数值较为集中,说明各地区的土壤环境十分类似,容易形成 CEC 含量类似的土壤。

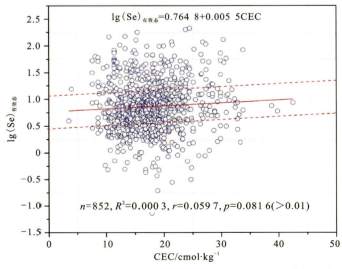

图 5-32 土壤阳离子交换量 CEC 和有效态硒含量的线性回归

分类描述统计和方差分析显示(表5-44,图5-33),随着土壤CEC等级上升,各个区间土壤有效硒均值含量并没有显著变化($p=0.50854$)。

表5-44 不同土壤CEC等级下土壤有效硒含量特征统计表

CEC分级	样本数 件	平均值 mg/kg	标准差 mg/kg	最小值 mg/kg	最大值 mg/kg	变异系数 %	平均值的标准差 mg/kg
一级(>20cmol/kg)	243	17.775	27.83	0.28	210.80	156.59	1.785
二级(15.4～20cmol/kg)	308	11.065	16.26	0.07	178.20	146.97	0.926
三级(10.5～15.4cmol/kg)	265	14.468	22.34	0.49	149.00	154.43	1.372
四级(6.2～10.5cmol/kg)	34	15.928	18.43	0.48	63.70	115.73	3.161
五级(<6.2cmol/kg)	2	9.655	7.99	4.00	15.31	82.83	5.655

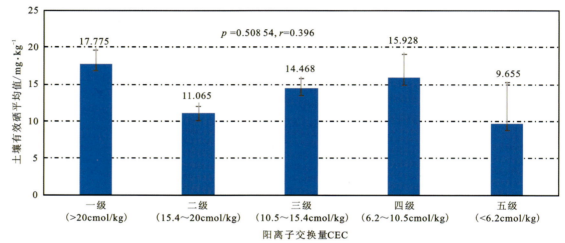

图5-33 不同土壤阳离子交换量CEC等级下土壤有效硒平均值趋势

第四节 锶锗资源概况

一、富锶、锗土壤资源分布

(一)富锶土壤

锶(Sr)与其他人体必需微量元素一样,在人体中的含量非常少,但对维持正常的生命活动不可或缺。人体每日需摄入锶1.9mg左右。锶具有强化骨骼、提高智力、预防"三高"和心血管疾病、延缓衰老和养颜的辅助功效。

中国A层土壤锶背景值为165mg/kg(中国环境监测总站,1990),目前对富锶土壤标准没有统一行业标准,本次将锶含量超过105mg/kg作为区内表层土壤富锶标准。据富锶土壤的规定,本次统计得到湖北省各县(市、区)富锶土壤面积(表5-45),天门市和仙桃市富锶土壤资源丰富,富锶土壤面积分别达789.51km²、718.86km²,洪湖市富锶土壤面积475.58km²,沙洋县富锶土壤面积194.85km²。

表 5-45 湖北省不同行政区富锶、富锗土壤面积统计表

行政区		富锶土壤面积/km²	富锗土壤面积/km²
地级市	县(市、区)		
十堰市	竹山县	58.25	141.05
	竹溪县	24.86	19.40
	小计	83.11	160.45
恩施州	巴东县	—	309.80
	建始县	—	265.61
	恩施市	—	518.47
	利川市	—	593.43
	咸丰县	—	296.49
	宣恩县	—	222.92
	来凤县	—	178.99
	鹤峰县	—	166.73
	小计	—	2 552.44
襄阳市	南漳县	1.76	25.37
	宜城市	72.52	21.80
	小计	74.28	47.17
随州市	随县	85.55	49.43
荆门市	钟祥市	0.01	556.99
	京山市	—	397.76
	沙洋县	194.85	115.83
	小计	—	1 070.58
孝感市	安陆市	0.04	51.05
天门市	天门市	789.51	221.14
潜江市	潜江市	—	571.21
仙桃市	仙桃市	718.86	235.45
武汉市	蔡甸区	67.49	88.76
荆州市	监利市	—	168.30
	洪湖市	475.58	296.71
	小计	—	465.01
咸宁市	嘉鱼县	6.30	59.10
黄冈市	武穴市	30.40	46.95
全省		—	5 618.74

注:"—"表示该区域未测试 Sr 元素。

(二)富锗土壤

锗(Ge)是微量元素的一种,是人体酶的激活剂,而酶能加速人体的生物化学反应,是人生命动力之

源；微量元素锗还能促进人体分泌腺活动,进而调节生理功能,是生命之火的助燃剂,能提高人体细胞的供养能力,并能清除多种致命的病变,具有杀菌、消炎、抑制肿瘤恶化、治疗老年痴呆、延缓衰老等作用,被科学家称为"21世纪的救命锗""生命的奇效元素"。灵芝、人参也正因为富锗才有很高的药用价值。

地壳中锗的平均值为1.5mg/kg,不同岩石中锗含量为0.31～2mg/kg,土壤中锗含量为0.1～34mg/kg,世界土壤锗元素平均值为1.0mg/kg,中国土壤锗元素平均值为1.7mg/kg。目前,国内对于富锗土壤标准没有统一行业标准。2015年青海省第五地质矿产勘查院开展的"青海省生态农业地质调查"项目以锗含量不低于1.3mg/kg作为土壤富锗评价标准;2016年广西壮族自治区地质调查院开展的1:25万多目标区域地球化学调查以全国土壤锗含量顺序统计量97.5%值(≥1.8mg/kg)作为土壤富锗评价标准。因此,综合参考以上地方的富硒土壤标准并结合《土地质量地球化学评价规范》(DZ/T 0295-2016)锗的分等等级,将锗元素平均值超过1.50mg/kg的土壤定义为富锗土壤。

依据富锗土壤的规定,本次得到湖北省各县(市、区)富锗土壤面积(图5-34,表5-45)。各县(市、区)共圈定富锗土壤面积5 618.73km²。其中,利川市、潜江市、钟祥市和恩施市土壤锗资源丰富,富锗土壤面积分别为593.43km²、571.21km²、556.99km²和518.47km²;其次,巴东县、洪湖市、咸丰县、建始县、仙桃市、宣恩县、天门市和京山市,富锗土壤面积范围为221.14～397.76km²;来凤县、监利市、鹤峰县、竹山县、沙洋县富锗土壤面积大于100km²小于200km²。

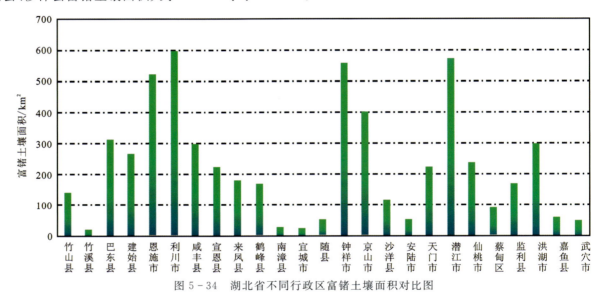

图5-34 湖北省不同行政区富锗土壤面积对比图

二、主要农产品天然富锶状况

王小平和李柏(2010)测得16种中国大米锶含量范围为0.008～0.310mg/kg,平均值为0.129mg/kg;11种日本大米锶含量范围为0.063～0.114mg/kg,平均值为0.096mg/kg。较多研究表明,不同品种类型、不同产地稻米中锶的最高含量不超过0.6mg/kg。目前,从我国人民的饮食结构来看,平均每人每天约消耗大米0.3kg,其中锶摄入量不及医学推荐标准1.9mg/(人·d)的1/10。因此,富锶水稻的发现与研究具有重要意义。

依据全国已有稻米锶数据,暂以0.3mg/kg的标准界定富锶稻米。据此标准,湖北省稻米富锶状况整体较好,富锶率高达82.49%(表5-46)。其中,沙洋县和恩施市稻米富锶率分别高达97.92%、90.76%;其次,建始县、来凤县、巴东县稻米富锶率大于等于80.00%,咸丰县、利川市、宣恩县富锶率大于等于70.00%;南漳县稻米富锶状况相对较差,富锶率为56.25%。

表 5-46　湖北省不同行政区水稻富锶样品数量及比率统计表

行政区		样品总数量/件	富锶样品数量/件	富锶率/%
地级市	县级市			
恩施州	巴东县	35	28	80.00
	建始县	48	41	85.42
	恩施市	119	108	90.76
	利川市	135	103	76.30
	咸丰县	60	47	78.33
	宣恩县	50	35	70.00
	来凤县	180	152	84.44
	小计	627	514	81.98
襄阳市	南漳县	16	9	56.25
荆门市	沙洋县	48	47	97.92
全省		691	570	82.49

三、锶、锗土壤资源开发利用选区

(一) 富锗土壤资源开发利用选区

1. 选区原则

在湖北省土地质量和农产品质量综合调查评价的基础上，湖北省富锗土壤要根据区内富锗土壤分布特征及土壤养分、土壤环境质量、土地利用现状、交通及经济现状等诸多要素综合考评。选区原则主要有两条：一是优质富锗土壤连片分布；二是紧扣《湖北省农业发展"十三五"规划纲要》中有关工作区的农业布局。

根据以上原则，在湖北省初步提出富锗产业园建设或富锗生产基地建设规划区 33 处（图 5-35）。其中竹山县 2 处、随县 1 处、安陆市 1 处、京山市 1 处、潜江市 2 处、洪湖市 2 处、巴东县 1 处、建始县 2 处、恩施市 5 处、利川市 6 处、咸丰县 3 处、宣恩县 2 处、来凤县 2 处、鹤峰县 2 处、武汉市蔡甸区 1 处。

2. 选区建议

根据选区原则，各县（市、区）规划富锗产业园或富锗生产基地基本情况如表 5-47 所示。

(二) 富锶土壤资源开发利用

1. 选区原则

在湖北省土地质量和农产品质量综合调查评价的基础上，湖北省富锶土壤要根据区内富锶土壤分布特征及土壤养分、土壤环境质量、土地利用现状、交通及经济现状等诸多要素综合考评。选区原则主要有两条：一是优质富锶土壤连片分布；二是紧扣《湖北省农业发展"十三五"规划纲要》中有关工作区的农业布局。

根据以上原则，在湖北省初步提出处富锶产业园建设或富锶生产基地建设规划区 14 处（图 5-36）。其中竹溪县 2 处、随县 2 处、钟祥市 2 处、天门市 2 处、沙洋县 1 处、仙桃市 1 处、恩施市 3 处、鹤峰县 1 处。

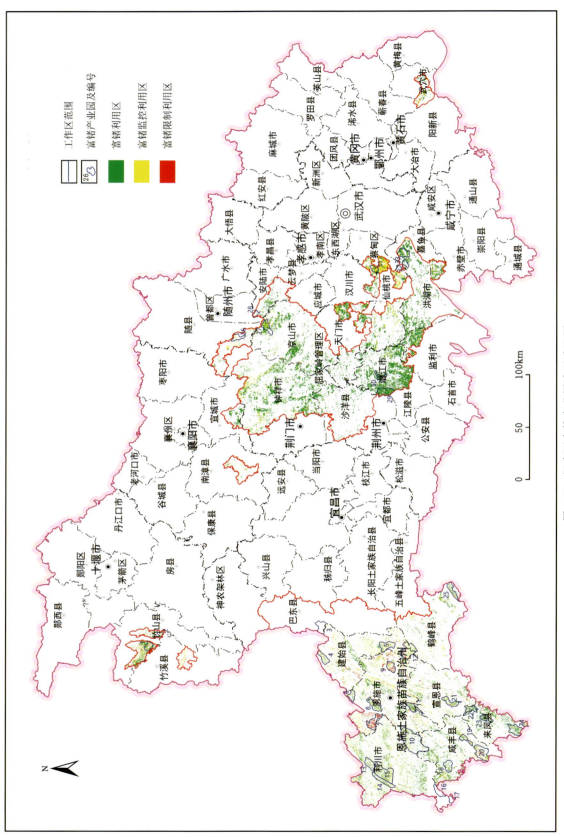

图 5-35 调查区富硒产业园选区建议图

表 5-47 湖北省各县(市、区)富锗产业园(基地)选区建议及基本情况表

县(市、区)	编号	建议产业园(基地)名称	面积/km²
竹山县	1	宝丰镇至擂鼓镇富锗产业基地	47.22
	2	溢水镇富锗产业基地	15.22
巴东县	3	绿葱坡镇富锗产业基地	21.29
建始县	4	长梁乡富锗产业基地	13.39
	5	景阳镇至官店镇富锗产业基地	24.1
恩施市	6	太阳河乡富锗产业基地	10.0
	7	沐抚办事处富锗产业基地	35.16
	8	屯堡乡至龙凤镇富锗产业基地	25.84
	9	新塘乡富锗产业基地	24.52
	10	芭蕉侗族乡富锗产业基地	22.76
利川市	11	汪营镇至谋道镇富锗产业基地	26.42
	12	汪营镇至南坪镇富锗产业基地	87.94
	13	南坪乡至柏杨坝镇富锗产业基地	33.63
	14	毛坝镇富锗产业基地	69.54
	15	文斗镇富锗产业基地Ⅰ	23.84
	16	文斗镇富锗产业基地Ⅱ	8.79
咸丰县	17	活龙坪乡富锗产业基地	13.77
	18	曲江镇至高乐山镇富锗产业基地	15.76
	19	坪坝营镇富锗产业基地	43.50
宣恩县	20	高罗镇富锗产业基地	21.42
	21	李家河镇富锗产业基地	19.2
来凤县	22	百福司镇富锗产业基地	26.65
	23	旧司镇富锗产业基地	16.87
鹤峰县	24	红土乡至中营镇富锗产业基地	39.65
	25	铁炉白族乡富锗产业基地	17.26
随县	26	三里岗镇富锗产业基地	45.89
京山市	27	三阳镇富锗产业基地	70.89
安陆市	28	王义贞镇富锗产业基地	24.38
潜江市	29	运粮湖管理区富锗产业基地	100.11
	30	后湖管理区至浩口原种场富锗产业基地	49.75
武汉市蔡甸区	31	侏儒山街道至消泗乡富锗产业基地	32.38
洪湖市	32	新滩镇至大同湖管理区富锗产业基地	26.35
	33	新滩镇至燕窝镇富锗产业基地	70.63

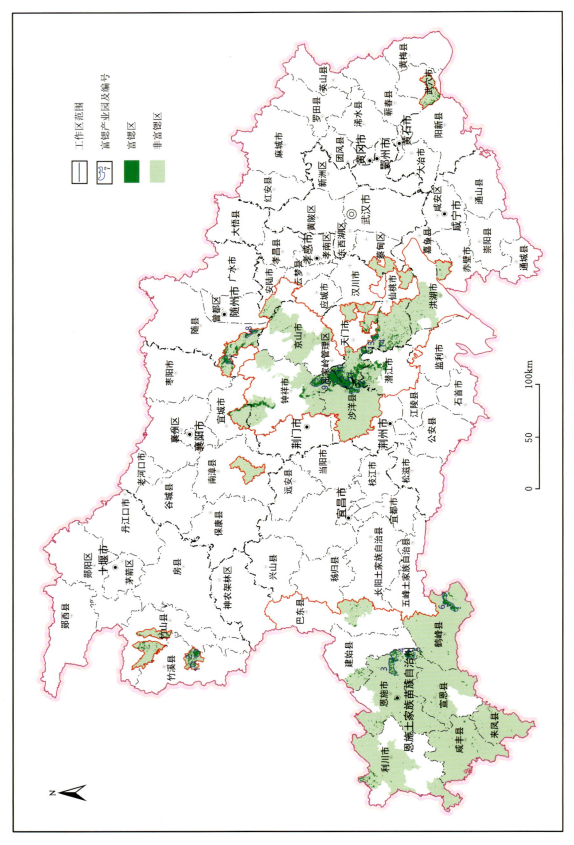

图 5-36 湖北省富锶产业园（基地）选区建议图

2. 选区建议

根据选区原则,湖北省各县(市)规划富锶产业园或富锶生产基地基本情况如表 5-48 所示。

表 5-48　湖北省各县(市)富锶产业园(基地)选区建议及基本情况表

县(市)	编号	建议产业园(基地)名称	面积/km²
竹溪县	1	天宝乡富锶产基地Ⅰ	19.51
	2	天宝乡富锶产基地Ⅱ	32.59
恩施市	3	红土乡富锶产基地Ⅰ	51.85
	4	红土乡富锶产基地Ⅱ	43.10
	5	沙地乡富锶产基地	70.70
鹤峰县	6	走马镇富锶产基地	84.11
随县	7	三里岗镇富锶产基地	30.65
	8	洪山镇富锶产基地	37.62
钟祥市	9	罗汉寺办事处富锶产基地Ⅰ	60.93
	10	罗汉寺办事处富锶产基地Ⅱ	71.11
沙洋县	11	沙洋农场富锶产基地	34.09
天门市	12	罗汉寺办事处沙洋农场富锶产基地	66.03
	13	蒋场镇富锶产基地	26.19
仙桃市	14	毛嘴镇至郑场镇富锶产基地	23.07

第六章　土地生态风险及重金属生态效应研究

第一节　土地生态风险

土壤是生态系统的重要组成部分,是环境系统内物质、能量等转化的重要介质。土壤污染在农业系统中"水体-土壤-生物-大气"立体污染起到举足轻重的作用,土壤重金属超过一定浓度时能带来很多环境问题。

土壤中的重金属污染来源复杂,受自然土壤形成条件和人类活动的双重影响。根据2014年4月环境保护和国土资源部发布的《全国土壤污染状况调查公报》,工矿业、农业等人为活动以及土壤环境背景值高是造成土壤污染或超标的主要原因。基岩经自然风化形成的土壤中保留有部分基岩组成特征,土壤对成土母质地球化学特征具有很强的继承性。人类活动也是土壤重金属的重要来源,根据人类活动类型分为工业源(如采矿、冶炼、燃煤、交通等)、生活源(交通、废水、生活垃圾、燃煤等)以及农业源(肥料、农药、灌溉水等),不同来源的重金属又以不同的途径进入土壤,包括岩石风化形成的土壤母质、大气沉降、灌溉和径流、固废堆置和施用肥料与农药(陈雅丽等,2019)(图6-1)。

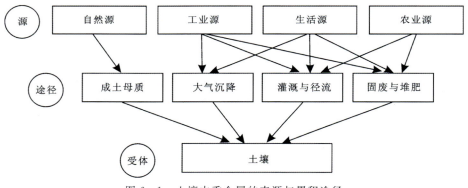

图6-1　土壤中重金属的来源与累积途径

一、土壤重金属污染风险

(一)评价标准

依据《土壤环境质量　农用地土壤污染风险管控标准(试行)》(GB 15618—2018),对土壤中重金属元素进行污染风险类别划分。其中,元素含量小于或等于筛选值时,划定为优先保护类,土壤污染风险低;元素含量大于筛选值且小于或等于管制值时,划定为安全利用类,农产品可能存在不符合质量安全标准,但风险可控;当元素含量大于管制值时,划定为严格管控类,农用地土壤污染风险高,且风险控制难度大。

（二）评价对象

依据《土地利用现状分类》(GB/T 21010—2017)，本次土壤重金属污染风险评价的对象包括耕地（水田、旱地和水浇地）、园地（果园、茶园、橡胶园和其他园地）和草地（天然牧草地、人工牧草地），面积共计 14 396.55 km²（2 159.48 万亩），为了叙述方便以下统称为"耕园草地"。

（三）评价方法

1. 单元素评价方法

评价方法根据划定的筛选值及管制值进行评价。以图斑为单位，用单元素实际测试值，与筛选值和管制值进行对比，从而确定其类别，如 Cd 元素的实测值为 0.25，pH 为 6.0，等级为优先保护类。

2. 综合质量评价方法

采取最差等级法（一票否决法），将 8 个元素土壤污染风险等级叠加，某一图斑综合土壤污染风险等级与该图斑内 8 个环境元素的最差等级一致。例如某图斑 Cd、Pb、As、Hg 等级分别为优先保护类、安全利用类、安全利用类、严格管控类，则该图斑的土壤污染风险类别为严格管控类。

（四）评价结果

1. 土地单元素污染风险评价结果

（1）砷：湖北省耕园草地土壤中砷元素污染风险程度低（图 6-2），以优先保护类为主，占比超过 99%；安全利用类占比 0.57%，主要分布于鄂西山区两竹地区和宣恩县，沿江平原区和鄂北岗地区零星分布；严格管控类仅占 0.02%，零星分布于鄂西山区两竹地区和鹤峰县、鄂北岗地区随县和沿江平原区武穴市。

（2）镉：湖北省耕园草地土壤中镉元素污染风险程度较低（图 6-3），以优先保护类为主，占比超过 78%；安全利用类占比 20.77%，主要分布于鄂西山区两竹地区和恩施州、沿江平原区仙桃市和潜江市；严格管控类仅占 1.16%，主要分布于鄂西山区恩施市北部屯堡乡、东南部新塘乡，建始县北部业州镇，宣恩县东北部椿木营乡，其余地方分布较少。

（3）铬：湖北省耕园草地土壤中铬元素污染风险程度低（图 6-4），以优先保护类为主，占比超过 99%；安全利用类占比 0.74%，主要分布于鄂西山区竹溪县，恩施市北部屯堡乡，东南部新塘乡，宣恩县东北部椿木营乡；严格管控类仅 0.40 km²，零星分布于鄂西山区竹溪县。

（4）汞：湖北省耕园草地土壤中汞元素污染风险程度低（图 6-5），以优先保护类为主，占比超过 99%；安全利用类占比 0.07%，零星分布于沿江平原区相关县（市）；严格管控类仅占 0.02%，零星分布于鄂西山区咸丰县。

（5）铅：湖北省耕园草地土壤中铅元素污染风险程度低（图 6-6），以优先保护类为主，占比超过 99%；安全利用类占比 0.16%，主要分布于鄂西山区宣恩县高罗镇，零星分布于沿江平原区武穴市；严格管控类仅 0.61 km²，空间分布与安全利用类类似。铅元素风险区与区内铅锌矿床（点）的分布吻合，受地质高背景影响。

（6）锌：湖北省耕园草地土壤中锌元素污染风险程度低（图 6-7），以优先保护类为主，占比超过 99%；安全利用类占比 0.24%，主要分布于鄂西山区两竹地区和宣恩县高罗镇。

（7）铜：湖北省耕园草地土壤中铜元素污染风险程度低（图 6-8），以优先保护类为主，占比超过 98%；安全利用类占比 1.60%，主要分布于鄂西山区两竹地区和恩施市西北部屯堡乡、东南部新塘乡，建始县南部官店镇，宣恩县椿木营乡，沿江平原区和鄂北岗地区零星分布。

（8）镍：湖北省耕园草地土壤中镍元素污染风险程度低（图 6-9），以优先保护类为主，占比超过 99%；安全利用类占比 0.96%，主要分布于鄂西山区两竹地区和恩施市西北部屯堡乡、东南部新塘乡，建始县南部官店镇，宣恩县椿木营乡，鄂北岗地区零星分布。

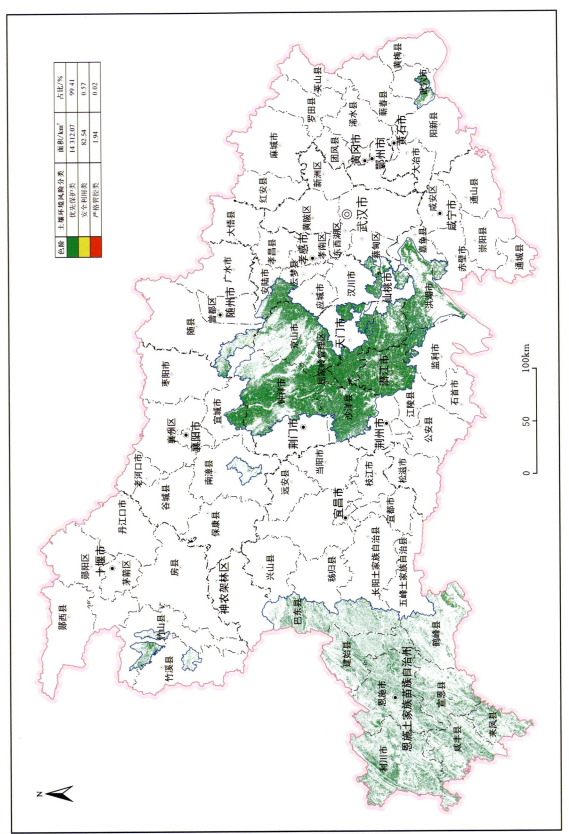

图6-2 湖北省土壤砷元素污染风险分类图

第六章 土地生态风险及重金属生态效应研究

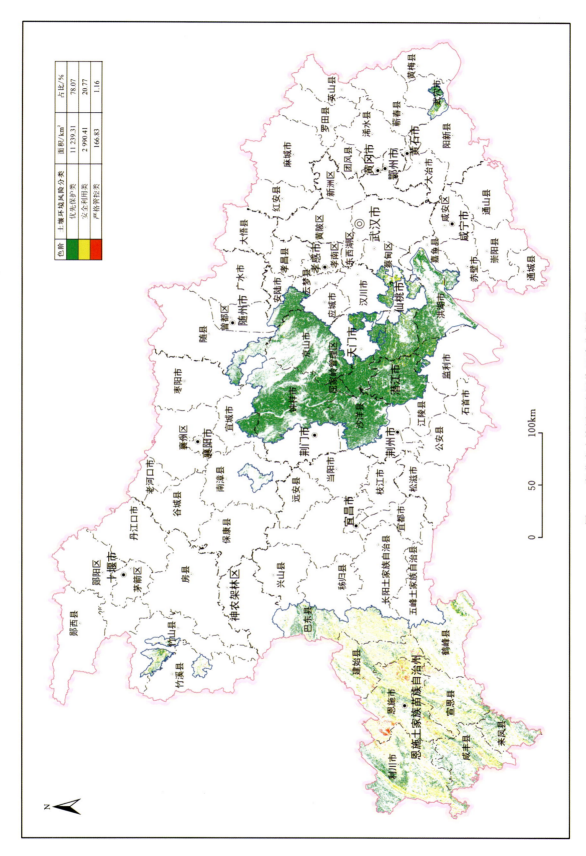

图 6-3 湖北省土壤镉元素污染风险分类图

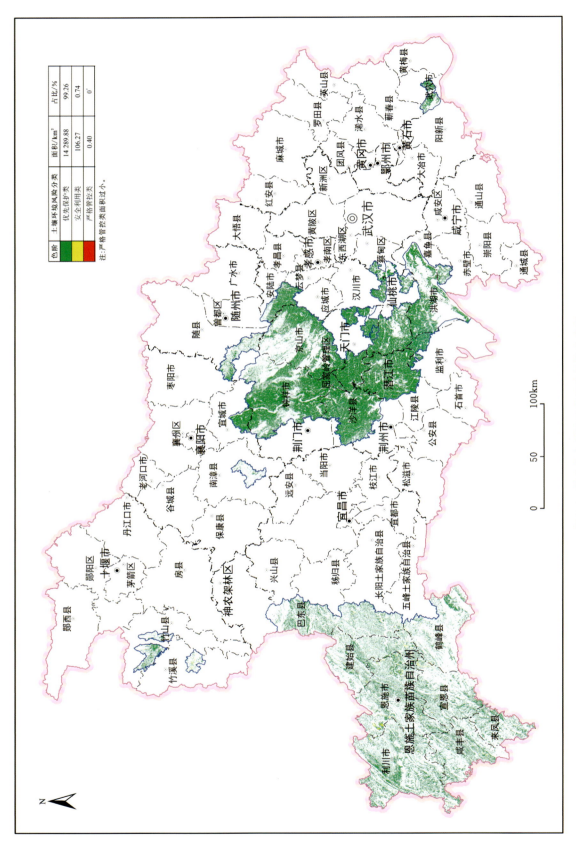

图6-4 湖北省土壤铬元素污染风险分类图

第六章 土地生态风险及重金属生态效应研究

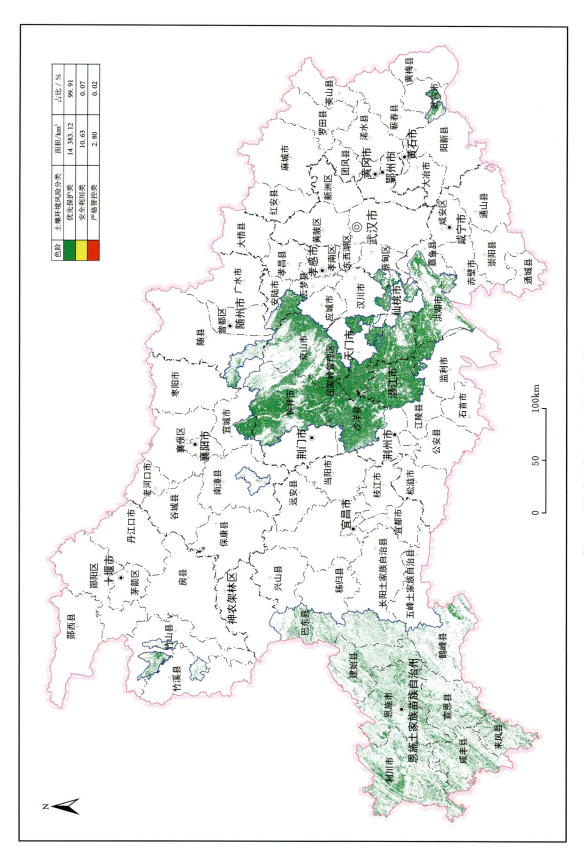

图 6-5 湖北省土壤汞元素污染风险分类图

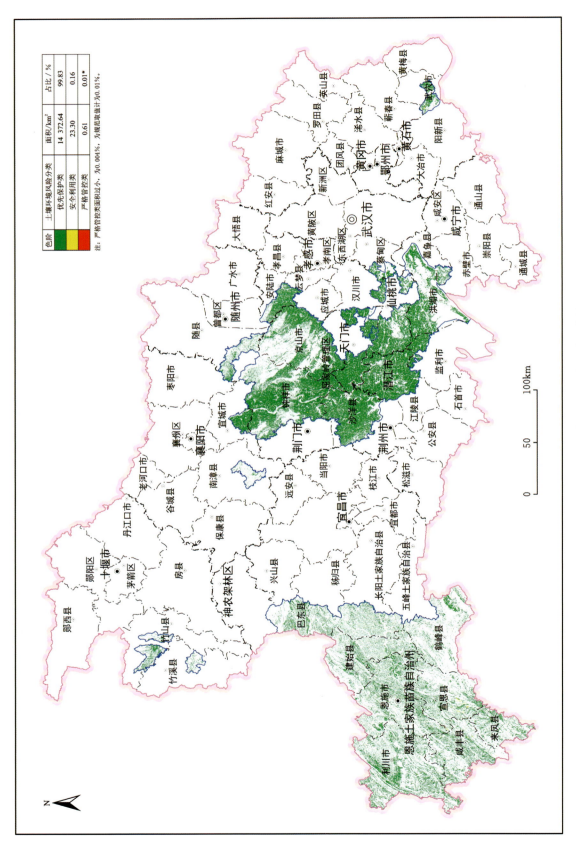

图6-6 湖北省土壤铅元素污染风险分类图

第六章 土地生态风险及重金属生态效应研究

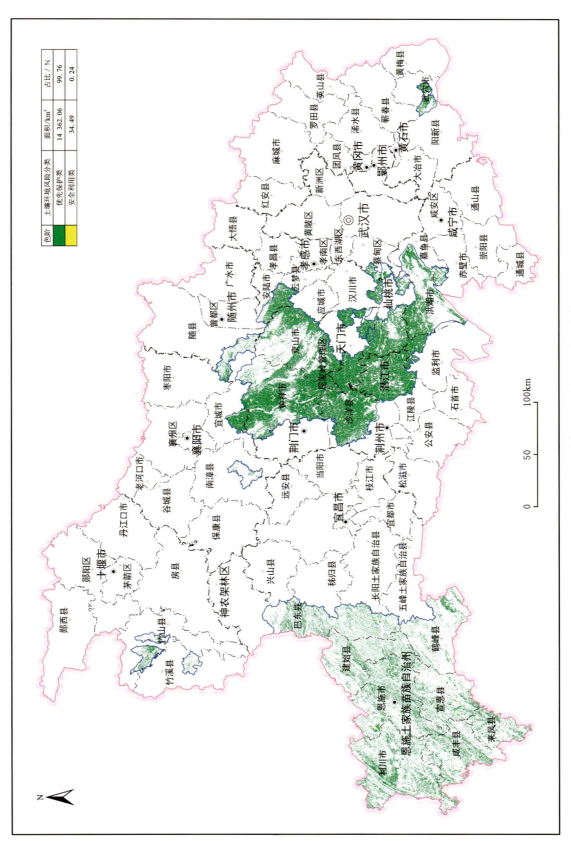

图6-7 湖北省土壤锌元素污染风险分类图

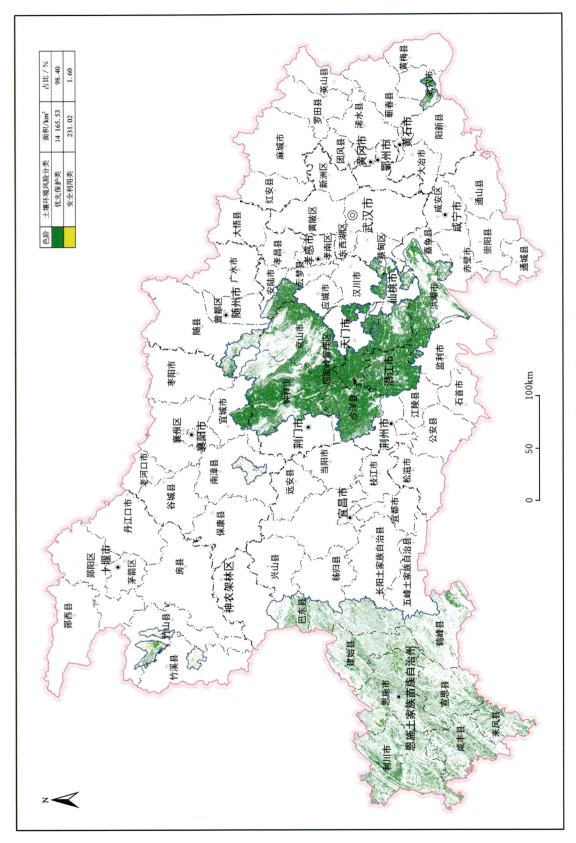

图6-8 湖北省土壤铜元素污染风险分类图

第六章 土地生态风险及重金属生态效应研究

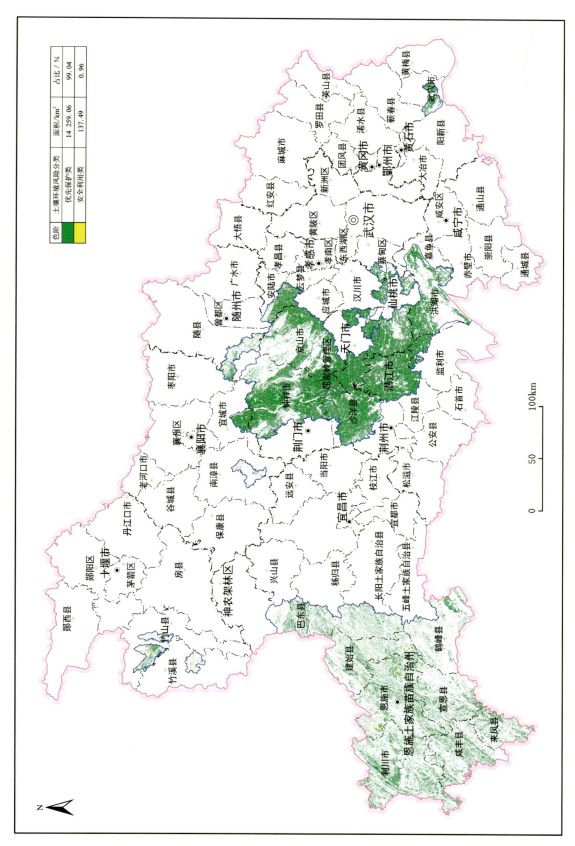

图6-9 湖北省土壤镍元素污染风险分类图

2. 土壤风险等级综合评价

湖北省耕园草地土壤中重金属污染风险总体较好。综合评价结果显示（图6-10），优先保护类面积为11 112.06km²，占比77.18%，安全利用类面积为3 113.59km²，占比21.63%，严格管控类面积为170.90km²，占比1.19%。影响湖北省土壤重金属污染风险的指标主要为Cd元素，其次为Cu、Ni元素，其余元素影响很小。

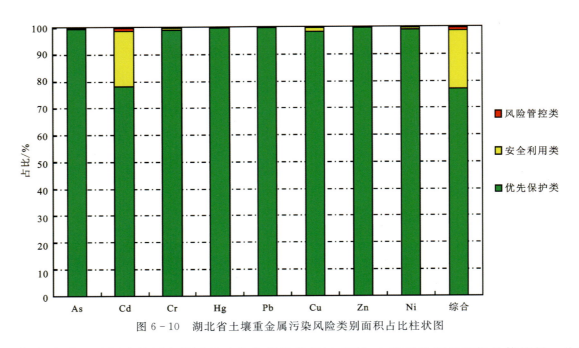

图6-10　湖北省土壤重金属污染风险类别面积占比柱状图

总体来看，湖北省评价范围内耕园草地优先保护类超过75%，土壤污染环境风险总体较低。从指标来看，土壤重金属超标主要由Cd元素引起，少量由Pb、Hg、Cr、Hg、As元素引起；从分布区来看，主要分布在鄂西山区和鄂北岗地区，平原区耕地环境质量较好。建议：加强对安全利用类耕园草地的常态化监测，发现问题及时调控或调整种植制度，将风险降到最低；对严格管控类土地加强土地监测，实行限制使用，结合现有农业产业规划调整土地用途，开展治理，防患于未然，确保粮食生产安全。

（五）影响因素分析

成土母质中重金属元素的高背景是影响湖北省土壤环境质量的主要因素。

从成土母质分析，鄂西山区和鄂北岗地区黑色岩系分布广泛，黑色岩系中Cd、Ni等元素较富集，通过风化形成了区域性的Cd、Ni高背景土壤。因此，鄂西山区和鄂北岗地区土壤重金属污染风险状况主要是成土母质引起土壤中Cd、Cu、Ni元素富集，从而使得土壤中重金属元素Cd、Cu、Ni元素超过风险筛选值，导致土壤为安全利用类，甚至为严格管控类。

工农业生产及生活是影响土壤环境质量的另一重要因素。工业废弃物的排放、矿山开采冶炼、燃煤降尘、农药化肥等均含有重金属，不规范的排放和处理对耕园草地带来的危害程度大、影响深，这类的土壤污染风险主要分布于大城市和厂矿周边或下游，一般影响范围不大，切断污染源后通过治理和自然净化往往容易控制。

二、土壤有机污染物污染风险评价

(一)评价标准

土壤有机污染物评价依据生态环境部2018年6月22日发布的中华人民共和国国家标准《土壤环境质量 农用地土壤污染风险管控标准(试行)》(GB 15618—2018),对农用地土壤中的有机污染物进行污染风险类别划分(表6-1)。

表6-1 湖北省农用地土壤有机污染物污染风险筛选值　　单位:mg/kg

序号	有机污染物项目	风险筛选值
1	六六六总量	0.10
2	滴滴涕总量	0.10
3	苯并[a]芘	0.55

注:①六六六总量为α-六六六、β-六六六、γ-六六六、δ-六六六4种异构体的含量总和;②滴滴涕总量为p,p'-滴滴伊、p,p'-滴滴滴、o,p'-滴滴涕、p,p'-滴滴涕4种衍生物的含量总和。

(二)评价方法

依据评价标准对单个监测点进行单一指标评价,单一指标超过风险筛选值,判定该指标在该点为风险点,单一指标未超过风险筛选值,则判定为安全点;采用一票否决法进行综合判定,当某点有任意一项指标超过风险筛选值时,则判定为风险点。

(三)评价结果

本次全省共布设检测点715个,土壤有机污染物六六六总量、滴滴涕总量及苯并[a]芘的判定结果显示(表6-2),区内六六六总量0~18.53μg/kg,平均值为1.22μg/kg,滴滴涕总量0~762.20μg/kg,平均值为14.63μg/kg,苯并[a]芘0.17~3276.95μg/kg,平均值为15.91μg/kg。区内有22个检测点土壤有机污染物超标,存在一定的风险。其中,六六六总量均远低于风险筛选值,安全性较好;滴滴涕总量有21个检测点超标,存在污染风险。

表6-2 湖北省土壤有机污染物污染风险评价一览表

有机污染物项目	检测点数	含量范围	平均值	风险点数	风险率
	个	μg/kg	μg/kg	个	%
六六六总量	715	0~18.53	1.22	0	0
滴滴涕总量	715	0~762.20	14.63	21	2.94
苯并[a]芘	715	0.17~3276.95	15.91	1	0.14

从分布情况来看(图6-11),滴滴涕风险点主要分布于鄂北岗地区荆门市,其中京山市5个,全部位于永隆镇,含量范围为118.68~289.52μg/kg;沙洋县3个,其中沙洋农场2个、马良镇1个,含量范围为220.42~762.20μg/kg;钟祥市3个,其中九里乡、九口镇、洋梓镇各1个,含量范围为102.74~241.32μg/kg;屈家岭管理区何集办事处2个,范围含量为197.69~228.99μg/kg。其次分布于沿江平原区,天门市3个,其中拖市镇2个、多宝镇1个,含量范围为217.20~362.81μg/kg;仙桃市3个,全部位于长埫口镇,

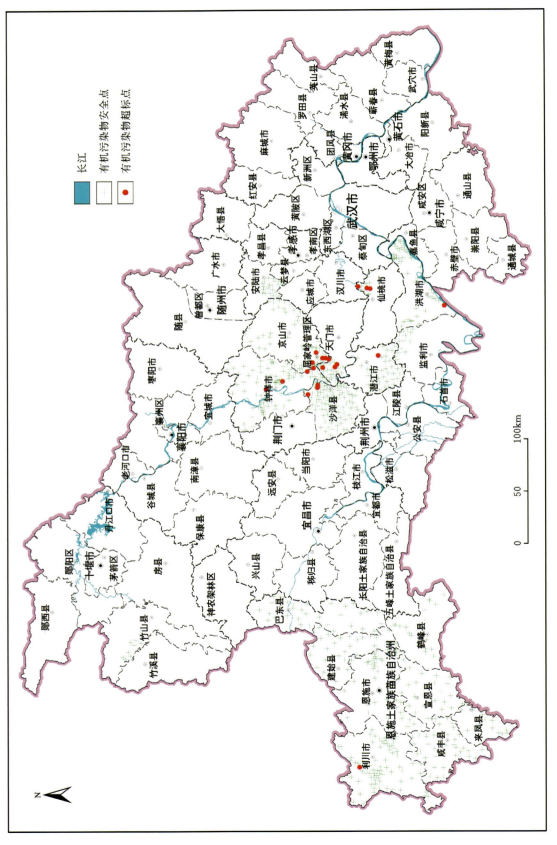

图 6-11 土壤有机污染物风险评价结果图

含量范围为153.23～277.41μg/kg;潜江市1个,位于总口管理区,含量范围为161.69μg/kg;鄂西山区仅少量地区存在超标现象,恩施州1个,位于利川市南坪乡,含量范围为163.74μg/kg。苯并[a]芘有1个超标点,位于荆州市洪湖市螺山镇,含量为3276.95μg/kg。

(四)影响因素分析

影响土壤有机污染物评价结果的主要为滴滴涕总量,其次为苯并[a]芘。其中,超标点位滴滴涕总量为风险筛选值的1.03～7.62倍,苯并[a]芘为风险筛选值的5.96倍,这些有机污染物主要来自农药的施用。建议在这些地区加强排查滴滴涕的使用情况,同时注意区内滴滴涕的农残分析。对于已经发生滴滴涕污染的土壤,可采用物理化学修复或生物修复,其中物理化学修复常用氧化/还原技术、超声微波协同技术,生物修复常见的方法有投菌法、种植有机物高吸收高耐受植物法。

三、土地生态风险防治建议

总体来看,湖北省沿江平原一带土壤基本没有环境安全风险,鄂西两竹地区和恩施地区、武汉市蔡甸区局部地区的土壤存在轻度的环境安全风险(占调查总面积的22%),鄂西竹溪县、恩施市、建始县、宣恩县、咸丰县和巴东县极少数地区土壤环境风险较高,超过农用地风险管控值(占调查总面积的1%)。土壤污染风险主要来自重金属镉元素。

土壤作为生态系统的重要组成部分,在生物支撑、养分循环转化、水安全、能源可持续性、气候稳定性、生物多样性及生态系统服务等方面发挥着关键作用,土壤质量的好坏直接关系到生态环境质量与粮食安全,保护土壤环境安全是守住生态和粮食安全底线的重要基础。针对湖北省土地生态风险状况,提出以下相应防治建议。

1. 科学统筹永久基本农田划定

建议在基本农田和高标准基本农田调整工作中,结合耕地环境质量进行调整。在原划定的基本农田区和高标准基本农田内,对耕地土壤属于严格管控类的,建议调出基本农田和高标准基本农田范围;在原划定的基本农田区和高标准基本农田外,能满足农业生产需要条件且土壤为优先保护类的,建议调入基本农田和高标准基本农田范围。

2. 强化农用地分类管理制度,建立分类管理清单

按优先保护类、安全利用类和严格管控类3个类别进行分类管理。

对土壤重金属元素含量不高于风险筛选值的耕地,且纳入到基本农田划定区域,建议优先划为永久基本农田,实行严格保护,确保其面积不减少、土壤环境质量不下降。

对土壤重金属元素含量高于风险筛选值且不高于风险管制值的耕地,有轻度或中度污染,建议纳入安全利用类管护,采取农艺调控、替代种植等措施,降低农产品超标风险。鄂西山区和鄂北岗地区采取种植低累积作物品种,如粮食作物玉米、高粱、油菜、芝麻,经济果蔬核桃、猕猴桃、柑橘、白柚和非食用经济作物花卉、苗木等。沿江平原区采取农艺调整优化,如施用有机肥,降低重金属活性,改善土壤结构和肥力,提高作物产量和品质;安全利用且酸化区施用石灰等提升土壤pH,降低重金属活性;镉污染水田采用全生育浅层淹水调控。

对土壤重金属元素含量高于风险管制值的耕地,存在重度污染,建议纳入严格管控类管理,划定特定农产品禁止生产区,制订调整种植结构、土地用途变更、治理与修复计划。此类耕地重点地区在鄂西山区,占比较小,建议调出耕地范围,种植经济类果树或者退耕还林还草,坚决杜绝种植水稻、小麦等高累积作物。

3. 开展风险管控类耕地的监测和治理

针对目前调出耕地有难度的地区,加强土壤和农产品协同监测与评价,及时掌握农产品的安全性。根据监测结果,符合安全标准的原则上调整为优先保护区。若有种植主粮作物的,应在采取安全利用措施的基础上加强监测频率,分别于作物生长的前期、中期、后期协同检测,视检测结果调整安全利用措施,确保作物质量安全,尽量避免再次回调。同时,根据需要开展部署耕地的治理工作。

第二节 土壤重金属镉污染来源研究

通过对沿江平原区、鄂西山区、鄂北岗地区以及26个县(市、区)的土壤重金属含量进行统计(表6-3),

表6-3 湖北省各行政区土壤重金属元素含量对比表

分区	行政区	样本数 件	As mg/kg	Cd mg/kg	Cr mg/kg	Cu mg/kg	Hg mg/kg	Ni mg/kg	Pb mg/kg	Zn mg/kg	pH
沿江平原区	仙桃市	12 798	12.84	0.39	86.38	36.41	61.81	42.54	27.59	103.41	7.88
	潜江市	14 960	11.82	0.33	83.22	33.66	54.24	40.52	26.26	96.08	7.97
	天门市	9448	10.71	0.35	78.07	31.82	50.91	37.88	24.75	93.50	7.98
	蔡甸区	1954	15.01	0.40	95.99	41.79	64.07	49.04	30.54	111.84	7.35
	沙洋县	12 410	12.32	0.18	76.51	26.17	71.68	31.03	30.11	60.11	6.05
	监利市	2713	13.25	0.40	86.18	36.04	63.35	39.98	29.47	102.21	7.52
	洪湖市	12 018	12.36	0.36	91.94	40.23	68.72	45.20	30.42	104.14	7.92
	武穴市	2188	16.50	0.40	89.15	33.06	92.23	36.73	40.98	94.56	6.20
	嘉鱼县	1641	16.33	0.31	92.28	30.73	129.28	35.63	34.37	88.54	5.72
鄂西山区	竹山县	2007	13.34	0.51	92.93	49.26	58.77	51.11	25.01	125.01	5.93
	竹溪县	1404	19.35	1.67	154.31	80.79	166.26	87.24	26.91	208.10	6.20
	巴东县	11 040	13.75	0.54	92.61	32.76	99.25	39.94	32.02	95.03	6.10
	建始县	10 075	13.38	0.83	97.46	33.72	114.12	40.93	32.62	95.72	5.59
	恩施市	19 778	14.05	0.99	94.76	33.60	115.27	41.25	33.65	100.02	5.57
	利川市	19 054	13.57	0.42	86.48	29.80	102.14	35.63	32.41	97.84	5.45
	咸丰县	8450	11.25	0.45	90.17	29.11	158.69	36.76	33.05	92.28	5.22
	宣恩县	10 549	12.99	0.69	92.08	31.94	137.86	39.52	40.11	101.06	5.51
	来凤县	6266	9.84	0.36	83.70	29.44	111.48	38.13	37.91	98.39	5.21
	鹤峰县	6159	12.36	0.50	91.94	40.23	68.72	45.20	30.42	104.14	5.37
鄂北岗地区	南漳县	2076	16.86	0.35	89.64	37.12	82.10	45.56	32.73	99.64	6.35
	宜城市	2095	11.57	0.28	80.00	31.34	62.74	37.38	26.55	84.86	7.95
	随县	4289	11.05	0.32	88.97	35.04	64.79	41.11	23.53	105.25	6.10
	钟祥市	22 348	12.52	0.27	81.12	30.84	62.15	37.67	28.05	82.80	7.40
	京山市	15 581	12.77	0.27	81.49	30.79	69.44	36.25	31.39	81.99	6.35
	安陆市	4055	11.15	0.24	75.63	29.08	70.42	35.04	28.68	74.73	6.56
湖北省		215 356	12.40	0.31	84.10	31.20	0.067 2	37.60	29.90	91.00	6.50

可以发现，土壤中 Zn、As、Cr、Cu、Pb、Ni 和 Hg 的平均值均低于农用地土壤污染风险筛选值，只有 Cd 的平均值较高，沿江平原区（江汉平原）和鄂西山区均存在明显的超标区域，鄂西山区尤为突出，同处鄂西山区，不同县（市）差异较为明显，表现为竹溪县（1.67mg/kg）＞恩施市（0.99mg/kg）＞建始县（0.83mg/kg）＞宣恩县（0.69mg/kg）＞巴东县（0.54mg/kg）＞竹山县（0.51mg/kg）＞鹤峰县（0.50mg/kg）＞咸丰县（0.45mg/kg）＞利川市（0.42mg/kg）＞来凤县（0.36mg/kg）。Cd 元素平均值分布大小具有一定的地域性，即高值区广泛分布于鄂西山区，该地区土壤 pH 不超过 6.5。

镉是一种有害的微量元素，在一定丰度水平上对人类及其他生物体具有直接的损害作用，而生物体对环境中的镉具有浓集、积累和放大的效应。20 世纪 50 年代，日本发现的"骨痛病"反映了镉的这一危害机制。镉元素通过水、气和生命运动的形式，借助河水、溪流、地下水、雨水、风和活有机体，在各种机制（固化、机械风化、降解和同化、吸收和排泄、沉淀和溶解）的调控下，构成了其特定的生物地球化学循环模式（马振东等，2005）。针对湖北省土壤中高镉的背景现状，对镉的来源进行分析如下。

一、鄂西山区土壤镉物质来源

1. 基于土壤剖面分析的镉物质来源解析

土壤剖面重金属分析是重金属污染来源分析的最直接的方法之一。土壤水平剖面显示，二叠系的风化土壤中 Cd 元素含量明显高于其他地层的风化土壤，最大可达 2 个数量级，其中龙潭组与大隆组的风化物 Cd 含量最高可达 35.9mg/kg，茅口组、孤峰组、梁山组和栖霞组风化形成的土壤中 Cd 含量也较其他地层风化物高（图 6-12）。土壤垂直剖面显示（图 6-13），二叠系主要地层风化形成的土壤剖面不同深度土壤 Cd 含量变化表明，50～200cm 深度土壤 Cd 含量明显高于表层 0～20cm 深度土壤 Cd 含量，反映表层土壤 Cd 的来源与深层成土母质具有明显继承关系，为自然来源；而宣恩县和利川市在 0～20cm 深度土壤 Cd 含量呈现增加趋势，可能与此地地形地貌和人为活动相关。这种变化特征在一定程度上反映出鄂西山区表层土壤 Cd 主要来自下部成土母岩。

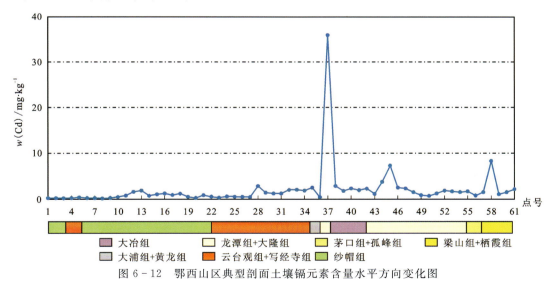

图 6-12　鄂西山区典型剖面土壤镉元素含量水平方向变化图

2. 基于相关性分析法的镉物质来源解析

鄂西山区表层土壤中的元素相关性分析表明（表 6-4），土壤中 Cd 元素与 Se、Cr、Cu、Ni 和 Mo 元素具有较好的相关性，说明土壤中 Se、Cr、Cu、Ni、Mo 和 Cd 可能具有相似的来源。研究表明土壤 Cr 元素受人类活动影响较小，主要受成土母质的制约，结合该区土壤 Cd 元素空间分布可知它主要受成土母质控制。该区土壤元素的相关性特征与同区二叠系岩石中显示的 Se-Cd-Cr-F-Mo-Ni-V-Zn 元素组合基本一致，这也表明本区 Cd 元素主要来自高镉岩石的风化。

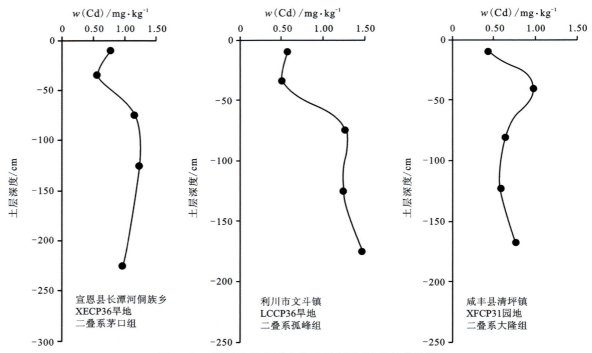

图 6-13　鄂西山区典型土壤垂直剖面 Cd 含量变化图

表 6-4　鄂西山区土壤镉元素与其他指标相关系数

指标	相关性	指标	相关性	指标	相关性	指标	相关性	指标	相关性
As	0.123**	Cu	0.302**	Mn	0.075**	Pb	0.040**	TFe$_2$O$_3$	0.024**
B	−0.072**	F	0.081	Mo	0.623**	S	0.141**	MgO	0.023**
Cl	−0.008*	Ge	−0.085**	N	0.231**	Se	0.510**	CaO	0.092**
Co	0.085**	Hg	0.059**	Ni	0.615**	Zn	0.168**	Na$_2$O	−0.041**
Cr	0.489**	I	0.038**	P	0.120**	SiO$_2$	0.022**	K$_2$O	−0.167**

注：* 为在 0.05 水平（双侧）上显著相关，** 为在 0.01 水平（双侧）上显著相关。

3. 基于因子分析法的镉物质来源解析

通过对鄂西山区表层土壤中的 8 种重金属和 Se 进行因子分析，提取出 3 个主成分，总体上解释了 9 个指标全部方差的 62.315%（表 6-5、表 6-6）。因子 1 中，主要反映土壤 Cr、Ni、Se、Cd 和 Cu 的组分信息，贡献率为 31.493%，其荷载分别为 0.826、0.803、0.794、0.764、0.476，元素间表现为强正相关关系，表明它们具有相似的来源。从元素组成特征来看，鄂西山区表层土壤成分具有典型的黑色岩系元素组合特征。研究表明，Ni、Cr、Cu 元素主要受母质和成土过程等地质背景的控制，尤其是土壤 Cr 受到成土母质的影响明显（朱正杰等，2011；贾中民，2020），说明第一因子主要受到成土母质的影响。同时，元素地球化学特征在本区也显示为高背景区，受二叠系分布控制明显，因此推断因子 1 为自然源，受成土母质影响。

4. 基于聚类分析法的土壤重金属污染来源解析

在长期的自然营力作用和人类活动影响下，土壤中各元素由于其自身地球化学特征及亲和性的差异发生迁移、分散和富集作用，一些地球化学性质相似的元素为有规律的组合，呈现良好的共同消长关系和较好的相关性、聚集性。通过对鄂西山区土壤中元素进行聚类分析（图 6-14），Cu、Ni、Cr、Se、Cd 相关性显著，处于同一族群中，主要对应区域上二叠系黑色岩系，受成土母质控制。

综上，鄂西山区土壤镉主要来自成土母质，即二叠系黑色岩系，受人类活动影响较小。

表6-5 鄂西山区土壤成分矩阵与旋转成分矩阵

元素	成分			旋转成分		
	1	2	3	1	2	3
As	0.378	0.361	0.440	0.190	0.183	0.630
Cd	0.716	−0.280	0.031	0.764	0.086	0.034
Cr	0.769	−0.310	0.057	0.826	0.073	0.053
Cu	0.736	0.329	−0.262	0.476	0.695	0.102
Hg	0.128	0.151	0.722	0.087	−0.229	0.707
Ni	0.887	−0.060	−0.089	0.803	0.383	0.082
Pb	0.136	0.581	0.244	−0.138	0.345	0.526
Se	0.711	−0.340	0.131	0.794	−0.014	0.087
Zn	0.423	0.607	−0.424	0.059	0.850	0.041

表6-6 鄂西山区土壤因子特征值分析

因子	初始特征值			提取平方和载入			旋转平方和载入		
	合计	方差/%	累积/%	合计	方差/%	累积/%	合计	方差/%	累积/%
1	3.295	36.606	36.606	3.295	36.606	36.606	2.834	31.493	31.493
2	1.262	14.018	50.625	1.262	14.018	50.625	1.569	17.437	48.930
3	1.052	11.690	62.315	1.052	11.690	62.315	1.205	13.385	62.315
4	0.935	10.391	72.706						
5	0.818	9.089	81.795						
6	0.550	6.113	87.908						
7	0.502	5.581	93.489						
8	0.390	4.331	97.820						
9	0.196	2.180	100.000						

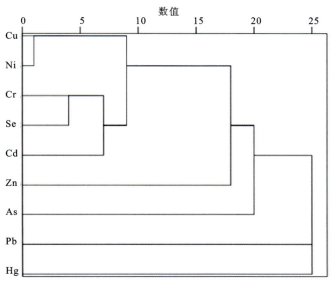

图6-14 鄂西山区土壤重金属元素聚类树状图

二、沿江平原区土壤镉物质来源

1. 基于土壤剖面分析的镉物质来源解析

土壤垂直剖面显示(图6-15),土壤Cd含量在50~200cm深度范围内,受人为影响较少,曲线呈现为向下平稳过渡趋势,土壤Cd含量变化幅度小;而在0~50cm深度范围内,表层土壤受洪水期冲洪积影响,则呈现为向上缓倾,土壤Cd含量变化幅度较大,其Cd含量呈较快的增加趋势。因此,沿江平原区受第四系冲洪积或堆积物混匀影响,在深部人为影响较小条件下,土壤Cd含量具有一定的稳定性,而在表层受土壤次生富集及人为因素等多重因素影响下,表层土壤Cd含量表现为显著增加。这反映沿江平原区表层土壤Cd累积一定程度上为第四系冲洪积及人为因素叠加影响造成的。

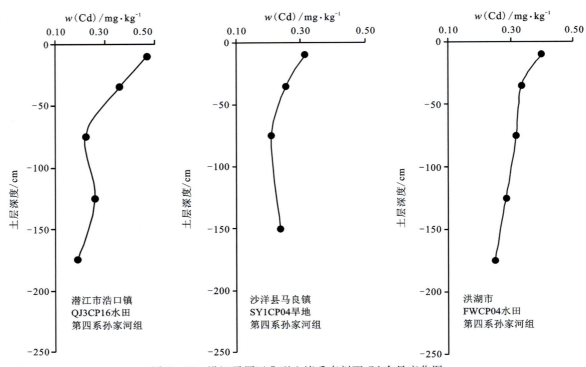

图6-15 沿江平原区典型土壤垂直剖面Cd含量变化图

2. 基于相关性分析法的镉物质来源解析

沿江平原区表层土壤中的元素相关性分析表明(表6-7),土壤中Cd与Cr、F、Mn、Mo、Ni、Se、Zn、TFe_2O_3、MgO和K_2O具有较好的相关性,其中Cd-Cr-Mo-Ni-Se的组合特征与冲积带内黑色碎屑岩

表6-7 沿江平原区土壤镉元素与其他指标相关系数

指标	相关性	指标	相关性	指标	相关性	指标	相关性	指标	相关性
As	0.197**	Cu	0.299**	Mn	0.342**	Pb	0.280**	TFe_2O_3	0.341**
B	-0.079**	F	0.418**	Mo	0.372**	S	0.131**	MgO	0.393**
Cl	-0.018**	Ge	0.176**	N	0.295**	Se	0.532**	CaO	0.178**
Co	0.264**	Hg	0.061**	Ni	0.464**	Zn	0.578**	Na_2O	-0.054**
Cr	0.390**	I	0.089**	P	0.227**	SiO_2	-0.403**	K_2O	0.425**

注:* 为在0.05水平(双侧)上显著相关,** 为在0.01水平(双侧)上显著相关。

系风化母质典型元素组合具有一致性,反映其为冲积带物质沉积分异的产物,即其对风化母质有高度依赖性。Cd-F-Zn-TFe$_2$O$_3$-MgO-K$_2$O组合反映出以生物植被及微生物酶环境为依托的特殊地球化学组成,依据江汉流域农业地质调查结果,其为典型的生物学富集。

3. 基于因子分析法的镉物质来源解析

通过对沿江平原区表层土壤中的8种重金属和Se进行因子分析,提取出3个主成分,总体上解释了9个指标全部方差的72.383%(表6-8、表6-9)。因子1中,主要反映土壤Ni、Cr、Cu、Se和Cd的组分信息,贡献率为34.497%,其荷载分别为0.909、0.867、0.723、0.554、0.484,元素间表现为强正相关关系,表明它们具有相似的来源。从元素组成特征来看,沿江平原区表层土壤成分属于典型的黑色岩系元素组合。说明因子1主要受到成土母质的影响。因子2中,主要反映土壤Pb、Zn和Cd的组分信息,贡献率为19.430%,其荷载分别为0.900、0.850、0.553,元素间表现为强正相关关系,表明它们具有相似的来源。研究表明,Pb、Zn主要来自汽车尾气的沉降,并且Pb是汽车尾气的标识元素;农业化学用品(除草剂、杀菌剂和杀虫剂等)中含有Cd元素,不合理施用会导致其在土壤中富集(艾建超等,2014);工业生产活动产生的三废(废水、废气、废渣)中含有大量的Hg、Cd和Pb,同时重金属在土壤中很难降解,长时间的输入使其在土壤

表6-8 沿江平原区土壤成分矩阵与旋转成分矩阵

元素	成分			旋转成分		
	1	2	3	1	2	3
As	0.534	0.749	−0.095	0.265	0.186	0.866
Cd	0.674	−0.140	0.258	0.484	0.553	0
Cr	0.811	−0.122	−0.334	0.867	0.104	0.144
Cu	0.637	−0.200	−0.286	0.723	0.060	0.017
Hg	0.191	0.897	−0.127	−0.051	−0.008	0.924
Ni	0.852	−0.173	−0.316	0.909	0.140	0.103
Pb	0.457	0.134	0.774	−0.018	0.900	0.125
Se	0.658	−0.118	0.066	0.554	0.378	0.046
Zn	0.423	0.607	−0.424	0.059	0.850	0.041

表6-9 沿江平原区土壤因子特征值分析

因子	初始特征值			提取平方和载入			旋转平方和载入		
	合计	方差/%	累积/%	合计	方差/%	累积/%	合计	方差/%	累积/%
1	3.944	43.826	43.826	3.944	43.826	43.826	3.105	34.497	34.497
2	1.512	16.801	60.628	1.512	16.801	60.628	1.749	19.430	53.927
3	1.058	11.755	72.383	1.058	11.755	72.383	1.661	18.456	72.383
4	0.835	9.276	81.659						
5	0.606	6.738	88.397						
6	0.465	5.170	93.567						
7	0.262	2.910	96.477						
8	0.220	2.439	98.916						
9	0.098	1.084	100.000						

中累积,导致含量升高。沿江平原区是武汉连接成都、重庆等西部地区的交通要道,交通网络发达;同时作为国家"中部粮仓",农业发展良好,多年来形成了种植业和养殖业的发展模式;此外,工业活动也在一定程度上影响着江汉平原土壤的安全性。因此,推断因子2为人为来源,主要受交通和工农业活动影响。

4. 基于聚类分析法的土壤重金属污染来源解析

通过对沿江平原区土壤中元素进行聚类分析(图6-16),Ni、Cr、Zn相关性显著,处于同一族群中,可能来源于成土母质,Cu、Cd、Se处于同一族群中,特别是Se与Cd相关性较好,指示可能具有相同的来源,区域上对应鄂西地区黑色岩系。Pb、As、Hg处于同一族群中,指示交通运输和工业生产活动来源。

综上所述,沿江平原区土壤镉元素主要受冲积带内黑色碎屑岩系成土母质(区域上鄂西黑色岩系)和工农业活动控制。

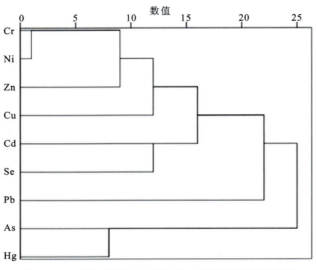

图6-16 沿江平原区土壤中重金属元素聚类树状图

三、鄂北岗地区土壤镉物质来源

1. 基于土壤剖面分析的镉物质来源解析

土壤垂直剖面显示(图6-17),第四系出露区土壤Cd含量在50～200cm深度范围内,受人为影响较少,曲线呈现为向下平稳过渡趋势,土壤Cd含量变化幅度小;而在0～50cm深度范围内,表层土壤受洪水期冲洪积影响,则呈现为向上缓倾,土壤中Cd含量变化幅度较大,其Cd含量呈现较快增加趋势。其余地区土壤Cd含量在50～200cm深度范围内,呈现向下平缓增加趋势,一定程度上反映出受人为活动影响较少,土壤中Cd含量变化表现为相对稳定和对成土母质的继承性;而在0～50cm浅层土壤中Cd含量曲线波动明显。土壤中Cd含量总体上表现为受成土母质和人类活动双重影响。

2. 基于相关性分析法的镉物质来源解析

鄂北岗地区表层土壤中的元素相关性分析表明(表6-10),土壤中Cd与Se、Zn、Cu、Ni、Mn具有较好的相关性,表明土壤中Se、Zn、Cu、Ni、Mn和Cd可能具有相似的来源。研究表明,土壤Cr元素受人类活动影响较小,主要受成土母质制约,结合该区土壤Cd元素空间分布可知其受成土母质控制明显。

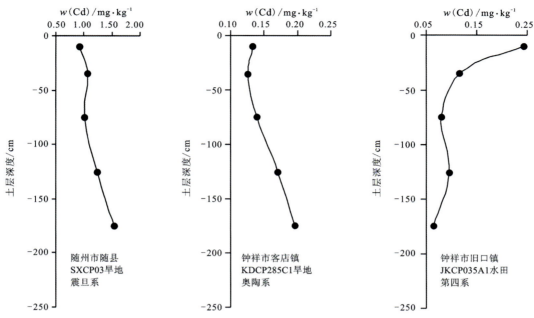

图 6-17 鄂北岗地区典型土壤垂直剖面 Cd 含量变化图

表 6-10 鄂北岗地区土壤镉元素与其他元素相关系数

指标	相关性	指标	相关性	指标	相关性	指标	相关性	指标	相关性
As	0.133**	F	0.201**	Mo	0.415**	S	0.139**	MgO	0.201**
Cl	−0.014**	Ge	−0.041**	N	0.199**	Se	0.601**	CaO	0.205**
Co	0.113**	Hg	0.091**	Ni	0.330**	Zn	0.573**	Na_2O	−0.018**
Cr	0.241**	I	0.057**	P	0.187**	SiO_2	−0.203**	K_2O	0.162**
Cu	0.373**	Mn	0.302**	Pb	0.321**	TFe_2O_3	0.113**		

注：* 为在 0.05 水平(双侧)上显著相关，** 为在 0.01 水平(双侧)上显著相关。

3. 基于因子分析法的镉物质来源解析

通过对鄂北岗地区表层土壤中的 8 种重金属和 Se 进行因子分析，提取出 3 个主成分，总体上解释了 9 个指标全部方差的 62.335%(表 6-11、表 6-12)。因子 1 中，主要反映土壤 Cd、Se、Zn 和 Cu 的组分

表 6-11 鄂北岗地区土壤成分矩阵与旋转成分矩阵

元素	成分			旋转成分		
	1	2	3	1	2	3
As	0.374	−0.045	0.752	−0.132	0.318	0.768
Cd	0.721	0.406	−0.261	0.841	0.152	0.153
Cr	0.634	−0.579	0.019	0.099	0.852	0.025
Cu	0.726	−0.215	−0.080	0.412	0.634	0.096
Hg	0.142	0.389	0.219	0.208	−0.189	0.375
Ni	0.715	−0.458	0.003	0.229	0.814	0.080
Pb	0.478	0.353	0.506	0.278	0.074	0.726
Se	0.652	0.352	−0.287	0.776	0.146	0.088
Zn	0.771	0.156	−0.175	0.694	0.378	0.158

表 6-12　鄂北岗地区土壤因子特征值分析

因子	初始特征值			提取平方和载入			旋转平方和载入		
	合计	方差/%	累积/%	合计	方差/%	累积/%	合计	方差/%	累积/%
1	3.369	37.434	37.434	3.369	37.434	37.434	2.161	24.011	24.011
2	1.183	13.141	50.575	1.183	13.141	50.575	2.120	23.556	47.568
3	1.058	11.759	62.335	1.058	11.759	62.335	1.329	14.767	62.335
4	0.953	10.592	72.927						
5	0.721	8.006	80.933						
6	0.575	6.389	87.322						
7	0.466	5.182	92.503						
8	0.358	3.978	96.482						
9	0.317	3.518	100.000						

信息,贡献率为24.011%,其荷载分别为0.841、0.776、0.694、0.412,元素间表现为强正相关关系,表明它们具有相似的来源。从元素组成特征来看,鄂北岗地区表层土壤成分具有黑色岩系元素组合特征。说明因子1主要受到成土母质的影响,推断因子1为自然源,受成土母质影响。因子2中,主要反映Cr、Ni和Cu的组分信息,贡献率为23.557%,其荷载分别为0.852、0.814、0.634,元素间表现为强正相关关系,同样反映为自然源,即受成土母质影响。因子3中,主要反映As和Pb的组分信息,贡献率为14.767%,其荷载分别为0.768、0.726,反映为交通运输和工业活动来源。

4. 基于聚类分析法的土壤重金属污染来源解析

通过对鄂北岗地区土壤中元素进行聚类分析(图6-18),Se、Cd、Cu、Zn相关性显著,处于同一族群中。研究发现,鄂北岗地区震旦系—寒武系风化形成的土壤中Cd元素含量明显高于其他地层,达到湖北省背景值的3～5倍,显示震旦系—寒武系镉含量较高的特征(杨军等,2017)。钟祥市某磷矿地表风化白云质磷块岩中Cd含量在0.30～0.80mg/kg之间,平均值为0.50mg/kg,深部原生白云质磷块岩中镉含量在0.14～0.36mg/kg之间,平均值为0.25mg/kg,地表风化磷矿Cd含量为深部原生磷矿Cd含量的2倍多(朱红军等,2007),指示本区Cd元素来自磷矿的风化。Cr、Ni处于同一族群,可能来源于成土母质。As、Pb、Hg处于同一族群,指示交通运输和工业生产活动来源。

综上所述,鄂北岗地区土壤Cd元素受成土母质和人类活动共同制约。

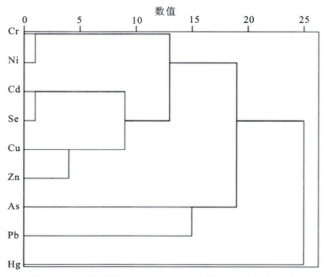

图 6-18　鄂北岗地区土壤中重金属元素聚类树状图

第三节 重金属元素生态效应

一、土壤重金属形态特征

土壤中重金属通过长期的物理、化学、生物等作用和活化平衡,可转化成生物的有效组分。土壤中重金属元素的迁移、转化及生态效应和环境影响程度,除了与土壤中重金属的含量有关外,还与重金属元素在土壤中的存在形态有很大关系。

重金属的活性态迁移是决定重金属生态环境效应的重要因素。土壤重金属形态是指重金属元素在环境中以某种离子或分子存在的实际形式,土壤中重金属存在的形态不同,其活性、生态效应及迁移特征也不同。土壤中的重金属元素与不同成分结合形成不同的化学形态,与土壤类型、土壤性质、污染来源与历史、环境条件等密切相关。各种形态量的多少反映了其土壤化学性质的差异,同时也影响其生物有效性。目前,土壤重金属的形态分级大多根据各自研究目的和对象来确定,主要可分为水溶态、离子交换态、碳酸盐结合态、腐殖酸结合态、铁锰结合态、强有机结合态、残渣态等 7 种形态(图 6-19)。

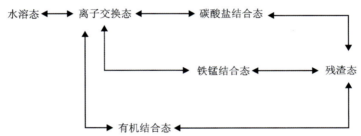

图 6-19 土壤重金属各形态之间的转化关系
注:有机结合态包括腐殖酸结合态和强有机结合态。

从生态环境影响来看,依据化学结合的稳定性和生物利用性,将形态分为易利用态、中等利用态和惰性态 3 类。把可直接被生物利用的水溶态和离子交换态作为生物直接利用态,将碳酸盐结合态划分为弱结合态(后者水解可释放出离子),将腐殖酸结合态和铁锰氧化物结合态划分为中等强度结合态,将很难释放出离子的强有机结合态与残渣态划分为强结合态,上述弱、中、强结合态分别界定为易利用态、中等利用态和惰性态。

(一)土壤重金属形态总体特征

土壤形态样品分析了 Cu、Pb、Zn、As、Cd、Hg 共 6 种重金属元素的 7 种形态,各元素形态特征值统计见表 6-13,各元素形态占比见图 6-20。

植物受重金属危害程度主要与土壤中可溶态和交换态重金属的含量多少有关。As、Cd、Hg、Pb、Cu、Zn 重金属元素可利用态(易利用态+中等利用态)综合比较,土壤重金属可利用态 Cd 的全量占比最高,达 77.73%,其余依次为可利用态 Pb 占比为 51.86%,可利用态 Cu 占比为 36.04%,可利用态 As 占比为 30.11%,可利用态 Zn 占比为 19.13%,可利用态 Hg 占比为 16.84%。各元素水溶态和离子交换态的全量占比以 Cd 最高,达 36.86%,反映出土壤 Cd 活性较强易从土壤中迁移到农作物中,这也是造成农产品 Cd 超标的根本原因之一。其余重金属元素水溶态和离子交换态在全量中占比较低(图 6-20)。

综上分析,认为土壤重金属元素易迁移规律表现为 Cd>Pb>Cu>As>Zn>Hg。

表 6-13 土壤重金属元素各形态含量对比表　　　　　　　　　　　　单位:mg/kg

形态		As	Cd	Hg	Pb	Cu	Zn
生物易利用态	水溶态	0.082 9	0.004 3	0.001 0	0.149 7	0.211 3	0.403 3
	离子交换态	0.026 5	0.152	0.000 9	0.580 7	0.193 3	1.042 6
	碳酸盐结合态	0.071 6	0.060 3	0.001 3	2.025 6	0.795 8	1.836 5
	小计	0.181 0	0.216 6	0.003 2	2.756 0	1.200 4	3.282 4
生物中等利用态	腐殖酸结合态	2.366 6	0.054 5	0.011 2	2.690 7	5.600 8	5.167 9
	铁锰结合态	0.796 2	0.058 6	0.002 3	10.427 5	4.505 7	8.381 0
	小计	3.162 8	0.113 1	0.013 5	13.118 2	10.106 5	13.548 9
生物惰性态	强有机结合态	0.053 0	0.019 4	0.016 9	0.638 3	0.736 3	4.179 6
	残渣态	7.708 0	0.075 1	0.065 6	14.096	19.336 7	66.983 6
	小计	7.761 0	0.094 5	0.082 5	14.734 3	20.073 0	71.163 2
全量		11.104 8	0.424 2	0.099 2	30.608 5	31.379 9	87.994 5

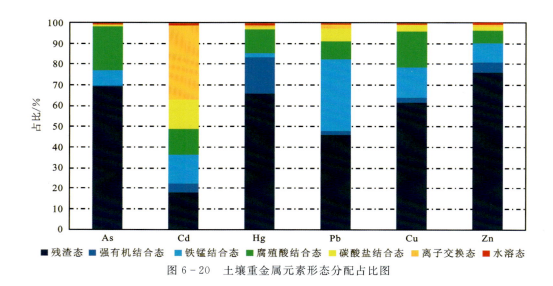

图 6-20　土壤重金属元素形态分配占比图

(二)不同区域土壤重金属形态特征

土壤 Cd、Hg 易利用态和中等利用态含量在鄂西山区均显著高于沿江平原区及鄂北岗地区;As、Cu 元素易利用态含量表现为沿江平原区与鄂北岗地区相当,但高于鄂西山区;Zn 易利用态含量在三大区域差别不大;Pb 元素易利用态含量表现为鄂北岗地区与鄂西山区相当,但高于江汉平原区(表 6-14)。除 Cd、Hg 元素外,其他元素中等利用态和残渣态含量在三大区域差别不大。

1. 沿江平原区

沿江平原区土壤重金属元素形态占比变化规律与全省相似,各元素水溶态和离子交换态的全量占比以 Cd 最高,达 30.04%,反映出沿江平原区土壤 Cd 的活性高于 As、Hg、Pb、Cu、Zn 重金属元素(表 6-15)。

沿江平原区重金属 Cd 水溶态和离子交换态平均含量占比低于鄂西山区和鄂北岗地区(图 6-21),反映出沿江平原区重金属 Cd 的活性比鄂西山区和鄂北岗地区低。沿江平原区土壤多为中性土壤和碱性土壤,中性、碱性土壤条件影响了沿江平原区土壤中重金属元素的活性。

表 6-14 各分区中土壤重金属元素和硒元素形态平均值   单位:mg/kg

形态		区域	As	Cd	Hg	Pb	Cu	Zn
易利用态	水溶态	沿江平原区	0.105 1	0.003 1	0.000 8	0.125 2	0.228 6	0.290 2
		鄂北岗地区	0.085 0	0.003 0	0.000 9	0.125 9	0.214 4	0.353 7
		鄂西山区	0.075 1	0.006 4	0.001 1	0.197 5	0.201 1	0.480 5
	离子交换态	沿江平原区	0.031 6	0.097 2	0.000 8	0.163 2	0.198 7	0.531 1
		鄂北岗地区	0.040 8	0.106 3	0.001 0	0.242 6	0.217 3	0.940 9
		鄂西山区	0.015 5	0.206 8	0.000 9	0.776 4	0.140 7	1.200 0
	碳酸盐结合态	沿江平原区	0.077 9	0.068 6	0.001 1	1.346 0	0.727 0	1.932 0
		鄂北岗地区	0.094 7	0.058 7	0.001 2	1.836 0	0.812 1	2.226 0
		鄂西山区	0.043 1	0.067 7	0.001 3	1.510 0	0.500 0	1.633 0
	小计	沿江平原区	0.214 6	0.168 9	0.002 7	1.634 4	1.154 3	2.753 3
		鄂北岗地区	0.220 5	0.168 0	0.003 1	2.204 5	1.243 8	3.520 6
		鄂西山区	0.133 7	0.280 9	0.003 3	2.483 9	0.841 8	3.313 5
中等利用态	铁锰结合态	沿江平原区	0.882 9	0.044 6	0.002 1	8.378 0	5.409 0	10.280 0
		鄂北岗地区	1.188 0	0.046 0	0.004 1	8.413 0	5.147 0	9.849 0
		鄂西山区	0.825 4	0.108 6	0.003 0	9.922 0	3.671 0	6.326 0
	腐殖酸结合态	沿江平原区	2.083 0	0.048 3	0.006 1	2.220 0	5.845 0	4.039 0
		鄂北岗地区	1.606 0	0.037 9	0.006 7	3.948 0	5.267 0	4.828 0
		鄂西山区	2.878 0	0.090 3	0.015 9	3.909 0	5.369 0	7.295 0
	小计	沿江平原区	2.965 9	0.092 9	0.008 2	10.598 0	11.254 0	14.319 0
		鄂北岗地区	2.794 0	0.083 9	0.010 8	12.361 0	10.414 0	14.677 0
		鄂西山区	3.703 4	0.198 9	0.018 9	13.831 0	9.040 0	13.621 0
惰性态	强有机结合态	沿江平原区	0.046 7	0.017 5	0.012 4	0.514 6	0.848 1	4.104 0
		鄂北岗地区	0.055 7	0.016 9	0.014 9	0.556 4	0.752 6	4.441 0
		鄂西山区	0.021 7	0.028 5	0.017 3	0.760 8	0.677 8	4.080 0
	残渣态	沿江平原区	7.472 0	0.054 6	0.040 3	12.970 0	19.120 0	68.140 0
		鄂北岗地区	8.040 0	0.054 2	0.041 1	14.690 0	19.340 0	65.420 0
		鄂西山区	8.134 0	0.120 7	0.079 2	15.290 0	21.200 0	69.420 0
	小计	沿江平原区	7.518 7	0.072 1	0.052 7	13.484 6	19.968 1	72.244 0
		鄂北岗地区	8.095 7	0.071 1	0.056 0	15.246 4	20.092 6	69.861 0
		鄂西山区	8.155 7	0.149 2	0.096 5	16.050 8	21.877 8	73.500 0

表 6-15 沿江平原区土壤重金属元素形态含量分配百分值($n=657$)   单位:%

形态	As	Cd	Hg	Pb	Cu	Zn
水溶态	0.98	0.93	1.26	0.49	0.71	0.33
离子可交换态	0.29	29.54	1.26	0.64	0.61	0.59
碳酸盐结合态	0.73	20.55	1.73	5.23	2.25	2.16

续表 6-15

形态	As	Cd	Hg	Pb	Cu	Zn
铁锰结合态	8.25	13.36	3.30	32.58	16.71	11.51
腐殖酸结合态	19.47	14.47	9.59	8.63	18.05	4.52
强有机结合态	0.44	5.24	19.50	2.00	2.62	4.60
残渣态	69.84	16.35	63.36	50.43	59.05	76.29

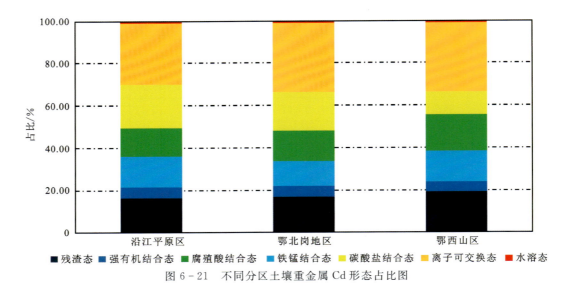

图 6-21　不同分区土壤重金属 Cd 形态占比图

2. 鄂北岗地-汉江夹道区

鄂北岗地-汉江夹道区土壤重金属元素形态占比变化规律与全省相似，各元素易利用态全量占比以 Cd 最高，为 52.01%，其他元素易利用态占比在 1.98%～7.39% 之间（表 6-16），反映鄂北岗地-汉江夹道区土壤 Cd 的活性高于 As、Hg、Pb、Cu、Zn 重金属元素，且土壤 Cd 易利用态占比高于沿江平原区和鄂西山区。

表 6-16　鄂北岗地-汉江夹道区土壤重金属元素形态含量分配百分值（$n=487$）　　单位：%

形态	As	Cd	Hg	Pb	Cu	Zn
水溶态	0.76	0.93	1.27	0.42	0.68	0.40
离子可交换态	0.37	32.91	1.41	0.81	0.68	1.07
碳酸盐结合态	0.85	18.17	1.70	6.16	2.56	2.53
铁锰结合态	10.69	14.52	5.80	28.22	16.21	11.19
腐殖酸结合态	14.46	11.46	9.48	13.24	16.59	5.48
强有机结合态	0.50	5.23	21.08	1.87	2.37	5.04
残渣态	72.37	16.78	59.26	49.28	60.91	74.29

鄂北岗地-汉江夹道区重金属 Cd 水溶态和离子交换态平均含量占比与鄂西山区相近，但高于沿江平原区（图 6-21），反映出鄂北岗地-汉江夹道区重金属 Cd 的活性比沿江平原区高，这一特性与鄂北岗地-汉江夹道区农产品重金属含量变化规律吻合。

3. 鄂西山区

鄂西山区土壤重金属元素形态占比变化规律与全省相似，各元素易利用态全量占比以 Cd 最高，为

44.66%，其他元素易利用态占比在1.12%～7.67%之间（表6-17），反映鄂西山区评价区土壤Cd的活性高于As、Hg、Pb、Cu、Zn重金属元素，且土壤Cd与鄂北岗地区相近，但高于沿江平原区。

表6-17　鄂西山区土壤重金属元素形态含量分配百分值（$n=306$）　　　　　单位：%

形态	As	Cd	Hg	Pb	Cu	Zn
水溶态	0.63	1.02	0.93	0.61	0.63	0.53
离子可交换态	0.13	32.88	0.76	2.40	0.44	1.33
碳酸盐结合态	0.36	10.76	1.10	4.66	1.58	1.81
铁锰结合态	6.88	17.26	2.53	30.66	11.56	6.99
腐殖酸结合态	24.00	14.36	13.39	12.08	16.91	8.07
强有机结合态	0.18	4.53	14.57	2.35	2.13	4.51
残渣态	67.82	19.19	66.72	47.24	66.75	76.76

鄂西山区重金属Cd水溶态和离子交换态平均含量占比与鄂北岗地-汉江夹道区相近，但高于沿江平原区（图6-21），反映出鄂西山区重金属Cd的活性比沿江平原区高，这一特性与鄂西山区农产品重金属含量变化规律吻合。

（三）影响土壤重金属元素形态特征的主要因素

土壤镉的迁移转化不仅与其在土壤中的总含量有关，还与其在土壤中的赋存形态相关。镉进入土壤后，通过溶解、凝聚、沉淀、络合吸附等各种作用，形成不同的化学形态，从而表现出不同的活性。离子状态和络合状态的镉易被植物吸收，生物活性高，危害大；而残留态稳定性强，活性小，不易迁移，毒性低。但是重金属元素在土壤中的赋存形态并不是永恒不变的，外界条件的变化可以使各种形态之间相互转化。一般情况下镉在pH较高，尤其是含有较多$CaCO_3$的碱性土壤中活性低，不易移动，而在酸性条件下则易迁移，毒性增强。不同土壤类型中重金属的化学形态分布特征不同，随着影响因素的变化，土壤重金属各形态之间会发生相应的转化。

1. 重金属全量与其形态的关系

土壤重金属形态分布与重金属元素自身特性有关，重金属全量与各形态相关系数的大小能反映土壤重金属负荷水平对重金属形态的影响。土壤重金属全量与各形态之间既有联系也有差异。表6-18显示As、Hg、Zn元素全量与残渣态具显著相关性，相关系数在0.9以上；土壤元素全量与各形态关系最密切的主要重金属元素为Cd、Pb、Cu，随着土壤全量的增加，重金属元素Cd、Pb、Cu各形态含量也相应增加。

表6-18　土壤重金属元素全量与形态相关系数表

元素	水溶态	离子交换态	碳酸盐结合态	铁锰结合态	腐殖酸结合态	强有机结合态	残渣态
As	-0.062	-0.178**	-0.186**	0.467**	0.383**	0.135**	0.917**
Cd	0.253**	0.588**	0.558**	0.760**	0.737**	0.540**	0.599**
Hg	-0.019	-0.022	0.136**	0.644**	0.531**	0.501**	0.973**
Pb	0.119**	0.335**	0.539**	0.501**	0.669**	0.521**	0.636**
Cu	0.182**	0.266**	0.279**	0.515**	0.565**	0.429**	0.766**
Zn	-0.010	-0.065	0.219**	0.144**	0.506**	0.623**	0.952**

注：** 在置信度（双测）为0.01时，相关性是显著的；* 在置信度（双测）为0.05时，相关性是显著的。

2. 土壤 pH 与形态的关系

重金属的形态分布与土壤的 pH 密切相关。pH 通过改变土壤中重金属吸附表面的稳定性、吸附位和存在形态等影响土壤中重金属的化学行为。相关分析研究表明，土壤中交换态重金属与 pH 呈极显著负相关，碳酸盐结合态、铁锰结合态、有机结合态重金属与 pH 呈正相关，不同土壤类型相关程度不同。pH 的升高使铁锰结合态重金属含量缓慢增加，当 pH 达到 6 以上时，含量随 pH 的升高而迅速增加，可能与土壤氧化铁锰胶体为两性胶体相关。当 pH 低于零点电荷时，胶体表面带正电，产生的专性吸附作用随产生正电荷的增加而减弱，从而对重金属离子的吸附能力减弱；当土壤 pH 升高至氧化物的零点电荷以上，胶体表面带负电荷，提高了对重金属的吸附能力（丁疆华等，2001）。土壤 pH 与重金属元素形态相关性分析结果显示（表 6-19），土壤中 Cd、Pb、Zn 元素离子交换态与 pH 呈极显著负相关，而 As、Cu 元素离子交换态与 pH 呈极显著正相关。随着土壤 pH 值的降低，土壤中碳酸盐结合态及中等利用态 Cd 元素会向离子交换态 Cd 转换，相应提高酸化区 Cd 元素的活性。

表 6-19　土壤 pH 值与重金属元素形态相关系数表

元素	水溶态	离子交换态	碳酸盐结合态	铁锰结合态	腐殖酸结合态	强有机结合态	残渣态
As	0.176**	0.643**	0.570**	−0.423**	0.208**	0.379**	0.130**
Cd	0.193**	−0.093*	0.540**	0.188**	0.291**	0.485**	0.381**
Hg	−0.086*	−0.007	−0.094*	−0.513**	−0.301**	−0.091*	−0.426**
Pb	−0.300**	−0.728**	−0.392**	−0.431**	0.066	−0.377**	−0.081*
Cu	0.069	0.347**	−0.093*	−0.095*	0.323**	−0.005	0.173**
Zn	−0.468**	−0.760**	0.382**	−0.391**	0.598**	−0.154**	0.129**

注：** 在置信度（双测）为 0.01 时，相关性是显著的；* 在置信度（双测）为 0.05 时，相关性是显著的。

沿江平原区土壤 pH 为 7.82，为中偏碱性土壤环境，鄂北岗地区土壤 pH 为 6.72，为中偏酸性土壤环境，鄂西山区土壤 pH 为 5.54，为酸性土壤环境，不同土壤酸碱度环境分区土壤 Cd 元素易利用态、中等利用态和惰性态含量及在全量占比不同（表 6-20）。土壤 Cd 惰性态占比变化规律为：酸性土壤环境条件下土壤 Cd 惰性态占全量的比例高于中性土壤环境，而中性土壤环境又高于碱性土壤环境；反之，鄂西山区土壤 Cd 可利用态占比低于鄂北岗地区和沿江平原区。以上说明，酸性土壤环境的鄂西山区土壤自然高 Cd 背景活性低于鄂北岗地区和沿江平原区，进一步证明了区内土壤酸性环境的鄂西山区土壤自然高 Cd 背景下土壤 Cd 活性毒性并不显著。同时，在不同酸碱度条件下，土壤中 Cd 的背景值高，Cd 的不同形态含量也高。不同酸碱度条件下，易利用态转化率在中偏碱性土壤中最高，在酸性土壤中最低；中等利用态和惰性态转化率受土壤酸碱度影响较小。

表 6-20　不同分区土壤酸碱度环境条件下 Cd 元素形态含量及占比统计表

分区		沿江平原区	鄂北岗地-汉江夹道区	鄂西山区
土壤酸碱性		中偏碱性	中偏酸性	酸性
易利用态	含量/mg·kg^{-1}	0.169 0	0.168 1	0.280 9
	占比/%	50.60	52.03	44.66
中等利用态	含量/mg·kg^{-1}	0.092 9	0.083 9	0.198 9
	占比/%	27.81	25.97	31.62
惰性态	含量/mg·kg^{-1}	0.072 1	0.071 1	0.149 2
	占比/%	21.59	22.00	23.72

3. 土壤有机碳含量与形态的关系

土壤有机质碳含量高低是影响重金属化学形态分布的又一重要因素。提高土壤有机质含量能够提高pH,同时增强土壤固相有机质对重金属元素的吸附能力,而且重金属可与有机产物形成难溶性沉淀,使可交换态重金属含量降低,重金属离子的活性降低,毒性减小。有研究表明,离子交换态和有机结合态重金属与有机质含量呈正相关,碳酸盐结合态重金属与有机质含量呈负相关,增加有机质可使碳酸盐结合态向有机结合态转化(刘霞等,2003)。土壤有机碳含量与重金属元素形态相关性分析结果显示(表6-21),土壤中As、Cu元素离子交换态与有机碳含量呈极显著负相关,而Cd、Pb、Zn元素离子交换态与pH呈极显著正相关。随着土壤有机碳含量的增高,土壤中离子交换态Cd和铁锰结合态Cd元素含量增加,表明随着有机碳含量的增加,土壤中易利用态Cd元素活性也增强。

表6-21 土壤有机碳含量与重金属元素形态相关系数表

元素	水溶态	离子交换态	碳酸盐结合态	铁锰结合态	腐殖酸结合态	强有机结合态	残渣态
As	-0.168**	-0.289**	-0.203**	0.367**	0.185**	0.003	0.024
Cd	-0.008	0.321**	-0.075	0.131**	0.035	-0.039	-0.084*
Hg	-0.018	-0.069	0.002	0.371**	0.279**	0.103**	0.503**
Pb	0.057	0.288**	0.399**	0.425**	0.152**	0.271**	0.119**
Cu	0.029	-0.090*	0.226**	0.420**	0.236**	0.326**	0.006
Zn	0.224**	0.299**	-0.083	0.221**	-0.020	0.448**	0.183**

注:**在置信度(双测)为0.01时,相关性是显著的;*在置信度(双测)为0.05时,相关性是显著的。

4. 外源重金属

重金属元素的化学形态随着外源重金属进入土壤会有不同的变化趋势。莫争等(2002)通过实验表明当外源重金属进入土壤后,可溶态重金属浓度快速下降;可交换态和碳酸盐结合态浓度先上升,但上升幅度很小,之后迅速下降;铁锰结合态重金属浓度先上升后下降;有机结合态重金属浓度一直呈上升趋势;残渣态重金属浓度无明显变化,各个形态的变化说明外源重金属进入土壤中后一直在不断变化,各个形态之间有一个动态转化过程。

5. 土壤类型

重金属在土壤中与不同的土壤组分相结合。在重金属污染土壤中,对重金属吸附能力强、比表面积较高的土壤组分优先吸附和固定重金属,主要为黏粒矿物、氧化物和腐殖质等土壤组分,细颗粒中分布较多,所以黏性较高的土壤重金属含量较高,为砂粒的数倍以上。一般黏重的土壤中交换态重金属含量较低,残留态含量较高,这主要是因为土壤黏粒带负电荷,可通过静电作用吸附阳离子。

二、土壤-农作物中重金属的迁移规律

(一)农作物籽实中重金属元素富集特征

农作物在生长过程中不断从土壤、水和大气中吸收养分和矿物质,不同农作物对土壤中养分和矿物质吸收能力是不同的。尽管土壤中元素的形态可以显著影响其生物有效性,但影响土壤元素形态的因素太多,涉及动态的物理化学过程,故这里引入生物富集系数概念,从而研究元素向农作物转化迁移及生态效应。

生物富集系数计算公式为：

$$\text{生物富集系数}(\%) = \text{植物中元素浓度} / \text{植物根系土中元素浓度} \times 100\% \qquad (6-1)$$

生物富集系数大，表明植物对其吸收能力强；生物富集系数小，则生物吸收能力弱。

以生物富集系数为主要研究内容，阐述茶叶、稻米、玉米、小麦、土豆、油菜、辣椒、萝卜、魔芋、大豆8类农作物对重金属元素的富集能力（图6-22）。

茶叶中具有较强富集性的重金属元素有Cu、Zn、Ni、Cd，生物富集系数在10%~30%之间，对Cu的富集能力最强，达47.50%，重金属元素在茶叶中的富集能力大小依次为Cu>Zn>Ni>Cd>Hg>Pb>Cr>As。尽管茶叶对重金属Cr元素的富集能力较小，仅为0.92%，但对比其他农作物来看，茶叶仍然是对Cr富集能力最高的，这与茶叶重金属超标主要由Cr元素引起的结论一致。

稻米对Zn和Cd的富集能力较强，富集系数分别为20.99%、11.35%，重金属元素在稻米中富集能力大小依次为Zn>Cd>Cu>Hg>As>Ni>Cr>Pb。这与稻米主要由重金属Cd元素超标引起的结论一致，其中Hg和As元素由于在土壤中的含量本身较低，且富集系数较小，引起的超标率也极低。

小麦对Zn的富集能力较强，富集系数为12.26%，重金属元素在小麦中富集能力大小依次为Zn>Cd>Cu>Hg>Ni>Pb>As>Cr。这与小麦主要为重金属Cd元素超标的结论一致。

玉米对Zn的富集能力较强，富集系数为21.33%，重金属元素在玉米中富集能力大小依次为Zn>Cu>Cd>Hg>Ni>As=Cr>Pb。这与玉米主要为重金属Cd元素超标的结论一致。

土豆对重金属元素的富集能力均较弱，富集系数最高的为Cd，仅为5.55%，重金属元素在土豆中富集能力大小依次为Cd>Zn>Cu>Hg>Ni>As=Cr=Pb。这与土豆总体超标率低，且主要为重金属Cd元素超标的结论一致。

油菜对Zn的富集能力较强，富集系数为44.57%，重金属元素在油菜中富集能力大小依次为Zn>Cd>Cu>Ni>Cr>Hg>As>Pb。这与油菜主要为重金属Cd、Cr元素超标的结论一致。

辣椒对Cd的富集能力较强，富集系数为9.23%，重金属元素在辣椒中富集能力大小依次为Cd>Cu>Zn>Ni>Hg>Cr>Pb>As。这与辣椒主要为重金属Cd元素超标的结论一致。

萝卜对重金属元素的富集能力均较弱，富集系数最高的为Cd，仅为4.01%，重金属元素在萝卜中富集能力大小依次为Cd>Zn>Cu>Hg>Ni>Pb=As=Cr。这与萝卜总体超标率低，且主要为重金属Cd元素超标的结论一致。

魔芋对重金属元素的富集能力均较弱，富集系数最高的为Zn，仅6.28%，重金属元素在魔芋中富集能力大小依次为Zn>Cd>Cu>Hg>Ni>Pb>As=Cr。这与魔芋主要为重金属Cd元素超标的结论一致。同时总体上魔芋的超标率较高，接近20%，主要是由于部分点位超标，与土壤超标具有很好的对应关系。

大豆中具有较强富集性的重金属元素有Cu、Zn、Cd，生物富集系数在20%~60%之间，重金属元素在大豆中富集能力大小依次为Cu>Zn>Cd>Ni>Hg>Cr>As>Pb。这与大豆主要为重金属Cd元素超标的结论一致。

（二）农作物不同部位重金属富集特征

1. 茶叶

同点采集茶树根、茎、叶及根系土样品，通过计算生物富集系数，茶树不同部位对不同重金属吸收和累积存在差异。从对比结果来看（图6-23），根部富集能力大小为Cd>Cu>Zn>Hg>Ni>Pb>Cr>As，茎富集能力大小为Cd>Cu>Zn>Ni>Pb>Hg>Cr>As，叶富集能力大小为Cu>Ni>Zn>Cd>Hg>Pb>Cr>As。在茶树生长周期内，As、Cd、Cr、Pb和Zn元素从根部→茎→叶，富集能力逐渐减弱，特别是Cd元素虽然在根系土中富集系数较高，但在叶中富集非常少，说明茶叶中Cd的生态安全性较好。

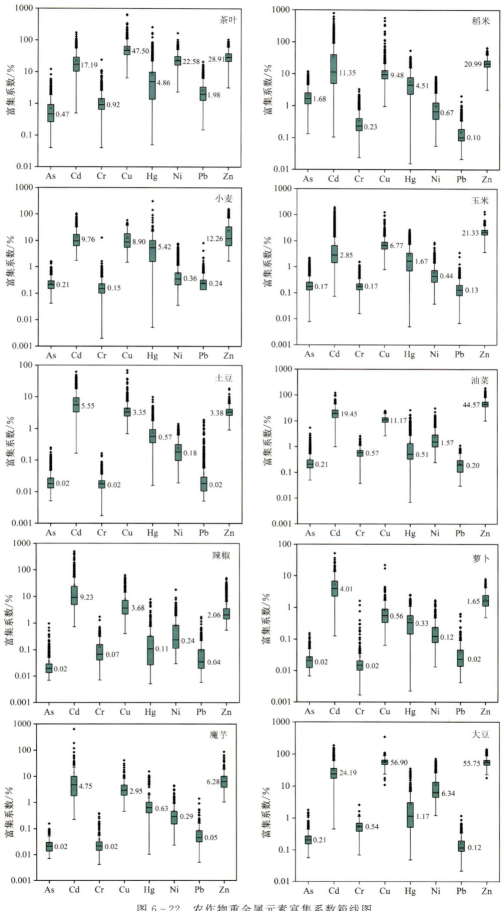

图 6-22 农作物重金属元素富集系数箱线图

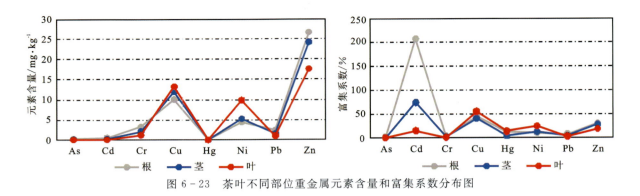

图 6-23 茶叶不同部位重金属元素含量和富集系数分布图

2. 水稻

同点采集水稻根、茎、叶、籽实及根系土样品，通过计算生物富集系数，水稻不同部位对不同重金属吸收和累积存在差异。从对比结果来看（图 6-24），根部富集能力大小为 As＞Cd＞Cu＞Hg＞Zn＞Pb＞Cr＞Ni，茎富集能力大小为 Zn＞Cu＞Hg＞Cd＞As＞Cr＞Ni＞Pb，叶富集能力大小为 Hg＞As＞Zn＞Cu＞Cr＞Cd＞Ni＞Pb，籽实富集能力大小为 Zn＞Cd＞Cu＞Hg＞As＞Ni＞Cr＞Pb。在水稻生长周期内，Cd 元素从根部→茎→叶→籽实，富集能力先减弱再增强，籽实中 Cd 的富集系数达到了 9.04%，即水稻中 Cd 的生态安全性差。

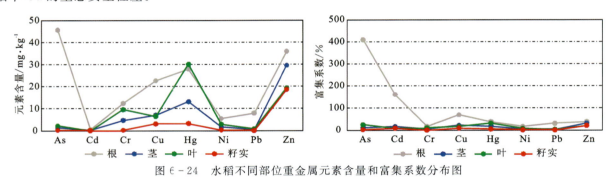

图 6-24 水稻不同部位重金属元素含量和富集系数分布图

3. 小麦

同点采集小麦根、茎、叶、籽实及根系土样品，通过计算生物富集系数，小麦不同部位对不同重金属吸收和累积亦存在差异。从对比结果来看（图 6-25），根部富集能力大小为 Cd＞Hg＞Cu＞Cr＞Ni＞Zn＞As＞Pb，茎富集能力大小为 Hg＞Cd＞Cu＞Zn＞Cr＞Ni＞Pb＞As，叶富集能力大小为 Hg＞Cd＞Cu＞Zn＞Pb＞As＞Cr＞Ni，籽实富集能力大小为 Zn＞Cu＞Cd＞Hg＞Ni＞Pb＞As＞Cr。在小麦生长周期内，Cd 元素的富集能力总体较高，尽管籽实中富集系数最低，但仍达到了 9.38%，即小麦中 Cd 的生态安全性差。

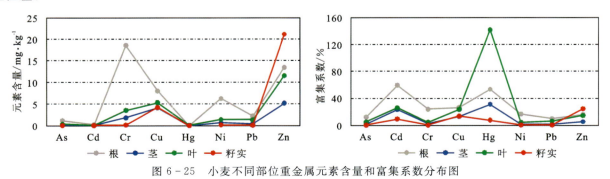

图 6-25 小麦不同部位重金属元素含量和富集系数分布图

(三)根系土壤与农作物中元素的相关性

以水稻、小麦和茶叶为研究对象,研究其籽实可食部分重金属元素与根系土中相应元素的相关性。农作物籽实与根系土中的元素均表现出一定的相关性(图 6-26),其中 Cd、Ni 与 Se 的相关性好。但也存在土壤环境影响农作物的吸收的情况,如一些农作物中元素与根系土呈负相关的情况,小麦表现得尤为突出,可能与小麦产地土壤呈中碱性有关。相关研究表明,在碱性条件下,土壤中 Cd 元素形成 $Cd(OH)_2$,难溶于水,且随着 pH 升高,土壤对 Cd 的吸附量逐渐增大,Cd 的生物有效性较低。

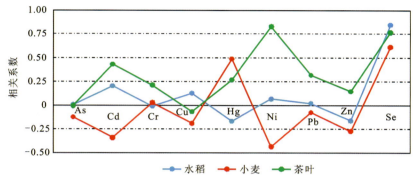

图 6-26 农作物样品与根系土相关系数折线图

水稻与根系土中元素 Se 的相关性达到 0.85,呈高度相关性,与 Cd 的相关性也达到了 0.20。茶叶与根系土中元素 Se 的相关性达到 0.77,与 Cd 的相关性为 0.43。

(四)根系土壤 Cd 含量变化对农产品 Cd 的吸收影响

以稻米为研究对象,对水稻根系土壤 Cd 浓度进行 5 个等级划分,从而研究不同根系土壤 Cd 浓度对农产品中 Cd 的吸收影响。根系土壤 Cd 不同浓度对应稻米中 Cd 的平均值见表 6-22。

表 6-22 根系土壤 Cd 不同含量条件下稻米中元素含量平均值 单位:mg/kg

元素	土壤 Cd 浓度范围值				
	≤0.3mg/kg	0.3~0.6mg/kg	0.6~1.0mg/kg	1.0~5.0mg/kg	>5.0mg/kg
Pb	0.038	0.045	0.034	0.039	0.034
Cd	0.092	0.073	0.196	0.439	0.319
Hg	0.005	0.004	0.004	0.003	0.002
As	0.165	0.171	0.140	0.119	0.092
Cr	0.408	0.378	0.400	0.406	0.867
Se	0.057	0.061	0.120	0.456	1.261
Co	0.017	0.014	0.015	0.016	0.014
Ni	0.417	0.325	0.284	0.309	0.514
Cu	3.871	4.192	3.863	2.460	2.276
Zn	19.123	19.064	17.973	17.229	17.693
Mo	0.581	0.778	0.940	1.937	3.653
Fe	8.790	10.164	7.438	6.941	5.191
Mn	20.756	16.460	14.488	12.887	11.874

续表6-22

元素	土壤Cd浓度范围值				
	≤0.3mg/kg	0.3~0.6mg/kg	0.6~1.0mg/kg	1.0~5.0mg/kg	>5.0mg/kg
Ca	0.010	0.009	0.009	0.009	0.012
K	0.189	0.177	0.157	0.165	0.159
Mg	0.078	0.074	0.066	0.066	0.068
P	0.217	0.208	0.191	0.194	0.200
S	0.118	0.119	0.116	0.112	0.127

稻米对Cd的吸收随着根系土壤中Cd含量变化而呈现出波动现象（表6-22），当土壤Cd范围值小于5.0mg/kg时，稻米对Cd的吸收随着Cd含量的增加而增加；当土壤Cd范围值大于5.0mg/kg时，稻米对Cd的吸收随着Cd含量的增加而降低。对稻米其他元素平均值进行变化分析，高Cd浓度土壤可进一步阻止稻米对Pb、Cd、Hg、As、Co、Cu、Fe、Mn、K、Mg、P的吸收。

第七章　农田土壤碳库及固碳潜力研究

2020年9月，习近平总书记在第七十五届联合国大会上宣布我国将于2030年和2060年分别实现碳达峰、碳中和，以应对全球气候变化。目前，耕地已成为第二大温室气体来源，但同时耕地碳汇具有极大的减排潜力和减排成本优势。耕地土壤碳库是陆地生态系统碳库的重要组成部分，耕地土壤受人类活动影响强烈，在全球土壤碳库中最为活跃，因此其土壤有机碳库的研究一直是碳循环的热点，同时也是全球变化、温室气体减排和粮食安全等问题研究的核心内容之一。在固碳减排目标的驱使下，耕地固碳潜力的研究也可为建立农业固碳和生产力稳定的长效机制提供可靠依据。

江汉平原是中国重要的商品粮生产基地之一，素有"鱼米之乡"和"江汉粮仓"之称，堪称中部地区的"黑土地"。本次研究选取江汉平原典型代表县——沙洋县作为研究区域，开展耕地土壤有机碳库的时空变化趋势、耕地土壤有机碳储量估算等方面的研究，采用最大值法、饱和值法评估预测研究区耕地土壤的固碳潜力。

第一节　研究区概况与研究方法技术

一、研究数据来源

研究数据主要来自湖北省江汉流域经济区1∶25万多目标区域地球化学调查项目以及湖北省沙洋县土地质量地球化学评价项目的耕地土壤质量数据集，包含样点经度和纬度、土壤类型、土地利用类型、有机碳含量、容重、pH、养分元素（氮、磷、钾）含量等指标，包括2017—2018年的11 535件表层土壤样、133件垂直剖面土壤样及2004年的496件表层土壤样。

最小统计单元为沙洋县第三次全国国土调查的土地利用现状图的耕地图斑。

二、研究区域概况

沙洋县地处江汉平原西北部，汉江下游，东临汉江，与钟祥市、天门市隔江相望；西濒漳水，与当阳市、远安县毗邻；南滨长湖，与荆州市、潜江市交界；北靠荆山余脉，与东宝区、掇刀区接壤。地处东经111°51′—112°42′，北纬30°23′—30°55′，境内东西最大横距62.4km，南北最大纵距59.2km，国土总面积达2 146.37km²。沙洋县境内交通便利，207国道、汉宜公路、荆潜一级公路、荆沙铁路、襄荆高速公路贯穿全县。黄金水道汉江、江汉航线以及"引江济汉"工程在这里相汇，使沙洋县成为江汉平原水陆运输的重要枢纽。作为全国重要的商品粮、棉、油和水产品生产基地，沙洋县连续8年在"三农"综合考评中位列全省十强，拥有"全国粮食生产先进县""全国油菜籽加工强县""中国菜籽油之乡""全国生猪调出大县"等荣誉称号。

沙洋县耕地面积为1 271.73km²，占沙洋县国土面积的60%左右，耕地土地利用类型分为水田、旱地、水浇地3个类型。其中，水田面积为1 031.87km²，占耕地面积的81.14%；旱地面积为225.23km²，占比为17.71%，主要分布于汉江西岸；水浇地面积为14.63km²，占比为1.15%（图7-1）。全县耕地的土壤划分为紫色土、黄棕壤、潮土、水稻土4个土类，其中水稻土广泛分布于全县，面积为1 024.13km²，潮土主要分布于汉江沿岸，面积为190.30km²，黄棕壤和酸性紫色土面积较少，可忽略不计（图7-2）。

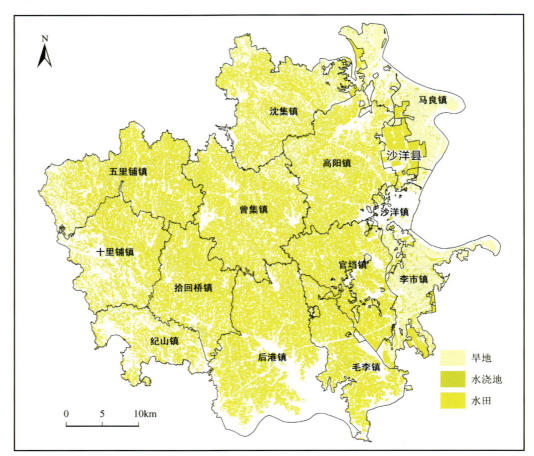

图7-1 沙洋县耕地土地利用类型现状分布图

三、技术方法

（一）概念术语

土壤有机碳含量（SOC）：单位质量土壤中的有机碳质量，单位一般为%或g/kg。土壤中有机碳的含量大概占到有机质含量的55%～65%，因此国际上大都将58%作为碳含量的转换系数。本研究中有机碳含量的计算采用这个转化系数。

土壤容重（ρ_i）：单位体积内土壤质量，单位一般为g/cm³或t/km³。计算土壤碳库通常使用干容重，即单位体积土壤干重。

土壤有机碳密度（SOCD）：一定厚度下单位面积土层中的碳储量（质量），单位一般为kg/m²。

土壤有机碳丰度指数（AI，或AISOC）：有机碳在不同类型土壤中的分布特征，反映有机碳在不同类型土壤中存储能力的高低，单位一般为%。

土壤有机碳储量（SOCR）：一定面积内一定深度土壤的碳质量，单位一般为Tg（$1Tg=10^{12}g$）。

土壤有机碳固碳潜力（SOCP）：当前环境条件（气候地形、母质条件等）和人为干预（土地利用方式等）

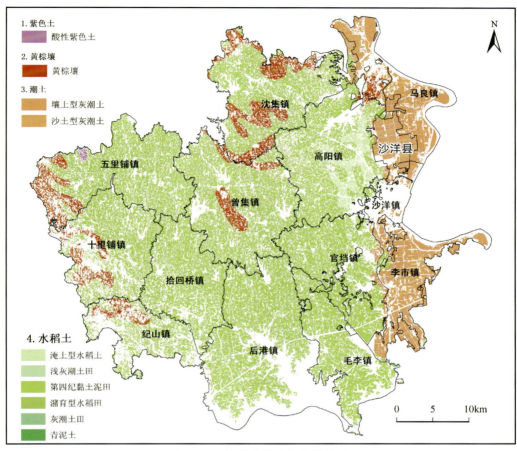

图 7-2 沙洋县耕地土壤类型图

的情况下,土壤有机碳从现有状态达到一个新的稳定状态时的差值。

(二)土壤有机碳密度和丰度的计算

有机碳密度国际上通常指土壤剖面深度为 1m,每平方米土体中所含有机碳的质量,单位为 kg/m^2,不同土体层次的计算公式如下:

$$\text{SOCD}_i = \frac{(1-\theta_i) \times \rho_i \times C_i \times T_i}{100} \tag{7-1}$$

如果土体由 n 层组成,则总 SOCD 为各层 SOCD 的累加和。

$$\text{SOCD} = \sum_{i=1}^{n} \frac{(1-\theta_i) \times \rho_i \times C_i \times T_i}{100} \tag{7-2}$$

其中:SOCD 表示土壤剖面的 SOCD(kg/m^2);θ_i 为第 i 层超过 2mm 砾石含量(体积百分数,%);ρ_i 为第 i 层土壤容重(g/cm^3);C_i 为第 i 层有机碳浓度(g/kg);T_i 为第 i 层土层厚度。本次研究主要计算耕层(0~20cm)的土壤有机碳密度($\text{SOCD}_{0\sim20}$),由于研究区域在平原地区,其砾石含量可记为零。

土壤有机碳丰度指数计算公式如下:

$$\text{AI} = \frac{R_{oc}}{R_{area}} \times 100\% \tag{7-3}$$

其中:R_{oc} 为某类型有机碳储量占总储量的百分比(%);R_{area} 表示某类型土壤面积占总面积的百分比(%)。

(三)土壤有机碳储量的计算

土壤有机碳储量(SOCR)的估算是按照土壤类型法进行的。根据土壤有机碳数据计算分类单位的

SOCR,再根据沙洋县耕地土壤类型分布图和土地利用现状图统计农田中各类型土壤的耕地面积,得到沙洋县耕地土壤有机碳储量。由于有机碳累计的影响因素既有人为因素也有环境因素,而相同类型土壤多具有相同的环境因素。以土壤类型作为有机碳估算的基本单位,能尽可能减少环境因素对 SOCR 的影响。

(四)土壤固碳潜力的计算

本研究主要通过最大值法和饱和值法确定研究区的土壤固碳潜力。

最大值法:以土壤属性为统计单元,使每个土壤类型样点都达到有机碳含量中的最高水平,即从沙洋县土地质量地球化学评价土壤表层有机碳数据中筛选出同一种土壤类型 $SOCD_{0\sim20}$ 最高值作为该土类的固碳限值,首先去掉累计频率大于 99.5% 所对应的土壤有机碳含量数值,然后将去掉极值以后的最大值作为该土壤类型中有机碳含量的最大值。每个实测数据与最大值之差为该点的有机碳潜力增量,计算得出该土壤类型的表层土壤平均有机碳密度潜力增量,依据各土壤类型所占耕地面积,计算该类型耕层土壤有机碳储量的潜力增量。

饱和值法:本方法的土壤固碳潜力是指通过确定同一土壤类型不同土地利用方式土壤有机碳的饱和水平减去现有状态的值。以 2004 年多目标区域地球化学调查有机碳数据为初始有机碳密度,土壤有机碳密度变化量为 2017—2018 年与 2004 年对应地理位置有机碳密度的差值,以沙洋县不同土壤类型耕地土壤初始有机碳密度与变化量建立二者之间的拟合关系曲线。在此曲线上,土壤碳密度变化量为零时所对应的土壤碳密度即为同一土壤类型的土壤碳库达到饱和水平。该饱和水平的有机碳密度成为该土壤类型下有机碳密度的饱和值,将现有有机碳密度平均值和饱和值之差视为该土壤类型的固碳潜力。如果当前土壤有机碳密度低于该值,就意味着土壤有机碳密度处于上升的趋势,土壤固碳潜力较大;如果当前土壤有机碳密度高于该值,则意味着土壤有机碳密度处于下降的趋势,土壤固碳潜力较小。

(五)数据处理

数据的数理统计主要采用 Microsoft Excel、IBM SPSS Statistics 19.0 软件,分别计算平均值、标准差、变异系数等,进行相关性分析。数据处理和插值图制作主要采用 ArcGIS 10.2,对有机碳密度、碳储量和固碳潜力进行克里金插值处理,利用的主要功能模块有 Geostatistical Analyst、Spatial Analyst、叠加分析等,对等值线的绘制、空间插值以及栅格土层的叠加等工作发挥了重要作用,采取"三调"沙洋县土地利用现状图的耕地图斑。

第二节 耕地土壤有机碳库与时空分布特征

一、耕地土壤有机碳的时空变化

(一)耕层土壤有机碳密度分布现状

根据沙洋县土地质量地球化学评价数据,对沙洋县耕地主要土壤类型的耕层(0~20cm)SOCD 进行统计分析(表 7-1)。沙洋耕层土壤有机碳密度分布在 0.13~10.87kg/m² 之间,平均值为 4.25kg/m²,变异系数为 33.64%。

不同土壤类型耕层土壤有机碳密度含量次序为水稻土＞潮土＞黄棕壤,其平均值分别为 4.46kg/m²、3.12kg/m²、2.55kg/m²;从变异系数来看,水稻土和潮土较为接近,均在 30% 左右,而黄棕壤偏高一些,接近40%。为了探讨不同土壤类型耕层土壤有机碳密度的差异性,分别对3种土壤类型的数据进行独立样本T检验。检验结果表明,水稻土和潮土、潮土和黄棕壤、水稻土和黄棕壤之间均存在显著性差异(表7-2),即潮土和黄棕壤的有机碳密度显著低于水稻土。因此,在实施农田土壤增碳措施时,潮土和黄棕壤的耕地土壤是重点调控对象。

表7-1 沙洋县不同土壤类型耕层土壤有机碳密度统计特征

耕地土壤类型	样本数 件	最小值 kg/m²	最大值 kg/m²	平均值 kg/m²	标准差 kg/m²	变异系数 %
水稻土	9819	0.13	10.87	4.46	1.39	31.07
潮土	1423	0.42	10.29	3.12	0.96	30.86
黄棕壤	293	0.51	8.22	2.55	0.97	38.12
合计	11 535	0.13	10.87	4.25	1.43	33.64

表7-2 沙洋县不同土壤类型耕层土壤有机碳密度检验结果统计表

项目		方差方程的Levene检验		均值方程的T检验					
		组间方差比 F	显著性 Sig.	显著性检验值 t	自由度	显著性(双侧) Sig.	平均值差值	标准误差值	差分的95%置信区间	
									下限	上限
水稻土-潮土	假设方差相等	269.151	0.000	35.394	11 240	0.000	1.346	0.038	1.272	1.421
	假设方差不相等			46.267	2 376.413	0.000	1.346	0.029	1.289	1.403
水稻土-黄棕壤	假设方差相等	59.348	0.000	23.42	10 110	0.082	1.912	0.082	1.752	2.072
	假设方差不相等			32.659	328.46	0.059	1.912	0.059	1.797	2.027
潮土-黄棕壤	假设方差相等	0.001	0.974	9.146	1714	0.000	0.566	0.062	0.444	0.687
	假设方差不相等			9.079	417.962	0.000	0.566	0.062	0.443	0.688

从地理位置空间分布来看,沙洋县耕层土壤有机碳密度呈现西高东低的分布特征,南部后港镇和毛李镇有机碳密度含量较高,汉江沿岸潮土分布区有机碳密度较低(图7-3)。

(二)耕地土壤有机碳含量垂向分布特征

沙洋县共采集38个土壤垂直剖面,其中水稻土剖面24个,潮土剖面8个,黄棕壤剖面6个。按照土壤剖面各发育层次深度的平均值,将水稻土剖面划分为0~20cm、20~50cm、50~60cm、60~70cm、70~80cm、80~100cm,潮土和黄棕壤剖面统一划分为0~20cm、20~50cm、50~100cm。分别对不同厚度的土层有机碳含量进行统计分析,发现3种土壤类型有机碳的含量水平与剖面深度之间服从指数分布(图7-4),相关性(R^2)均在80%以上。这说明不论哪种土壤类型,其土壤的有机碳含量均以指数函数形式由地表向土壤深部逐步减少。具体表现在:土层深度为0~20cm时,土壤有机碳含量最高;土层深度为20~50cm时,水稻土、潮土和黄棕壤的有机碳含量急剧下降,分别下降了59.8%、49.5%、17.0%,水稻土的有机碳含量下降幅度最大,且在0~20cm和20~50cm土体的有机碳含量差异性明显大于潮土和黄棕壤,说明其耕层土壤有机碳累积效应要优于其他两种土壤类型。

(三)近15年耕层土壤有机碳密度变化趋势

总体来看,通过将2004年开展的多目标区域地球化学调查数据与2017—2018年开展的沙洋县土地

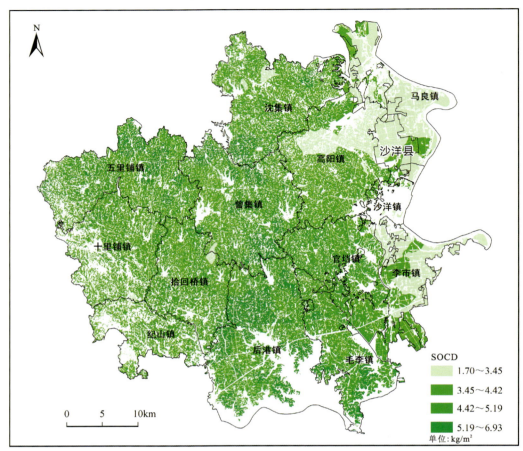

图 7-3 沙洋县耕层土壤有机碳密度空间分布现状图

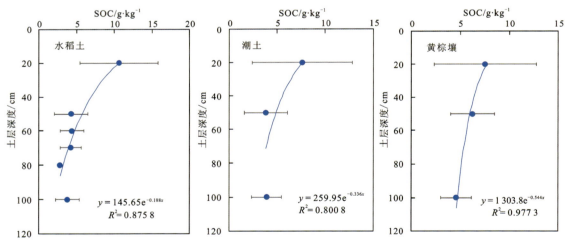

图 7-4 沙洋县不同土壤类型耕地土壤剖面有机碳含量垂向分布

质量地球化学调查有机碳数据进行分析处理，耕层土壤有机碳密度平均水平由 3.69kg/m² 上升为 4.25kg/m²，这 15 年增加了 15.18%（表 7-3）。不同土壤类型的有机碳密度增减趋势有所不同，除黄棕壤的有机碳密度大幅下降以外，其他两类土壤类型的有机碳密度均有所增加，特别是水稻土的增加幅度最大，达 17.37%。

为了对这 15 年沙洋县耕层土壤有机碳密度的变化程度有更直观的了解，利用沙洋县耕层土壤有机碳密度变化值进行插值分析（图 7-5）。结果显示，沙洋县耕层土壤有机碳密度在不同区域变化趋势不同，整体上有增有减，其比值大约为 5∶1。耕层土壤有机碳密度降低的耕地主要分布于沙洋县东北部，特别是沙洋县城区、高阳镇和沈集镇近 70% 区域下降幅度较大，减少了 0.5~2.7kg/m²。其他区域有机碳密度均有不同程度的增加,其中西南部后港镇、拾回桥镇和纪山镇一带的耕地增加了 1.5～3.5 kg/m², 面积约为 50 km²; 有 56.6% 的耕地有机碳密度增加了 0.5～1.5 kg/m²。通过与沙洋县土地利用类型现状图对比发现,有机碳增长幅度较大的区域基本为水田,增长幅度较小的区域为汉江沿岸的旱地。

表 7-3　2001 年至 2018 年沙洋县耕层土壤有机碳变化情况统计

土壤类型	2004 年有机碳密度 kg/m²	2018 年有机碳密度 kg/m²	密度变化值 kg/m²	密度变化幅度 %	储量变化值 Tg
水稻土	3.80	4.46	0.66	17.37	0.68
潮土	2.96	3.12	0.16	5.41	0.03
黄棕壤	3.78	2.55	−1.23	−32.54	−0.07
合计	3.69	4.25	0.56	15.18	0.64

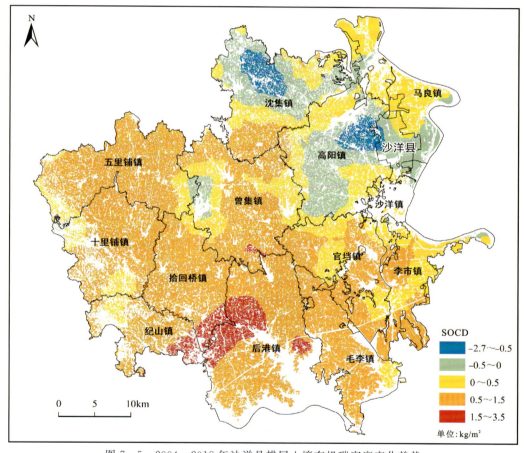

图 7-5　2004—2018 年沙洋县耕层土壤有机碳密度变化趋势

二、耕层土壤有机碳储量的时空分布

沙洋县耕地面积为 1 271.73 km², 耕层土壤有机碳储量约为 5.31 Tg。不同土壤类型的耕层土壤碳储量由高到低排序(表 7-4)为水稻土＞潮土＞黄棕壤,与土壤有机碳密度和有机碳含量的排序一致。水稻土有机碳储量达到了 4.57 Tg,这与其在沙洋县耕地面积占比接近。从土地利用类型来看,水田有机碳储量为 4.65 Tg,水田基本为水稻土,多分布于侵蚀性堆积岗地区域,耕层长期处于淹水条件,土壤还原性强,且受人为灌溉控制降低了气候对土壤形成的影响,有机碳分解较慢,较易储存有机碳。旱地有机碳储量为 0.69 Tg,略低于全县旱地占耕地的比重(17.71%)。水浇地有机碳储量仅为 0.05 Tg(表 7-5)。

表 7-4 沙洋县耕地不同土壤类型耕层土壤有机碳库分布现状

土壤类型	面积 km²	有机碳含量 g/kg	有机碳密度 kg/m²	有机碳储量 Tg	有机碳丰度指数 %
水稻土	1 024.13	16.68	4.46	4.57	105.05
潮土	190.30	10.40	3.12	0.59	73.37
黄棕壤	57.30	10.05	2.55	0.15	60.06
合计	1 271.73	15.73	4.17	5.31	—

表 7-5 沙洋县耕地不同土地利用类型耕层土壤有机碳库分布现状

土地利用类型	面积 km²	有机碳含量 g/kg	有机碳密度 kg/m²	有机碳储量 Tg	有机碳丰度指数 %
水田	1 031.87	16.79	4.50	4.65	105.93
旱地	225.23	10.82	3.08	0.69	72.51
水浇地	14.63	11.19	3.20	0.05	75.39

为了定量反映土壤储碳能力,本次研究计算了不同土壤类型和土地利用类型耕层土壤的有机碳丰度指数(AI)。以水稻土为主的水田有机碳丰度指数(105.93%)明显高于旱地和水浇地,且是唯一超过100%的类型,说明水田有机碳储存能力最强。有机碳丰度指数最低(72.51%)为旱地,可能与水热环境、农田管理耕作方式有关,储碳能力较弱。从不同土壤类型来看,水稻土有机碳丰度指数(105.05%)最高,黄棕壤(60.06%)最低,因此黄棕壤是农田增碳措施的重点实施对象。

沙洋县耕层土壤碳储量较高的区域主要分布于县域中部、东南部以及县中心城区,碳储量低值区分布于县域西部边界、东部区域,各乡镇的碳储量分布有高有低(图 7-6)。各乡镇碳储量的多少主要取决于

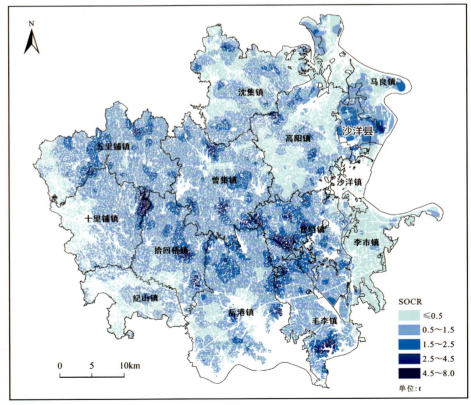

图 7-6 沙洋县耕层土壤有机碳储量空间分布现状图

耕地的面积(表7-6),其中面积最大的是后港镇,碳储量达到了0.75Tg,占总碳储量接近14%,其次为曾集镇和五里铺镇,碳储量均在0.60Tg以上。全县耕地面积最小的是沙洋镇,碳储量仅为0.13Tg。当然,有机碳密度也对有机碳储量产生一定影响,官垱镇耕地面积小于高阳镇面积,但其有机碳密度($4.54kg/m^2$)水平要高于高阳镇($3.57kg/m^2$),有机碳储量(0.52Tg)则高于高阳镇(0.45Tg)。地质背景主要为汉江冲积层的马良镇、沙洋镇、李市镇等,碳储量较低,合计仅为0.59Tg,占比为10%左右,有机质流失严重。

表7-6 沙洋县各乡镇耕层土壤有机碳密度和储量分布

乡镇名称	面积/km²	有机碳密度平均值/kg·m⁻²				有机碳储量/Tg
		汇总	水田	旱地	水浇地	
沙洋镇	44.47	2.85	4.02	2.36	2.34	0.13
后港镇	146.47	5.09	5.12	3.77	4.19	0.75
曾集镇	137.43	4.72	4.76	3.65	4.18	0.65
五里铺镇	130.01	4.69	4.86	3.30	2.68	0.61
沈集镇	122.41	4.41	4.68	3.24		0.54
官垱镇	113.93	4.54	4.58	3.36	2.68	0.52
高阳镇	125.34	3.57	3.69	2.78		0.45
毛李镇	87.08	4.74	4.76	3.21		0.41
拾回桥镇	93.78	4.37	4.41	3.09	3.64	0.41
十里铺镇	87.74	4.12	4.28	3.06	3.33	0.36
李市镇	64.40	3.51	4.40	3.22	3.15	0.23
马良镇	74.19	3.11	3.72	3.01	3.52	0.23
纪山镇	44.48	4.22	4.39	3.00	3.18	0.19

第三节 耕地土壤固碳潜力估算

一、最大值法估算结果

各土壤类型有机碳含量最大值范围为5.18~7.82kg/m²(表7-7),平均有机碳密度增长潜力最大的是水稻土($3.35kg/m^2$),其次是潮土($2.97kg/m^2$),最小为黄棕壤($2.63kg/m^2$)。根据各土壤类型有机碳密度最大值法估算,沙洋县耕层土壤有机碳储量增加潜力为4.15Tg,主要集中在水稻土,增长潜力为3.43Tg,占总潜力的82.65%。

表7-7 沙洋县不同土壤类型耕层土壤固碳潜力(最大值法估算)

土壤类型	面积 km²	最大有机碳密度平均值 kg/m²	有机碳密度增量 kg/m²	固碳潜力 Tg
水稻土	1 024.13	7.82	3.35	3.43
潮土	190.30	6.09	2.97	0.57
黄棕壤	57.30	5.18	2.63	0.15
合计	1 271.73	—	—	4.15

二、饱和值法估算结果

根据统计的 2004—2018 年沙洋县有机碳密度演变趋势可知,整体上沙洋县耕层土壤有机碳密度呈上升趋势,虽然 15 年间有所增加,但是有机碳密度和储量必定有一个最大限值。本次研究基于多目标区域地球化学调查和沙洋县土地质量地球化学调查两期数据,得出沙洋县不同土壤类型区域地球化学调查有机碳密度与两期变化之间的关系方程(表 7-8,图 7-7),$y=0$ 的取值对应土壤有机碳密度饱和值。不同土壤类型的有机碳密度饱和值不同,排序为黄棕壤($4.58kg/m^2$)>水稻土($4.47kg/m^2$)>潮土($3.22kg/m^2$)。有机碳密度增量最大的也是黄棕壤($2.03kg/m^2$),说明在目前的耕作措施下,黄棕壤将是一个大的碳汇。潮土和水稻土也有相同的规律,不过水稻土几乎已经达到了有机碳密度的饱和水平,其固碳潜力较弱,可能会成为大气二氧化碳的源。因此,黄棕壤有机碳储量的固碳潜力增量最大,为 0.12Tg;水稻土由于有机碳密度基本没有增长趋势,其固碳潜力仅为 0.01Tg。

表 7-8 沙洋县不同土壤类型耕层土壤固碳潜力(饱和值法估算)

土壤类型	面积	有机碳密度饱和值	当前有机碳密度	有机碳密度增量	固碳潜力
	km²	kg/m²	kg/m²	kg/m²	Tg
水稻土	1 024.13	4.47	4.46	0.01	0.01
潮土	190.30	3.22	3.12	0.10	0.02
黄棕壤	57.30	4.58	2.55	2.03	0.12
合计	1 271.73	—	—	—	0.15

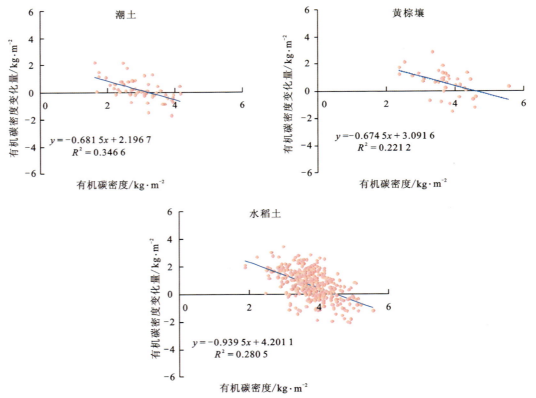

图 7-7 沙洋县耕层土壤有机碳密度变化拟合关系曲线

从沙洋县耕层土壤有机碳固碳潜力的空间分布来看,有机碳密度和储量增长潜力均呈现东部高西部低的状态(图7-8、图7-9)。沙洋县耕层土壤有机碳密度增长潜力较大的地区分布于沙洋镇、高阳镇、马良镇和李市镇,增长潜力在0.72kg/m²以上;有机碳密度无增长潜力的乡镇主要是后港镇,已经超过饱和水平0.62kg/m²。

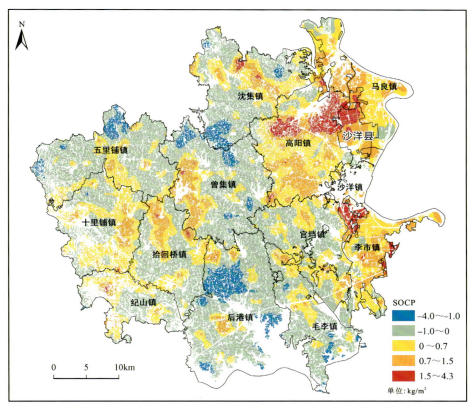

图7-8 沙洋县耕层土壤有机碳密度固碳潜力分布图

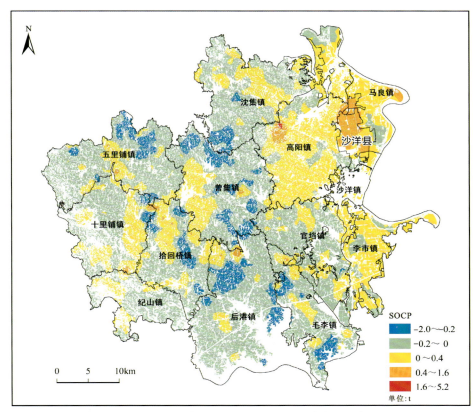

图7-9 沙洋县耕层土壤有机碳储量固碳潜力分布图

经统计,当沙洋县耕层土壤有机碳达到饱和时,耕层土壤有机碳储量为 5.46Tg,可以增加固碳 0.15Tg。沙洋镇、李市镇、马良镇、高阳镇有机碳储量有较高的增长潜力(图 7-9),分别为 0.06Tg、0.03Tg、0.03Tg、0.11Tg;十里铺镇和拾回桥镇基本无有机碳储量增长潜力;其他乡镇有机碳储量的增长潜力为负值。

三、结果对比

采用最大值法和饱和值法估算的沙洋县耕层土壤有机碳储量潜力分别为 4.15Tg、0.15Tg,两者之间的差异较为明显。不同土壤类型的耕层土壤固碳潜力也呈现较大差别,最大值法估算的水稻土固碳潜力最大,黄棕壤固碳潜力最小;饱和值法与之相反,黄棕壤的固碳潜力较大。最大值法能方便、快捷、粗略地估算土壤固碳潜力,故当前土壤理想固碳潜力的估算多应用此方法。由于形成每种土壤的自然条件、环境因素、耕作管理方式等属性各不相同,不可能所有土样都能达到该土类的有机碳含量最高水平,所以最大值法求得的潜力是一种理论值,相比而言,饱和值法测算的固碳潜力更具实际意义。

第八章　耕地质量综合评价方法研究

当前,国内主要从两个角度开展耕地质量评价工作:一是耕地地球化学质量评价;二是农用地分等定级。耕地地球化学质量评价侧重于土壤化学元素丰缺的考虑,主要反映土壤的化学属性,可以直观了解土壤肥力及污染状况。农用地分等定级侧重于土壤物理性指标的考虑,反映土壤的物理属性,例如有效土层厚度、土壤质地和地形坡度等,同时还考虑土地利用水平和经济条件水平。这两项基础工作从不同角度对农用地的质量及分布状况进行了研究,但两者目的实质是统一的,即着眼于为土地的健康持续利用和科学管理提供依据。将两者的方法、成果进行互补性整合评价,可进一步提升土地质量表述的科学性,探索符合我国国情的土地质量评价方法与成果表达方式,具有现实意义和指导作用。

本次选择鄂西山区和沿江平原区部分地区为研究对象,综合考虑两者的方法、成果,对比整合技术的不同方法,主要采用物理叠加法、化学叠加法、贡献率法和修正法等方法,探索不同地形地貌的融合方法,使研究结果有利于揭示土地质量的差异性,使土地质量地球化学评价成果"落地",突出成果的实用性。

第一节　综合评价方法

一、物理叠加法

基于地球化学评价成果和分等成果的整合,借鉴地球化学评价和分等各自的理论和方法,以分等成果中的农用地利用等别为基础,以图斑为分等单元,在分等单元之上叠加显示地球化学评价成果,即在同一个分等单元内同时显示分等成果和地球化学评价成果。综合考虑土地质量地球化学评价中表征土壤肥力质量和环境质量因素,叠加大气、灌溉水质量,对研究区土地质量进行综合评估,这样既保留了两种成果的独立性,同时又实现了相互补充。该方法的特点是简便快捷、可操作性强、易推广。

二、化学叠加法

在农用地分等定级所建立的等级体系基础上,进一步通过土地质量地球化学等级对其进行校正。土壤中的污染物超过一定含量,就会随着植物及食物链进入人体,对人体的健康造成威胁,并且大多数重金属具有可迁移性、不可降解性等特点,土壤一旦受到重金属的污染,便很难消除(滕葳等,2010)。耕地一旦存在污染,所生产的农作物会对人体健康产生危害,故将土壤环境等级作为限制因素,将严格管控类耕地等别降为 0 等;将优先保护类耕地结合区域土壤养分地球化学等级进行等别变化,当区域土壤养分地球化学等级较高时把原来的农用地等别适当提高,当区域土壤养分地球化学等级较低时把原来的农用地等别进行降低;安全利用类耕地,当区域土壤养分地球化学等级较高时不调整其等别(张欢欢,2013),当区域土壤养分地球化学等级较低时适当调低其等别。最终研究区的等别变化幅度分为 5 个级别,即降为 0 等、降低 1 等、降低 2 等、无变化和升高 1 等(表 8-1)。

表 8-1 耕地利用等别变化幅度表

土壤环境综合等级	土壤养分综合等级	等别变化幅度
一等优先保护类	一等丰富	升高 1 等
	二等较丰富	升高 1 等
	三等中等	无变化
	四等较缺乏	降低 1 等
	五等缺乏	降低 1 等
二等安全利用类	一等丰富	无变化
	二等较丰富	无变化
	三等中等	降低 1 等
	四等较缺乏	降低 1 等
	五等缺乏	降低 2 等
三等严格管控类	一等丰富	降为 0 等
	二等较丰富	降为 0 等
	三等中等	降为 0 等
	四等较缺乏	降为 0 等
	五等缺乏	降为 0 等

三、贡献率法

因素的贡献率是该因素对研究对象影响程度的体现。贡献率法整合是利用加法模型,将整合成果看作两部分,分别赋予一定权重对两者等别进行叠加,获得相应的等参数,根据等参数的界限值进行分等(黄勇,2008),具体计算公式为:

$$P = N_i \times w + D_j \times (1-w) \tag{8-1}$$

式中:P 为等参数;N_i 为等参数所对应的农用地分等等别;D_j 为等参数所对应的地球化学等别;w 为农用地分等等别所占权重。

叠加后综合分等等别为 i 等(即在这个范围内的等参数都属于 i 等)的等参数判断公式为:

$$1 + \frac{P_{max} - P_{min}}{N_T} \times N_{i-1} < P \leqslant 1 + \frac{P_{max} - P_{min}}{N_T} \times N_i \tag{8-2}$$

式中:P 为等参数;P_{max} 为等参数的最大值;P_{min} 为等参数的最小值;N_T 为分等的总等数;N_i 为等参数所对应的农用地分等等别。

由于不同地区对农用地分等和地球化学分等的影响存在差异,因此其权重的确定也是因地因时而有所不同。本次农用地分等(w)成果采用贡献率方程(高丽丽,2011)确定。

$$w = f(x) = -0.66x + 0.94 \tag{8-3}$$

式中:x 为污染比例;$f(x)$ 为农用地分等权重。

四、修正法

将土壤环境等别作为限制因素,将严格管控类耕地等别降为 0 等,然后根据贡献率法对其他耕地进行校正。

第二节　典型地区综合评价结果

一、物理叠加法整合成果

1. 沿江平原区沙洋县

区内耕地分等共划分为 3 个利用等等别（图 8-1），土地质量地球化学综合等包括优质、良好、中等、差等、劣等 5 个等别。根据物理叠加法相关定义，两种成果在沙洋县研究区的 4684 个单元中进行叠加整合。

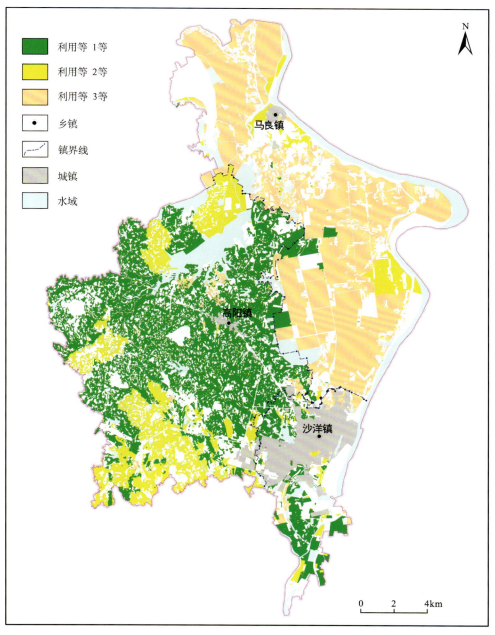

图 8-1　沙洋县耕地利用等分布图

研究区耕地质量等别较高,为1～3等。1等和2等耕地主要位于高阳镇,3等耕地主要位于沿江一带,耕地地球化学质量状况也很好。经整合后的耕地利用等在基于地球化学等级评价下的结果发生了变化,耕地质量的差异化更加明显(图8-2,表8-2)。其中,利用等1等划分出5个地球化学评价等级,以中等以上等级为主,面积为89.52km²,占比为96.80%;利用等2等划分出4个地球化学评价等级,以优质和良好等级为主,两者面积之和为31.46km²,占比为83.49%;利用等3等划分出4个地球化学评价等级,同样以优质和良好等级为主,两者面积之和为89.29km²,占比为97.00%。

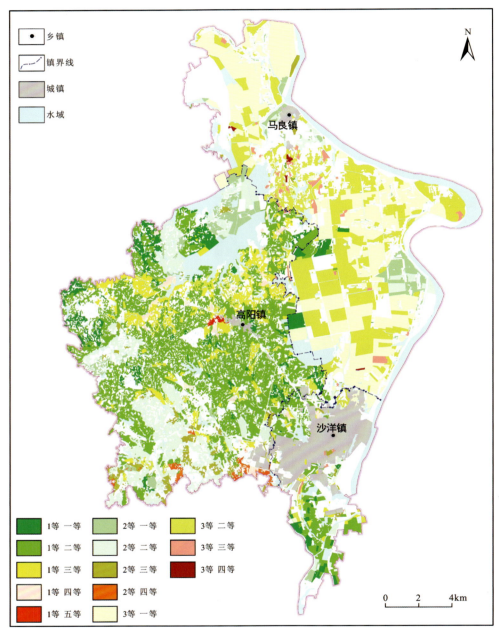

图8-2 沙洋县耕地整合物理叠加法示意图

2. 鄂西山区来凤县

区内耕地分等共划分为5个利用等等别(图8-3),土地质量地球化学综合等包括优质、良好、中等、差等、劣等5个等别。根据物理叠加法相关定义,两种成果在来凤县研究区的31 212个单元中进行叠加整合。

表 8-2　沙洋县耕地整合物理叠加法成果统计表

利用等等别	面积/km²	土地质量地球化学等级								
		优质(一等)		良好(二等)		中等(三等)		差等(四等)		劣等(五等)	
		面积/km²	占比/%	面积/km²	占比/%	面积/km²	占比/%	面积/km²	占比/%	面积/km²	占比/%
1等	92.48	9.95	10.76	64.49	69.73	15.08	16.31	2.70	2.92	0.26	0.28
2等	37.68	9.34	24.79	22.12	58.70	4.92	13.06	1.30	3.45	—	—
3等	92.05	48.80	53.01	40.49	43.99	2.50	2.72	0.26	0.28	—	—

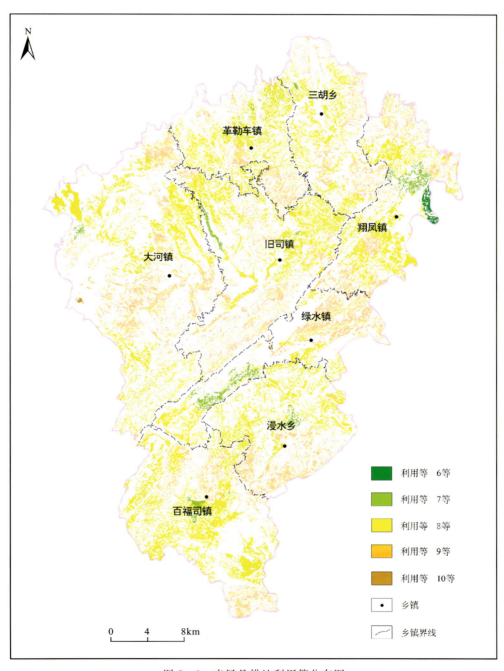

图 8-3　来凤县耕地利用等分布图

研究区耕地质量等别为 6～10 等,以 8 等为主,主要分布于研究区北部和南部,其次为 9 等,在全县各乡镇均有分布,6 等、7 等和 10 等仅零星分布,耕地地球化学质量总体较好。经整合后的耕地利用等在基于地球化学等级评价下的结果发生了变化,耕地质量的差异化更加明显(图 8-4,表 8-3)。其中,利用等 6 等划分出 3 个地球化学评价等级,均为中等以上等级,面积为 1.66km²;利用等 7 等划分出 5 个地球化学评价等级,以中等以上等级为主,面积为 10.91km²,占比为 98.47%;利用等 8 等划分出 5 个地球化学评价等级,以中等以上等级为主,面积为 193.95km²,占比为 99.35%;利用等 9 等划分出 5 个地球化学评价等级,以中等以上等级为主,面积为 134.00km²,占比为 99.31%;利用等 10 等地球化学等级均为中等,面积为 0.20km²。

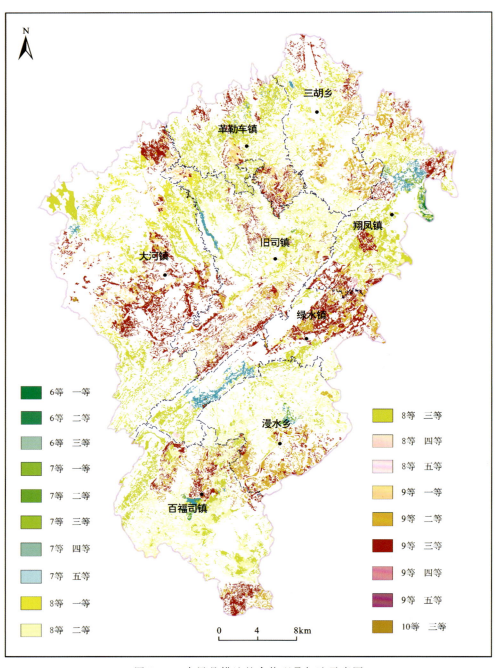

图 8-4　来凤县耕地整合物理叠加法示意图

表 8-3 来凤县耕地整合物理叠加法成果统计表

利用等		土地质量地球化学等级								
等别	面积/km²	优质(一等)		良好(二等)		中等(三等)		差等(四等)		劣等(五等)	
		面积/km²	占比/%	面积/km²	占比/%	面积/km²	占比/%	面积/km²	占比/%	面积/km²	占比/%
6 等	1.66	0.27	16.49	0.63	37.99	0.76	45.52	—	—	—	—
7 等	11.08	0.78	7.04	2.34	21.12	7.79	70.31	0.12	1.08	0.05	0.45
8 等	195.22	19.66	10.07	79.36	40.65	94.93	48.63	0.41	0.21	0.86	0.44
9 等	134.93	14.10	10.45	49.07	36.37	70.83	52.49	0.83	0.62	0.10	0.07
10 等	0.20	—	—	—	—	0.20	100.00	—	—	—	—

结果表明，利用物理叠加法进行成果整合，可以综合反映土地自然属性、利用水平、经济效益水平和地球化学质量方面的特征，还可以判断同一等别的农用地在土地质量地球化学方面的差异，提高土地质量评价的精度。

二、化学叠加法整合结果

1. 沿江平原区沙洋县

区内耕地分等共划分为 3 个利用等，根据化学叠加法相关定义，两种成果在沙洋县研究区的 4684 个单元中进行叠加整合。

经整合后的耕地利用等在基于地球化学等级评价下的结果发生了变化，耕地等级有调整，从耕地综合等别的空间分布来看，叠加后的耕地分为 5 个等别（0 等，1~4 等）（图 8-5）。其中，0 等面积为 0.26km²，占比为 0.12%，分布于高阳镇城区附近；1 等面积为 84.03km²，占比为 37.82%，集中分布于高阳镇，沙洋镇南部和马良镇有零星分布；2 等面积为 88.39km²，占比为 39.78%，主要分布于高阳镇、马良镇北部及沿江一带；3 等面积为 46.72km²，占比为 21.02%，主要分布于马良镇；4 等面积为 2.81km²，占比为 1.26%，主要分布于马良镇城区南部。

与原农用地分等成果中的利用等别图对比，二者的评价结果在空间上存在显著差异（图 8-6）。耕地综合质量评价结果中出现了 0 等，面积为 0.26km²，分布于高阳镇南部，该区域重金属元素含量超过风险管控值，土壤风险程度高。等别降低 2 等的耕地面积为 0.20km²，零星分布于高阳镇南部，该区域土壤环境风险可控，土壤养分缺乏。等别降低 1 等的耕地面积为 26.23km²，分布于高阳镇北部和南部地区，该区域土壤环境基本无风险，土壤养分缺乏，或者土壤环境风险可控，土壤养分中等—缺乏。等别不变的耕地面积为 137.38km²，分布于高阳镇大部分地区，马良镇中部和沙洋镇南部，该区域土壤环境风险可控，土壤养分丰富。等别升高 1 等的耕地面积为 58.14km²，分布于沙洋农场管辖范围，即马良镇北部和沿江一带，其他地方零星分布，该区域土壤环境基本无风险，土壤养分丰富。

2. 鄂西山区来凤县

区内耕地分等共划分为 5 个利用等等别，根据化学叠加法相关定义，两种成果在来凤县研究区的 31 212 个单元中进行叠加整合。

经整合后的耕地利用等在基于地球化学等级评价下的结果发生了变化，耕地等级有调整，从耕地综合等别的空间分布来看，叠加后的耕地分为 8 个等别（0 等和 5~11 等）（图 8-7）。

其中，0 等面积为 1.00km²，占比为 0.29%，零星分布于绿水镇、翔凤镇、大河镇和三胡乡；5 等面积为 0.28km²，占比为 0.08%，分布于翔凤镇北部；6 等面积为 1.50km²，占比为 0.44%，零星分布于翔凤镇北

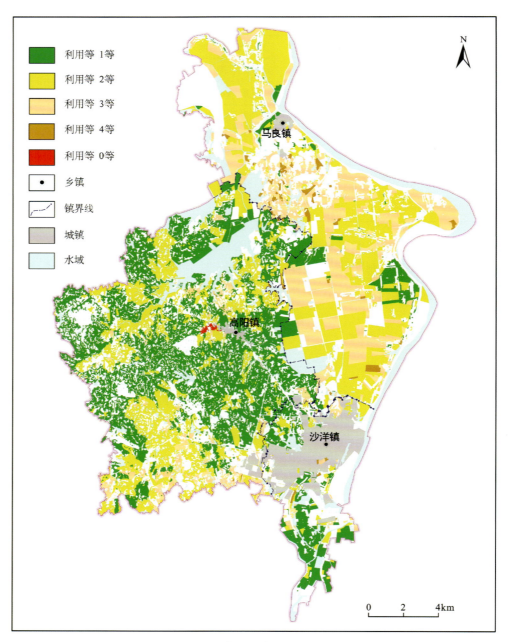

图 8-5 沙洋县耕地整合化学叠加法示意图

部和旧司镇西北部;7 等面积为 24.79km², 占比为 7.23%, 分布于县域北部及南部漫水乡;8 等面积为 131.64km², 占比为 38.37%, 在各乡镇均有分布;9 等面积为 136.32km², 占比为 39.73%, 在各乡镇均有分布;10 等面积为 47.49km², 占比为 13.84%, 主要分布于县域中部及南部百福司镇和漫水乡;11 等面积为 0.07km², 占比为 0.02%, 分布于翔凤镇北部。

与原农用地分等成果中的利用等别图对比,二者的评价结果在空间上存在显著差异(图 8-8)。耕地综合质量评价结果中出现了 0 等,面积为 1.00km², 零星分布于绿水镇、翔凤镇、大河镇和三胡乡,该区域重金属元素含量超过风险管控值,土壤风险程度高。等别降低 2 等的耕地面积为 0.15km², 零星分布于翔凤镇北部,该区域土壤环境风险可控,土壤养分缺乏。等别降低 1 等耕地的面积为 116.56km², 在各乡镇均有分布,该区域土壤环境基本无风险,土壤养分缺乏,或者土壤环境风险可控,土壤养分中等—缺乏。等别不变耕地的面积为 190.57km², 在各乡镇均有分布,该区域土壤环境风险可控,土壤养分丰富。等别升高 1 等耕地的面积为 34.81km², 主要分布于县域北部地区的大河镇、革勒车镇、三胡乡和旧司镇,该区域土壤环境基本无风险,土壤养分丰富。

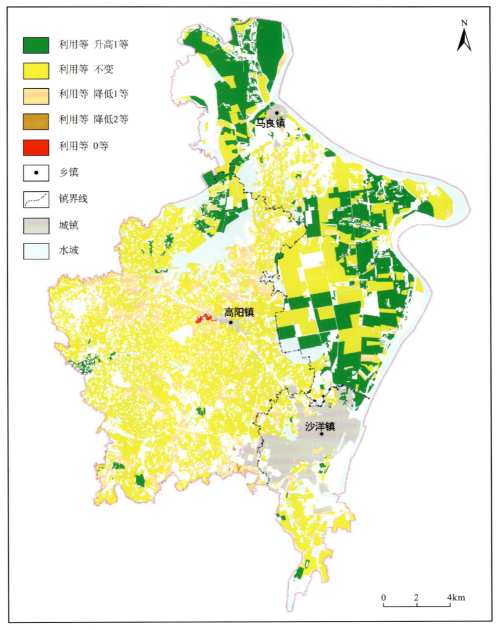

图 8-6 沙洋县耕地整合化学叠加法等别变化示意图

三、贡献率法整合结果

1. 沿江平原区沙洋县

沙洋县研究区土壤环境质量总体上很好,极少地区存在污染。耕地土壤环境评价结果显示研究区土壤污染(环境评价结果为二等和三等)占比为 0.69%,得到沙洋县耕地分等贡献率为 0.935,即 w 取 0.935,计算等参数,获得相应的分等界限值(表 8-4)。根据界限值进行分等,分等结果与农用地原有分等成果一致,说明地球化学分等对综合分等没有影响。

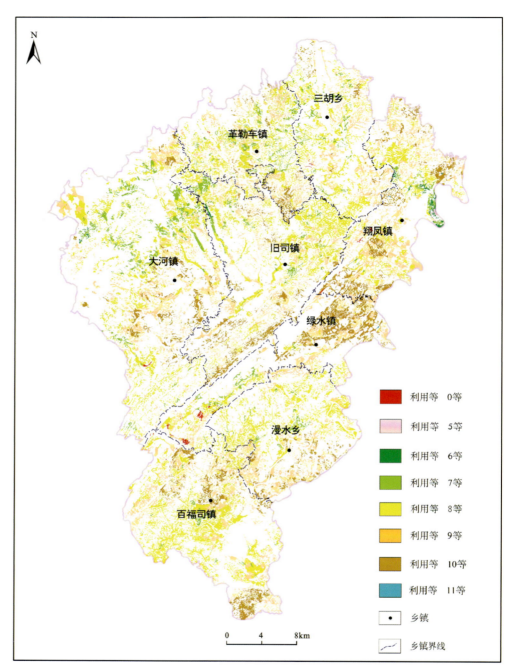

图 8-7　来凤县耕地整合化学叠加法示意图

2. 鄂西山区来凤县

来凤县研究区土壤环境质量总体上较好，耕地土壤环境评价结果显示，研究区土壤污染（环境评价结果为二等和三等）占比为 37.66%，得到来凤县耕地分等贡献率为 0.691，即 w 取 0.691，计算等参数，获得相应的分等界限值（表 8-5），根据界限值进行分等。

研究区耕地以 8 等和 9 等为主，二者占来凤县研究区面积的 90.28%。在空间上，8 等耕地主要分布于北部旧司镇、翔凤镇和三胡乡，南部漫水乡和百福司镇；9 等耕地在全县各乡镇均有分布，集中分布于大河镇和绿水镇；其次为 7 等耕地，主要分布于绿水镇南部、大河镇北部；质量较好的 6 等耕地仅分布于翔凤镇的东北部；10 等耕地零星分布（图 8-9，表 8-6）。

第八章 耕地质量综合评价方法研究

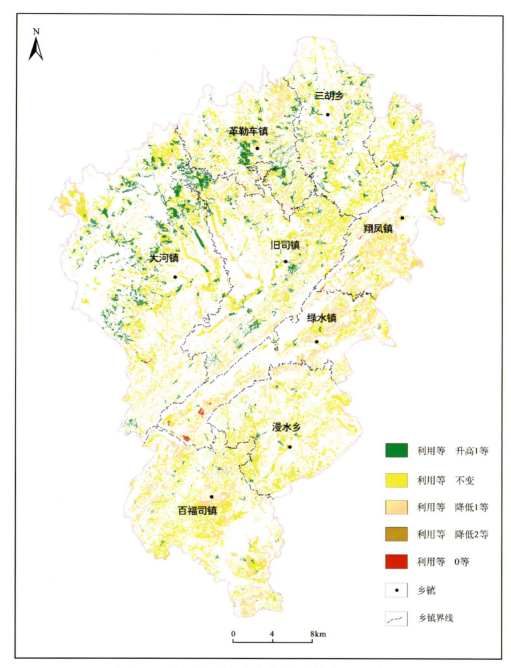

图 8-8 来凤县耕地整合化学叠加法等别变化示意图

表 8-4 沙洋县耕地综合分等对应的等参数界限值（上含下不含）

等别	1 等	2 等	3 等
界限值	1.70	2.40	3.10

表 8-5 来凤县耕地综合分等对应的等参数界限值（上含下不含）

等别	6 等	7 等	8 等	9 等	10 等
界限值	5.00	5.70	6.30	7.00	7.70

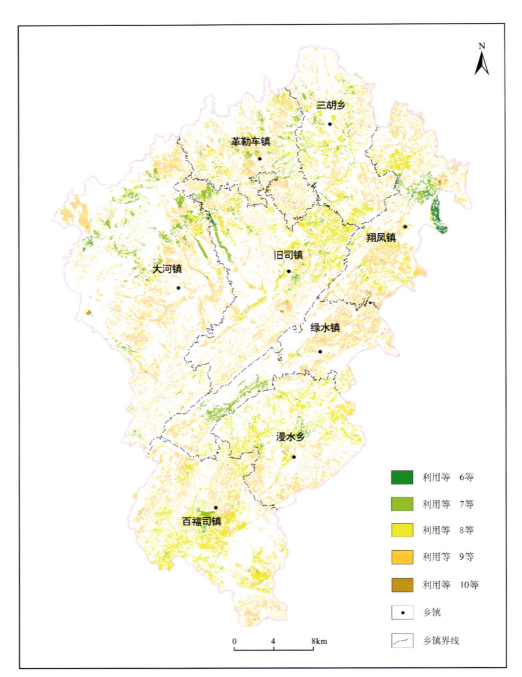

图 8-9　来凤县耕地整合贡献率法示意图

表 8-6　来凤县贡献率法耕地质量综合分等结果

等别	6 等	7 等	8 等	9 等	10 等
面积/km²	2.44	29.80	79.48	230.25	1.12

与原始分等成果对比发现,受土地质量地球化学评价结果的影响,耕地等别发生了较大的变化,变化最大的为 8 等和 9 等,其中 8 等减少 115.74km²,减少部分主要分布于县域中部,9 等增加 95.32km²,增加部分与 8 等减少部分基本对应。

四、修正法整合结果

1. 沿江平原区沙洋县

由于其污染程度很低,基本不受影响,仅局部地块调整为 0 等。

2. 鄂西山区来凤县

经修正后耕地等别与贡献率法基本一致(图 8-10,表 8-7),仅少量 9 等和 10 等耕地受地球化学质量状况的影响,调整为 0 等。

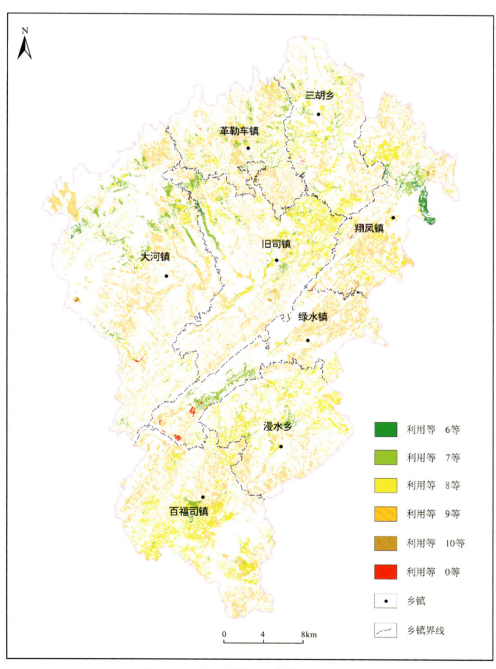

图 8-10 来凤县耕地整合修正法示意图

表 8-7　来凤县修正法耕地质量综合分等结果

等别	0 等	6 等	7 等	8 等	9 等	10 等
面积/km²	1.00	2.44	29.80	79.48	229.34	1.03

第三节　综合评价结果应用与讨论

通过以上整合方法的讨论,整合后的分等成果基本上可以反映农用地原有分等成果体现的空间分布差异。不同整合方法各有优缺点。

物理叠加法是在耕地分等单元的基础上直接叠加土地质量地球化学评价成果,其整合结果既有融合又保持各自相对独立性,落到图斑可实际应用,且具有高度综合、操作简便的特点。它的缺点是与地球化学评价成果并没有真正的融合,削弱了地球化学等级的影响,难以反映真实的农用地质量的差异。同时在图斑细碎且耕地分等较多时不适用,即利用等别较多的大尺度的研究区不适用。

化学叠加法是在耕地分等的基础上,通过土地质量地球化学等级对其进行校正,且将土壤环境质量作为限制因子,采用一票否决制,当土壤环境质量超标时,直接将耕地等别调整为 0 等,即调出耕地范围。同时根据土地质量状况对耕地等别进行调整优化,即耕地综合质量等别兼具原始耕地等别的属性和土地质量地球化学等级特征,达到了一定的融合程度,同时也适用于各种尺度的评价。但是由于目前尚没有统一的校正方法,其主观性较大。

贡献率法将整合成果看成是两项成果的加权平均,以土壤污染状况和贡献率方程进行权重计算,通过界定等参数界限值进行综合分等。它的优点是可操作性较强,但是当研究区污染土壤占比较低时,对耕地等别结果没有任何影响。

修正法兼具化学叠加法和贡献率法的优点。

综上所述,小尺度(乡镇级以下)评价时,物理叠加法具有很好的优势,能够还原原始耕地等别和土地地球化学质量等级;在大尺度(县级及以上)的评价时,同时土地质量地球化学等级以优良为主,即土壤环境质量基本无风险,建议使用化学叠加法;在大尺度评价时,同时土地质量地球化学等级以中等以下为主,即土壤环境质量存在一定风险,但是风险是可控的,建议使用修正法。

第九章 土壤酸化趋势研究

土壤酸化是由土壤中酸性阳离子(如氢离子、铝离子等)的增加、土壤淋溶及农作物收割导致碱性离子(如钙离子、镁离子、钾离子和钠离子等)的减少造成的土壤pH降低。联合国粮食及农业组织在2015年世界土壤资源状况报告指出,土壤酸化是世界粮食增产的重要限制因素,也是土壤退化的重要影响因素。有研究表明,全球约40%的耕地受到土壤酸化的影响,在仅施化肥不使用石灰的情况下,20%的耕层土壤在不到20年的时间内下降超过1个单位(Bloesch and Moody,2011)。我国在1980—2000年期间耕地土壤pH普遍下降0.5个单位,大部分耕地土壤出现了明显的酸化,土壤酸化已成为我国农业的重要问题之一(Guo et al.,2010)。

酸碱性是土壤化学性质的综合反映,它对土壤元素转换、土壤微生物活性、营养元素有效性等方面有着深刻的影响。自然状态下的土壤pH主要受成土因子控制,其酸化的过程十分缓慢,其pH值每变化1个单位通常需要上百年甚至上千年(侣国涵等,2014)。人为因素造成的土壤酸化则是比较严重的,由于大量酸性化学肥料的施用、不当的耕作管理以及大气酸沉降等。近几十年土壤的酸化进程明显加快,土壤酸化已经成为限制土壤生产力的主要因子,我国酸性土壤的面积约为$2.04\times10^6 km^2$,占全国国土总面积的21%左右。土壤酸化问题已成为土壤环境质量研究的焦点之一。

研究土壤酸化的重要性不仅在于它对农业和生态环境的当前影响,更重要的是酸化土壤面积及酸化对农业和环境的影响程度都将随时间的增加而迅速增加。因此,及时了解土壤酸化现状及成因,建立土壤酸化的预警系统,采取有效的措施减缓土壤酸化进程,减少因土壤酸化而对农业造成的损失以及给生态环境带来的恶化,确保农产品产量和品质的稳步提升、农业健康持续发展、农村经济繁荣稳定、农民收入持续增长,对保证土壤的可持续利用具有十分重要的现实意义。

第一节 土壤酸碱度现状

一、土壤酸碱度

通过近年的土地质量地球化学调查评价工作,系统对鄂西山区(恩施市、利川市、建始县、巴东县、宣恩县、咸丰县、鹤峰县、来凤县、竹山县、竹溪县)、沿江平原区(沙洋县、天门市、潜江市、仙桃市、蔡甸区、监利市、洪湖市、嘉鱼县、武穴市)、鄂北岗地-汉江夹道区(宜城市、钟祥市、南漳县、随县、京山市、安陆市)三大区26个县(市、区)主要耕地开展土壤酸碱度调查,基本掌握了调查区土壤酸碱度现状。土壤pH总体表现为沿江平原区(pH=7.82)>鄂北岗地-汉江夹道区(pH=6.72)>鄂西山区(pH=5.54)。其中,沿江平原区土壤pH最高,达7.82,基本属于偏碱性土壤;而鄂西山区土壤pH值最低,仅为5.54,土壤偏酸化(图9-1)。

鄂西山区恩施市、建始县、巴东县、宣恩县、竹山县、竹溪县耕地土壤基本呈酸性,pH在5.5~6.5之间,利川市、咸丰县、鹤峰县、来凤县耕地土壤pH在4.5~5.5之间,属强酸性土壤。沿江平原区蔡甸区、洪湖市、监利市、潜江市、天门市和仙桃市耕地土壤pH均大于7.0,呈中性—碱性。鄂北岗地-汉江夹道区耕地土壤pH集中在6.0~7.0之间,其中宜城市、钟祥市pH超过7.0(图9-1)。

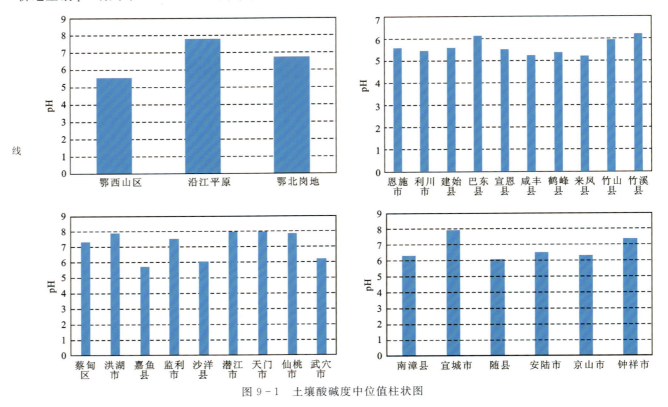

图9-1 土壤酸碱度中位值柱状图

二、不同单元土壤酸碱度

1. 不同土壤类型酸碱度

各类土壤类型中,pH表现为潮土＞草甸土＞沼泽土＞石灰土＞水稻土＞黄褐土＞紫色土＞红壤＞黄棕壤＞暗棕壤＞棕壤＞黄壤。土壤类型对土壤pH影响较大,潮土主要分布于沿江平原区,属于中性—碱性土壤;鄂西山区土壤类型主要为黄棕壤、黄壤、棕壤等,土壤pH在5.4~5.7之间,属于强酸性—酸性土壤(表9-1)。

表9-1 不同土壤类型pH统计表

土壤类型	红壤	黄壤	黄棕壤	黄褐土	棕壤	暗棕壤
pH	5.81	5.42	5.69	6.46	5.43	5.51
土壤类型	石灰土	紫色土	草甸土	潮土	沼泽土	水稻土
pH	7.11	6.21	7.41	7.98	7.30	6.78

2. 不同成土母质类型酸碱度

土壤pH对成土质母岩有较大的继承性,同类土壤类型不同成土母质土壤pH也有差异。有研究表明,红色黏土、砂岩和页岩发育的土壤呈酸性至强酸性(何腾兵等,2006),而第四系红土、砂岩和花岗岩等母质的盐基离子含量少,发育的土壤酸缓冲能力弱,容易发生酸化(吴甫成等,2001)。

各类成土母质中pH表现为第四系沉积物＞碳酸盐岩风化物＞火山岩风化物＞侵入岩风化物＞碎屑

岩风化物＞碳酸盐岩风化物（黑色岩系）＞变质岩风化物＞碎屑岩风化物（黑色岩系），黑色岩系风化物的pH明显低于相应大类成土母质（表9-2）。

表 9-2 不同成土母质 pH 统计表

成土母质	碎屑岩风化物	碎屑岩风化物（黑色岩系）	碳酸盐岩风化物	碳酸盐岩风化物（黑色岩系）
pH	5.80	5.31	6.06	5.51
成土母质	变质岩风化物	火山岩风化物	侵入岩风化物	第四系沉积物
pH	5.46	6.03	5.84	7.78

3. 不同地形地貌土壤酸碱度

地形地貌对土壤 pH 的分布有一定的影响，总体上表现为平原＞中山＞丘陵低山＞高山。

表 9-3 不同地形地貌 pH 统计表

地形地貌	平原	丘陵低山	中山	高山
pH	7.70	6.37	6.47	5.54

第二节 区域土壤酸碱度趋势分析

一、土壤酸碱度水平空间变化趋势分析

研究区土壤酸碱度变化较大，鄂西山区基本为酸性土壤，鄂北岗地-汉江夹道区和沿江平原区以中—酸性土壤为主，下面系统分析3个大区的土壤 pH 变化趋势。

沿江平原区自西向东（潜江—天门—仙桃—洪湖—蔡甸—嘉鱼）土壤 pH 显著上升，表现为一阶线性趋势，自北向南（天门—仙桃—潜江—蔡甸—洪湖—嘉鱼）土壤 pH 二阶非线性趋势，南部的洪湖市明显高于北部、中部地区的蔡甸区、潜江市。由趋势分析图（图9-2）可见，沿江平原区自西北向东南方向土壤 pH 呈现升高趋势。以潜江市为例，土壤 pH 自西向东（积玉口镇—王场镇）呈现升高趋势，自北向南（高石碑镇—广华）呈现升高趋势，与沿江平原区土壤 pH 变化趋势一致。

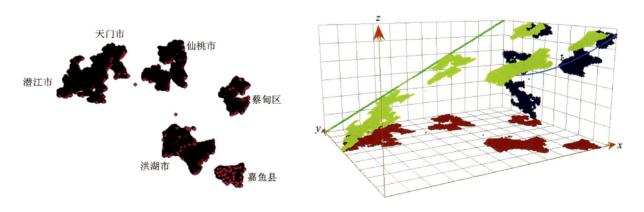

图 9-2 沿江平原区评价范围及 pH 趋势分析预测图

鄂北岗地-汉江夹道区自西向东（南漳—宜城—钟祥—随县—京山—安陆）土壤 pH 显著降低，表现为

一阶线性趋势,自北向南(宜城—南漳—随县—安陆—京山—钟祥)土壤pH表现为二阶非线性趋势,南部的京山市明显低于北部中部地区的宜城市。由趋势分析图(图9-3)可见,鄂北岗地-汉江夹道区自西北向东南方向土壤pH呈现降低趋势。以钟祥市为例,土壤pH自西北向东南方向呈现降低趋势,与鄂北岗地-汉江夹道区土壤pH变化趋势一致。

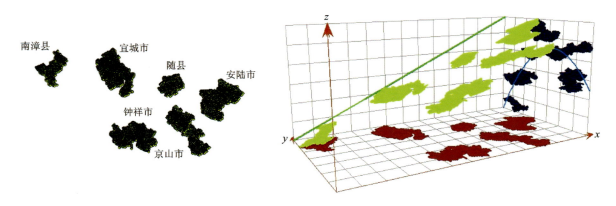

图9-3 鄂北岗地-汉江夹道区评价范围及pH趋势分析预测图

鄂西山区自西向东土壤pH显著上升,表现为一阶线性趋势,自北向南土壤pH表现为二阶非线性趋势。由趋势分析图(图9-4)可见,鄂西山区自西北向东南方向土壤pH呈现升高趋势。以竹溪县为例,土壤pH表现为自西北向东南方向呈现升高趋势,与鄂西山区土壤pH变化趋势一致。

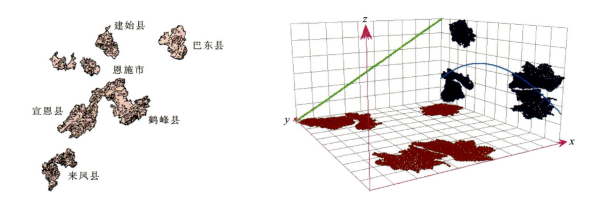

图9-4 鄂西山区评价范围及pH趋势分析预测图

二、土壤酸碱度垂向空间变化特征

垂剖样品土壤酸碱度是研究土壤酸碱度空间分布的有效的方法,可系统分析0～200cm的土壤垂向地球化学指标变化情况(图9-5)。

(1)沿江平原区潜江市王场镇:土壤类型为潮土,垂向剖面深度200cm,土壤pH为8.36,垂向深度100cm,土壤pH为8.12,表层土壤pH为7.95。

(2)鄂北岗地-汉江夹道区随县洪山镇:土壤类型为水稻土,垂向剖面深度200cm,土壤pH为7.7,垂向深度100cm,土壤pH为7.75,表层土壤pH为7.6。

(3)鄂西山区竹溪县天宝乡:土壤类型为水稻土,垂向剖面深度200cm,土壤pH为7.8,垂向深度100cm,土壤pH为8,表层土壤pH为8.15。

(4)鄂西山区来凤县三胡乡金桥村：土壤类型为黄棕壤，垂向剖面深度200cm，土壤pH为6.5，垂向深度100cm，土壤pH为5.5，表层土壤pH为5.3。

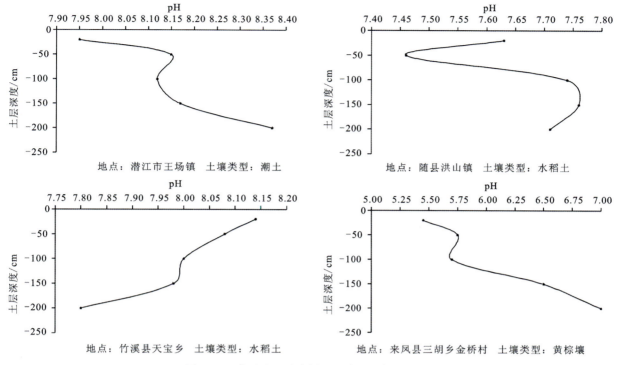

图9-5 典型地区垂直剖面土壤pH变化趋势图

综上所述，研究区土壤酸碱度空间分布特征表现为：表层至深层土壤pH向碱性变化趋势明显，但在鄂西山区表深层土壤酸碱度变化趋势有一定差异，与成土母质的差异有直接关系。

第三节 典型地区耕地土壤酸碱度趋势分析

一、研究区概况与研究方法

（一）研究区概况

选择鄂西山区宣恩县和沿江平原区沙洋县（图9-6），作为本次土壤酸化机制研究的对象。

鄂西山区宣恩县属云贵高原延伸部分，地处武陵山和齐跃山的交接部位，县境东南部、中部和西北边缘，横亘着几条东北至西南走向的大山岭，形成许多台地、岗地、小型盆地、平坝、横状坡地和山谷、峡等地貌；地跨东经109°11′—109°55′、北纬29°33′—30°12′之间，属中亚热带季风湿润型山地气候。随海拔的变化，呈明显的垂直差异。海拔800m以下的低山带，四季分明，冬暖夏热，雨热同步，年均气温15.8℃，无霜期294d，年降水量1 491.3mm，年日照时数1 136.2h。海拔800～1 200m的二高山地带，春迟秋早，湿润多雨，光温不足，年平均气温13.7℃，无霜期263d，年降水量1 635.3mm，年日照时数1 212.4h。海拔1200m以上的高山地带，气候冷凉，冬长夏短，易涝少旱，年平均气温8.9℃，无霜203d，年降水量1867mm，年日照时数1 519.9h。成土母质主要为碎屑岩风化物和碳酸盐岩风化物，少量冲积物，土壤类型主要有红壤、黄壤、黄棕壤、石灰土、紫色土以及水稻土等。

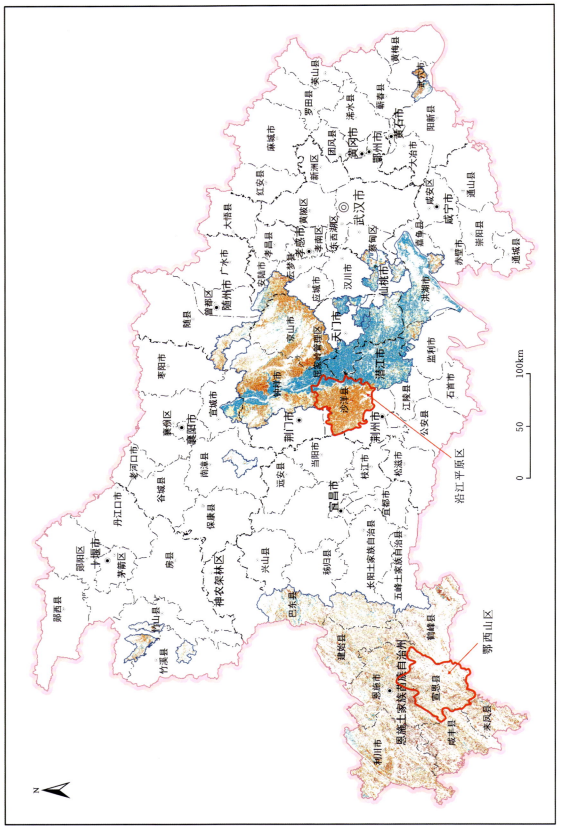

图 9-6 鄂西山区宣恩县和沿江平原区沙洋县工作区示意图

（二）数据来源

研究数据主要来自"湖北恩施地区多目标地球化学调查"项目、"湖北省江汉流域经济区1∶25万多目标区域地球化学调查"项目、"宣恩县土地质量地球化学评价暨土壤硒资源普查"项目和"湖北省沙洋县土地质量地球化学评价"项目等各类土壤调查样点相关属性数据资料。

（三）研究方法

本研究中涉及的相关属性主要包括土壤属性（CEC、pH、有机质、全氮、全磷、全钾、砂粒、粉粒和黏粒等）、土壤成土母质、土壤类型、土地利用类型、气候、地形地貌等，分析相关因子对土壤酸化程度的影响及其差异。

（四）数据分析及图件编制

利用 MapGIS 软件分别编制沿江平原区及鄂西山区 2004 年和 2018 年土壤 pH 分布图，并添加图例、比例尺、指北针等要素后输出。相关性分析数据采用 Excel 2016、SPSS 20 以及 CorelDRAW 18 软件进行处理。

二、土壤 pH 的总体变化趋势

从沿江平原区沙洋县、鄂西山区宣恩县 2004 年、2018 年土壤酸碱度对比图来看，沙洋县强酸性土壤区域有集中的趋势，主要分布于后港镇的北部；酸性土壤面积增多，中性土壤面积和碱性土壤面积减少的趋势由丘陵岗地区向平原区推进。宣恩县则表现为 2004 年零散的强酸性土壤区域到 2018 年逐渐连接成片，主要分布于高罗镇和长潭河乡的大部；中碱性土壤面积急剧减小（图 9-7、图 9-8）。

总体上来看，沿江平原区和鄂西山区都存在不同程度的土壤酸化现象，土壤酸化趋势均不容乐观。

三、土壤 pH 变化影响因素

（一）外部因素

1. 气候对土壤酸化的影响

土壤在自然状态下会产生无法避免的酸化现象，一方面是土壤中动植物等通过呼吸作用产生碳酸等酸性气体，微生物通过矿化作用等产生有机酸等酸性物质等原因造成土壤 pH 不断降低。另一方面，强降雨导致土壤酸化，在多雨条件下，土壤中的盐基离子向下淋溶，氢离子代替盐基离子被土壤吸附，并进一步转化为铝质土壤。如果从土壤中溶脱的盐基超过补给量，土壤就逐渐向盐基不饱和的酸性土壤方向变化。研究区属于全国降水较多地区，根据气象资料，鄂西山区宣恩县年降水量在 1650mm 左右，且相对集中在 4—10 月，月平均降水量超过 100mm 的月份占全年的 80% 以上，而 4—10 月的气温相对也较高，皆高于全年平均气温，雨热同季历时短、降雨强度大、冲刷强烈，自然降雨使土壤中钾、钙、镁盐基离子等通过径流等方式流失，造成土壤中 pH 降低，加剧了降水淋溶作用。鄂西山区宣恩县强淋溶区在主要农用地中占比超过 80%，与土壤酸化具有较好的一致性。降水淋溶作用对研究区土壤酸化具有较大的影响。

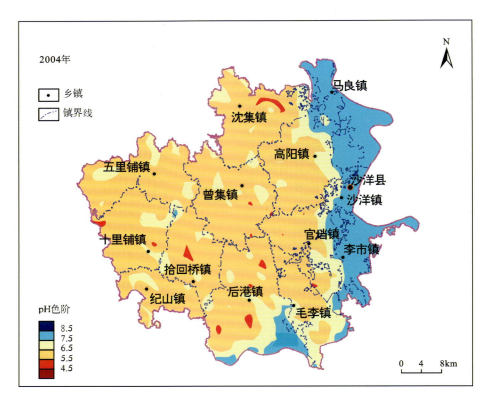

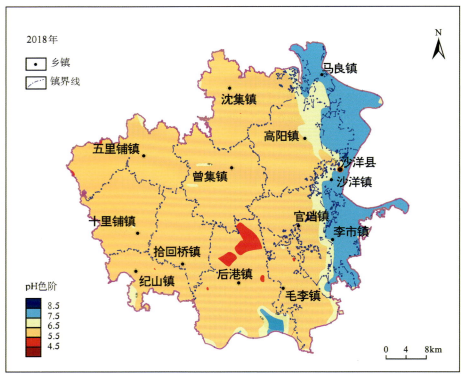

图 9-7 2004 年和 2018 年沙洋县土壤酸碱度对比图

第九章 土壤酸化趋势研究

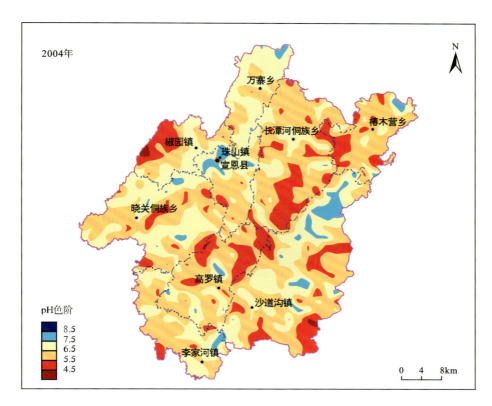

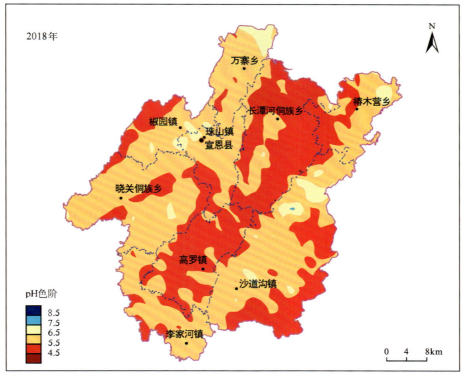

图 9-8 2004 年和 2018 年宣恩县土壤酸碱度对比图

2. 地形地貌对土壤酸化的影响

根据海拔高度,研究区鄂西山区宣恩县地貌类型分为高山(海拔 1200m 以上)、二高山(海拔 800~1200m)、低山(海拔 800m 以内);沿江平原区沙洋县分为丘陵岗地(海拔 35~150m)、平原(海拔 35m 以下)。不同地貌类型土壤 pH 有一定区别,总体上表现为:平原区＞丘陵岗地区＞低山区＞高山区＞二高山区,土壤 pH 与海拔有微弱的负相关性,随着海拔增加,土壤有向酸性方向演化的趋势(图 9-9)。这与高山区和二高山区降水量较低,丘陵、平原雨水丰沛具有密切关系。降水量的增加加剧了土壤的淋溶作用,导致土壤盐基离子流失,进而造成土壤酸化。而二高山区较高山区更易酸化,主要是高山区地形相对较为平缓,地形渐变,二高山区地形变化更为剧烈,造成盐基离子更容易流失。

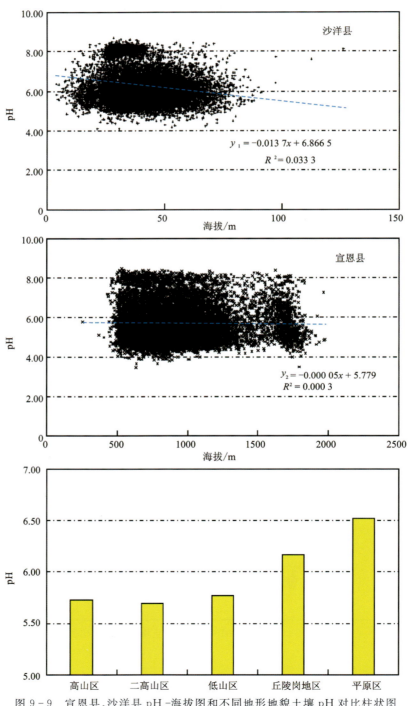

图 9-9 宣恩县、沙洋县 pH-海拔图和不同地形地貌土壤 pH 对比柱状图

3. 土地利用类型对土壤酸化的影响

沿江平原区沙洋县不同土地利用类型土壤 pH 在 5.35～7.34 之间。不同土地利用类型土壤 pH 平均值依次为草地＞其他园地＞旱地＞果园＞水田＞茶园。不同土地利用类型土壤 pH 中位值依次为其他园地＞旱地＞草地＞果园＞水田＞茶园，总体上与平均值一致（表 9-4，图 9-10）。

表 9-4 宣恩县、沙洋县不同土地利用类型土壤 pH 地球化学特征值表

土地利用类型		样本数/件	平均值	中位值	最大值	最小值	算术标准差	变异系数/%
水田	宣恩县	1663	5.60	5.39	8.47	3.96	0.90	16.07
	沙洋县	9812	6.16	5.96	8.50	4.37	0.83	13.47
旱地	宣恩县	4539	5.76	5.56	8.37	3.97	0.92	15.97
	沙洋县	1700	6.98	7.81	8.50	4.09	1.28	18.34
茶园	宣恩县	1419	5.33	5.05	8.36	3.47	0.91	17.07
	沙洋县	2	5.35	5.35	5.54	5.15	0.28	5.23
果园	宣恩县	394	5.95	5.76	8.39	4.13	1.02	17.14
	沙洋县	29	6.80	6.91	8.29	4.16	1.24	18.24
其他园地	宣恩县	22	5.56	5.48	6.91	4.79	0.58	10.43
	沙洋县	16	7.04	7.96	8.41	5.16	1.32	18.75
林地	宣恩县	3109	6.03	5.86	8.39	3.50	1.00	16.58
草地	宣恩县	33	5.78	5.31	8.38	4.43	1.18	20.42
	沙洋县	16	7.34	7.74	8.57	5.85	0.92	12.53
研究区	宣恩县	11 179	5.70	5.55	8.47	3.47	0.97	17.02
	沙洋县	11 575	6.28	6.02	8.57	4.09	0.96	15.29

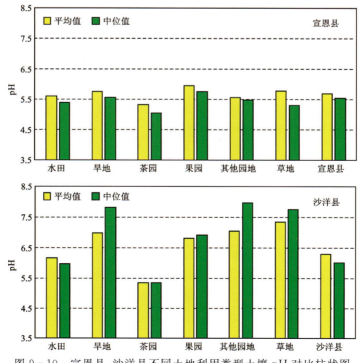

图 9-10 宣恩县、沙洋县不同土地利用类型土壤 pH 对比柱状图

鄂西山区宣恩县不同土地利用类型土壤pH在5.33～5.95之间,全部在酸性范围内。不同土地利用类型的土壤pH平均值依次为果园＞草地＞旱地＞水田＞其他园地＞茶园,土壤pH中位值依次为果园＞旱地＞其他园地＞水田＞草地＞茶园,总体上与均值一致(表9-4,图9-10)。

茶园土壤pH最低,宣恩县、沙洋县平均值分别为5.35和5.33,这与茶叶为喜酸作物一致。研究区茶园分布区土壤pH明显较低,研究表明经种茶后,土壤酸度逐渐降低,降低的速率较普通耕地和荒地快;随着种茶年限增加,土壤酸度增加。茶树在生长过程中会吸收土壤中大量的盐基离子,为了维持土壤电荷平衡,茶树会向土壤中释放大量的氢离子,使得土壤酸化。同时,茶树属聚铝性植物,铝含量平均值在1500mg/kg以上,老叶中铝含量可达20 000mg/kg,因此在其生长过程中会从土壤中吸收大量的活性铝,导致根系释放大量质子,对土壤酸化有重要贡献(侯少范等,2008)。此外,茶树中有机酸的分泌也是导致茶园土壤酸化的一个重要因素。茶树在生长发育过程中会产生多酚类等有机化合物,以凋落物或分泌物的形式进入土壤,凋落物中酚类物质是以单宁酸为主的化合物。

(二)内部因素

1. 地质背景对土壤酸化的影响

不同地质背景的土壤pH在5.01～6.85之间。各地层单元土壤pH变异系数在9.40%～19.26%之间,说明各地层单元内土壤pH变化幅度较小。研究区鄂西山区宣恩县土壤总体呈酸性,极少数为中性和碱性。不同地质背景对应的土壤pH平均值依次为覃家庙组＞嘉陵江组＞石门组＞大冶组＞全新统＞娄山关组＞巴东组＞五龙组＞大浦组＋黄龙组＞天河板组＋石龙洞组＞龙潭组＋大隆组＞南津关组＋红花园组＞茅口组＋孤峰组＞梁山组＋栖霞组＞云台观组＋写经寺组＞大湾组＋牯牛潭组＞石牌组＞宝塔组＞纱帽组＞龙马溪组＞罗惹坪组＞牛蹄塘组(图9-11,表9-5)。可以发现,志留系—奥陶系龙马溪组,志留系罗惹坪组、纱帽组页岩、粉砂岩、砂岩碎屑岩风化物酸性最强,其次为二叠系碳质页岩、寒武系牛蹄塘组碳质页岩等黑色岩系风化物。2018年的土壤pH分布图显示,土壤强酸性区域基本与成土母质为志留系碎屑岩风化物和二叠系、寒武系黑色岩系风化物地层单元保持一致(图9-12)。

2. 土壤类型对土壤酸化的影响

研究区不同土壤类型pH平均值在5.61～7.08之间,主要分布在酸性范围内,少量呈中性、碱性。不同土壤类型pH平均值大小依次为:潮土＞石灰土＞红壤＞紫色土＞棕壤＞黄壤＞黄棕壤＞水稻土＞草甸土,除石灰土和潮土pH平均值较高外,其余土壤类型pH平均值基本相当,且与全省平均值一致(表9-6,图9-13)。pH中位值与平均值总体上规律一致。通过上述数据统计发现,以石灰土的酸化趋势最轻,这可能与其成土母质碳酸盐岩风化物的缓冲能力较强有关。潮土则可能深受地下水影响,造成土壤中下部氧化还原的交互作用与碳酸钙的水成聚积。

3. pH与土壤养分的相关性分析

短期内土壤pH变化还取决于自身抵制酸碱变化的能力。土壤抵制酸碱变化的能力以土壤物质组成和地球化学性质为基础,土壤酸缓冲性能因土壤类型而异,故不同类型土壤酸化程度也有所不同。

2018年调查成果中土壤pH与其他土壤养分的相关性分析结果表明(表9-7),沿江平原区沙洋县土壤的pH与有机碳、全氮、碱解氮均为极显著负相关,相关系数分别高达-0.516、-0.474、-0.355;与土壤全钾、有效磷、全磷均为极显著正相关,相关系数为0.564、0.389、0.099。鄂西山区宣恩县土壤的pH则与土壤碱解氮、有效磷、有机碳、全磷、全氮为极显著负相关,相关系数分别为-0.245、-0.158、-0.096、-0.087、-0.059;与土壤阳离子交换量为显著正相关,相关系数为0.098。可见土壤中的养分因子对土壤pH的影响较大。

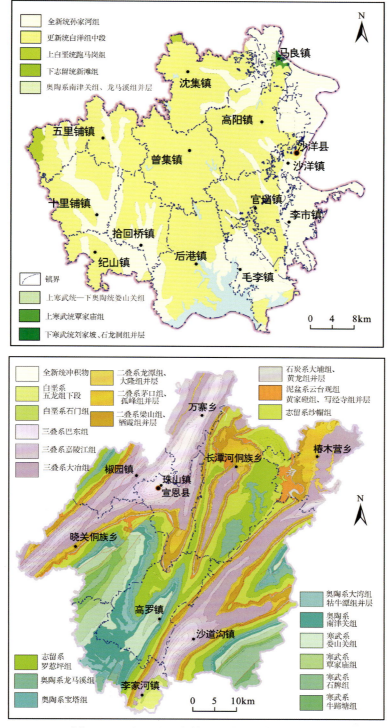

图 9-11 宣恩县和沙洋县不同地层单元分布图

表 9-5 宣恩县和沙洋县不同地质背景形成的土壤 pH 地球化学特征值表

地层单元	样本数/件	平均值	最大值	最小值	标准差	变异系数/%
孙家河组	4068	6.85	8.57	4.09	1.17	17.08
白洋组	7399	5.98	8.38	4.16	0.64	10.70
跑马岗组	108	5.66	7.76	4.48	0.57	10.07
全新统	19	6.00	7.74	4.35	0.85	14.10

续表 9-5

地层单元		样本数/件	平均值	最大值	最小值	标准差	变异系数/%
五龙组		171	5.88	8.47	4.17	1.04	17.62
石门组		78	6.23	8.39	4.08	1.19	19.04
巴东组		912	5.89	8.36	3.47	1.14	19.26
嘉陵江组		1300	6.26	8.33	3.99	0.89	14.28
大冶组		1908	6.13	8.39	3.96	0.95	15.56
龙潭组+大隆组		532	5.78	8.27	4.14	0.97	16.74
茅口组+孤峰组		836	5.65	8.36	3.50	0.89	15.81
梁山组+栖霞组		655	5.65	8.38	3.67	0.91	16.00
大浦组+黄龙组		164	5.81	8.12	4.23	0.90	15.46
云台观组+写经寺组		410	5.50	8.16	3.98	0.86	15.69
纱帽组		863	5.28	8.32	3.96	0.76	14.35
罗惹坪组		847	5.12	8.23	3.66	0.64	12.48
龙马溪组		529	5.20	8.15	3.84	0.69	13.33
宝塔组		232	5.39	8.14	3.96	0.80	14.83
大湾组+牯牛潭组		223	5.48	8.18	4.18	0.78	14.17
南津关组+红花园组		410	5.68	8.08	4.19	0.86	15.05
娄山关组		673	5.94	8.21	4.12	0.96	16.15
覃家庙组		154	6.34	8.32	4.35	1.10	17.28
天河板组+石龙洞组		182	5.81	8.17	4.36	0.88	15.06
石牌组		69	5.43	7.93	4.37	0.77	14.22
牛蹄塘组		12	5.01	5.99	4.52	0.47	9.40
研究区	宣恩县	11 179	5.70	8.47	3.47	0.97	16.86
	沙洋县	11 575	6.28	8.57	4.09	0.96	15.29

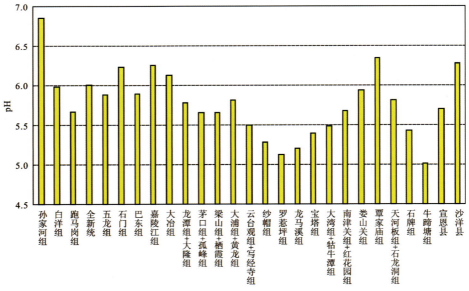

图 9-12　宣恩县和沙洋县不同地质背景土壤 pH 对比柱状图

表9-6 宣恩县和沙洋县不同土壤类型pH特征值表

土壤类型		样本数/件	平均值	中位值	最大值	最小值	算术标准差	变异系数/%
红壤	宣恩县	3	6.06	5.90	6.86	5.43	0.60	9.90
黄壤	宣恩县	2437	5.80	5.52	8.47	3.47	1.06	18.28
黄棕壤	宣恩县	6516	5.74	5.54	8.39	3.66	0.93	16.20
	沙洋县	307	6.79	6.87	8.50	4.16	1.22	17.97
棕壤	宣恩县	956	5.81	5.66	8.37	3.50	0.93	16.01
石灰土	宣恩县	32	7.08	7.43	8.32	4.93	1.01	14.27
紫色土	宣恩县	461	5.87	5.69	8.28	3.88	1.01	17.21
草甸土	宣恩县	60	5.61	5.44	8.05	4.47	0.88	15.69
水稻土	宣恩县	714	5.69	5.46	8.38	3.96	1.01	17.75
	沙洋县	9820	6.16	5.96	8.50	4.37	0.83	13.47
潮土	沙洋县	1448	7.02	7.92	8.57	4.09	1.29	18.38
研究区	宣恩县	11 179	5.70	5.55	8.47	3.47	0.97	17.02
	沙洋县	11 575	6.28	6.02	8.57	4.09	0.96	15.29

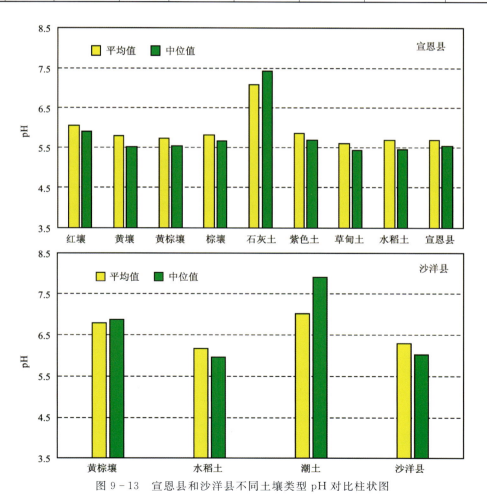

图9-13 宣恩县和沙洋县不同土壤类型pH对比柱状图

表 9-7 土壤 pH 与土壤养分的相关性分析

土壤养分		有机碳	全氮	全磷	全钾	碱解氮	有效磷	速效钾	阳离子交换量
沙洋县	样本数/件	11 575	11 575	11 575	11 575	253	253	253	253
	相关系数	−0.516**	−0.474**	0.099**	0.564**	−0.355**	0.389**	0.132*	0.001
宣恩县	样本数/件	11 179	11 179	11 179	11 179	400	400	400	400
	相关系数	−0.096**	−0.059**	−0.087**	0.001	−0.245**	−0.158**	0.031	0.098*

注：** 在置信度（双测）为 0.01 时，相关性是显著的；* 在置信度（双测）为 0.05 时，相关性是显著的。

在鄂西山区宣恩县土壤酸化比较严重的长潭河乡和高罗镇以及沿江平原区沙洋县选取 3 个典型剖面，进行 pH 垂向上的趋势变化研究（图 9-13）。

根据剖面上土壤 pH 与有机碳、全氮、全磷在垂向上的变化关系来看，其变化趋势基本保持了与土壤表层数据一致的规律，有机碳、全氮、全磷含量会随着 pH 的升高而降低。这与 Motavalli 等（1995）发现美国湿润热带土壤有机碳与 pH 之间具有显著的弱负相关关系等研究结果保持一致。戴万宏等（2009）利用第二次全国土壤普查确定的 886 个典型地带性的土种剖面资料，分析研究了全国及 6 个地理区域（华东、华南、西南、东北、华北和西北）地带性土壤表层有机质含量与 pH 之间的关系，最终也发现土壤有机质含量有随 pH 升高而降低的趋势，二者呈极显著的负相关关系。

沿江平原区沙洋县和鄂西山区宣恩县土壤全磷、有效磷与土壤 pH 存在完全相反的线性关系，这可能与两地施肥采用的磷肥品种有关。沿江平原区沙洋县大多施用磷酸二铵等弱碱性肥料，而鄂西山区宣恩县大多施用过磷酸钙等酸性肥料。同时沿江平原区地下水资源丰富，沙洋县马良镇张集村垂直剖面上表层土以下土壤全磷含量与土壤 pH 的变化存在一定程度的正相关性，而宣恩县水田、旱地的全磷含量与 pH 皆表现显著负相关性（图 9-14），这可能与地下水的丰富程度有关。

4. pH 与土壤物理性质的相关分析

土壤密度、粉粒含量高的耕地土壤，其酸缓冲能力强，土壤越不易酸化，而黏粒含量高、孔隙度高的耕地土壤，对酸的缓冲能力弱，越易发生酸化（表 9-8）。本研究结果表明，研究区耕地土壤 pH 变化幅度与黏粒含量、孔隙度、粉（砂）粒含量、密度等物理性质关系密切，相关系数分别高达 −0.536、−0.418、0.669 和 0.468。这表明不同耕地土壤类型的黏粒、粉粒、砂粒含量等内在因素差异，对研究区耕地土壤酸化也具有不同程度的影响。黏粒、砂粒含量高的耕地土壤具有较大的孔隙，透水性好，导致土壤盐基物质易于淋失。

四、土壤酸化缓冲能力预警

土壤自然酸化过程是盐基离子、阳离子淋失，使土壤交换性阳离子变成以 Al^{3+} 和 H^+ 为主的过程。盐基饱和度的变化是酸雨对土壤最基本的影响，而盐基淋溶又是酸缓冲机制之一，当土壤中盐基离子含量减少到临界值时，土壤失去酸缓冲能力，酸化速度加快，生态危险增加。

鄂西山区表层土壤中钾、钠、镁、钙含量之和与土壤 pH 值散点图显示：土壤 pH 值与盐基离子含量在 pH=7.2 时具有明显的变化拐点（图 9-15），可用下列函数关系来描述：

$$w(K+Na+Ca+Mg)=0.231\,6pH+0.307\,7, pH<7.2;$$
$$w(K+Na+Ca+Mg)=2.098\,9pH-13.47, pH\geqslant 7.2。$$

当土壤 pH 大于临界点 7.2 时，即使土壤酸化程度不大，pH 下降很少，也能造成大量的 K^+、Na^+、Mg^{2+}、Ca^{2+} 等盐基离子淋失；当 pH 从 8.5 下降至 8.0 时，减少 0.5 个单位，土壤中盐基离子从约 6.32% 下降至约 5.30%，下降了约 1.02%。pH 低于 7.2 临界点后，土壤酸化迅速，K^+、Ca^{2+}、Mg^{2+}、Na^+ 等盐基

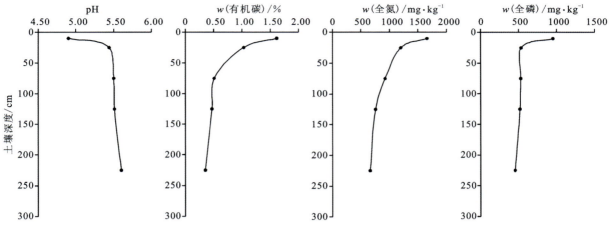

宣恩县长潭河乡芭叶槽村XECP36，酸性土壤，茅口组，黄棕壤，旱地，海拔1221.9m

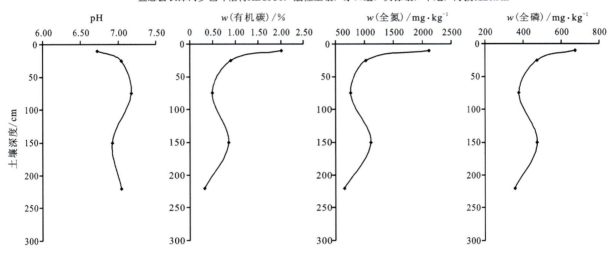

宣恩县高罗镇下坝村XECP26，中性土壤，娄山关组，水稻土，水田，海拔683.1m

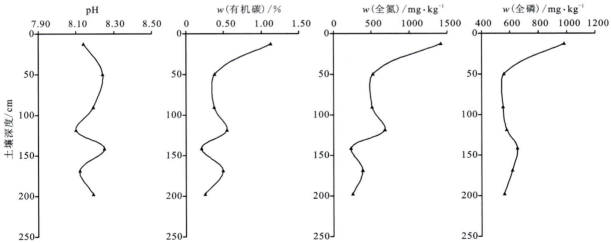

沙洋县马良镇张集村SY1CP08，碱性土壤，孙家河组，潮土，旱地，海拔29m

图 9-14　研究区典型剖面土壤 pH 与有机碳、全氮、全磷含量对比曲线图

表 9-8　土壤 pH 与土壤物理性质的相关性分析

土壤物理性质	黏粒含量	粉（砂）粒含量	砂粒含量	含水率	密度	颗粒密度	孔隙度
样本数/件	67	67	67	67	67	67	67
相关系数	－0.536**	0.669**	－0.388**	－0.307*	0.468**	0.555**	－0.418**

注：** 在置信度（双测）为 0.01 时，相关性是显著的；* 在置信度（双测）为 0.05 时，相关性是显著的。

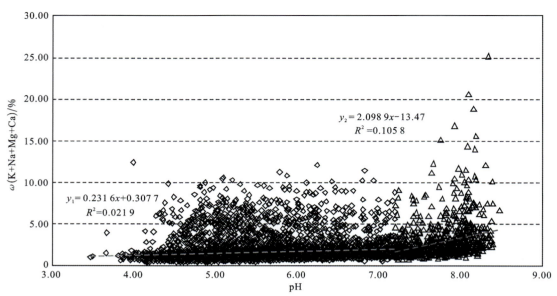

图 9-15　鄂西山区土壤中钾、钠、镁、钙含量之和与土壤 pH 散点图

离子的淋失作用明显减弱，如 pH 从 6.5 降到 6.0，减少 0.5 个单位，盐基阳离子含量从 3.82% 降至约 3.70%，减少约 0.12%。土壤 pH 与盐基离子浓度之间呈非线性突然变化的特征，因此可用土壤的盐基离子浓度来表征土壤 pH 的变化速率，也就是对酸性沉降物的缓冲能力。沿江平原区及鄂西山区很多区域都达到甚至超过了土壤酸化缓冲能力预警阈值（pH=7.2）。针对上述情况，相关部门应及时治理修复土壤酸化区。

第四节　土壤酸化的治理建议

近年来湖北省部分县（市、区）土壤 pH 总体有所上升，但各乡镇的土壤 pH 变化差异明显，进一步说明种植结构和施肥对土壤 pH 影响较大。根据本次研究的结果，结合当地产业结构情况，提出以下治理建议。

1. 增施有机肥

腐熟的有机肥含有丰富的 Ca、Mg、K、Na 等中微量元素，可以补充由于土壤酸化造成淋失的土壤盐基离子，在自然条件下使土壤 pH 不会因外界环境改变而发生剧烈变化。但由于有机物料来源有限，而且具有脏、臭、重等特点，将现有的有机物料作为酸性改良剂来改良土壤酸化的措施还不能进行大面积的推广应用。

2. 合理施用化肥，减少肥料的损失

施肥作为供给作物营养的主要方式，不适当的施肥方式会影响肥料的利用率。化学氮肥的不合理施用，如大量或偏施氮肥，会导致土壤酸化，主要原因是土壤中硝态氮的累积。为此，在农业生产上要根据作物的需肥特点适时适量地施肥；积极推广与应用新型肥料，如微生物肥料、缓/控释肥料等；运用与推广在技术上已成熟的科学的肥料管理技术，配合合理的施肥方法，如测土配方法施肥、农田养分精准管理等技术，来提高各种肥料的利用率，减少化肥损失。另外，还应当调整施肥品种和结构，选择生理碱性肥料，防止土壤进一步酸化。建议施用氮肥时，选择碳酸氢铵，2.7kg 碳酸氢铵配 1kg 尿素，如栽植烟叶用等量的硝态氮肥替代；如需施用磷肥时，用钙镁磷肥。

3. 施用石灰和其他碱性物质

施用石灰是一项传统而有效的改良土壤酸化的措施，可以中和土壤酸度，改善土壤的物理、化学和生物学性质，从而提高土壤养分有效性，降低 Al^{3+} 和其他重金属对作物的毒害，提高作物的产量和品质。在闲地土壤和表层酸化程度比较严重的土壤上施用化学改良剂的效果较好，生石灰、轻烧粉和轻烧粉石灰氮各半混合这 3 种改良剂在其用量为 1‰时可以提升土壤 pH 两个单位，达到很好的改良效果。建议 pH>5 的土壤每亩施 50kg 生石灰，pH 在 4~5 之间的土壤每亩施 100kg 生石灰，pH<4 的土壤每亩施 150kg 生石灰，在播种翻地时与土壤拌匀。

4. 采用其他农业措施，提高土壤的缓冲能力

在农业生产上，通过将一年生作物替换成多年生作物，以及延长作物的覆盖时间来减少农田的休闲期，提高复种指数；积极推广免耕和少耕等现代化农业耕作制度；通过增加秸秆还田和种植绿肥，减少有机残体被移走，尤其是富含过量阳离子和有机阴离子的植物残体。通过多年试种研究发现，在低丘红壤地区果园套种牧草能显著提高其有机质含量和保水抗旱能力，改善土壤的理化性状，降低土壤酸度，增加土壤速效养分含量，增强土壤的缓冲能力。

5. 增施微生物菌剂

酸化土壤中的微生物群体会有一定的破坏，导致土壤环境中有益菌和有害菌比例失调，有害菌增多，使得病害发生严重。增施微生物菌剂，加大有益微生物的投入，快速增加土壤中有益微生物的数量和比例，提高有机质含量。这些有益菌有效降解农药、化肥、除草剂的残留和有害化学物质，增加板结土壤通透性；并且有益微生物在生长繁殖时能分泌多糖、酶等有益物质，还能活化酸化土壤中被固定养分，提高营养成分的吸收效率，起到疏松土壤、培肥地力的作用。

第十章　湖北省土地质量地球化学评价数据库及信息系统

基于信息技术、Web 技术、移动终端和 GIS 等先进技术，以《土地质量地球化学调查评价数据库建设规范》《土地质量地球化学评价规范》(DZ/T 0295—2016)为基础，面向土地质量地球化学调查评价与成果应用，构建湖北省土地质量地球化学评价集查询、应用、管理多角色多权限的"大数据"应用管理平台，实现调查评价数据、图件及成果的共享、应用、开发，用以提高湖北省土地质量地球化学调查数据获取、数据管理、信息显示与分析的效率和效果，以提升湖北省土地质量地球化学调查评价工作的信息化和应用水平。

第一节　湖北省土地质量地球化学评价数据库

一、建库目的

2014 年以来，通过开展"湖北省'金土地'工程——高标准基本农田地球化学调查"项目获得了大量数据，但是项目成果分散，数据不集中，评价成果表达，数据标准不统一，不利于成果应用转化。随着调查评价工作的持续开展，数据不断增多、累积，数据的集成与管理要求更加迫切。因此，2016 年，湖北省国土资源厅委托湖北省地质科学研究院开展湖北省"金土地"工程数据库建设，旨在建立一套完整的"金土地"工程数据库建设的方法技术体系和数据库管理系统，以有效推进全省富硒产业发展，提升地质工作对经济社会发展的服务功能，为土地生态环境保护、农产品安全提供保障服务，为湖北省土地从数量管理转向质量及生态管护提供技术支撑。

二、建库基础

随着全国范围内 1∶25 万多目标区域地球化学调查和评价项目开展，2009 年，中国地质调查局发展研究中心建立了全国多目标区域地球化学调查数据库——"区域地球化学数据管理与分析系统 GeoMDIS（多目标版）"。它采用以 GIS 构件为基础的开发模式，在 Windows 操作平台下，结合可视化编程语言和面向对象的数据管理结构，是集区域地理、地质、多目标区域地球化学等信息的管理、处理、分析、转换、成图等为一体的专业型软件系统。2014 年，中国地质调查局开展 1∶5 万土地质量地球化学评价数据库建设工作，开发了"土地质量地球化学调查与评价数据管理与维护（应用）子系统"。湖北省土地质量地球化学评价数据库基于此而建立。

三、建设思路

在充分收集湖北省"金土地"工程——高标准基本农田地球化学调查所取得的土壤、灌溉水、农作物、大气沉降等地球化学采样、分析数据的基础上,结合基础地理、地质及土地质量、土壤类型等进行综合分析、研究,依据《土地质量地球化学调查评价数据库建设规范》和《土地质量地球化学评价规范》(DZ/T 0295—2016)的要求,制订数据整理、汇总、标准化的技术要求和技术方法;研究图件数据模型框架,建立图层及命名方式,研究不同图层与数据库表的逻辑关系,建立属性挂接机制;制订数据质量的检查方式、检查内容,开发调查数据库质量控制软件;研究数据模型,确定建模方案,建立湖北省"金土地"工程属性及空间数据库,开发综合应用平台数据库系统。

四、技术方法

1. 软硬件环境

硬件环境:选择的软硬件设备必须满足工作要求、符合质量规定,具有稳定性、可靠性等特点。要求数字化仪的分辨率达到 0.025mm,精度达到 0.2mm;扫描仪的分辨率应不低于 0.083mm;建议计算机 CPU 为 Intel Core i5 以上配置。

软件环境:MapGIS 6.7 及以上版本,ArcGIS 10.0 及以上版本、区域地球化学数据管理与分析系统 GeoMDIS(多目标版),土地质量地球化学调查评价信息系统,Microsoft SQL Server 2005 以上版本,Oracle 10.0 及以上版本,Microsoft Office 2003 及以上版本,Windows 7 以上版本。

2. 数据准备

系统收集湖北省"金土地"工程项目成果资料,包括项目的基础数据、调查数据、样品分析测试数据、评价数据和成果数据等。

3. 数据整理(数据标准化)

根据数据特点,编制《湖北省"金土地"工程数据整理技术要求》,依据该技术要求整理数据。野外调查数据包括土地质量调查获取的土壤、植物、大气干湿沉降物与灌溉水等样品的采样、送样、分析结果。规范数据项名称和结构、整理相应字段,按照标准进行元素分析单位转换、投影转换为统一坐标系的坐标值等工作。其他基础资料按照要求转化成 AcrGIS 10.0 格式。为了更有效地表达湖北省土壤特征,根据《土地质量地球化学调查评价数据库建设规范》命名要求,增加相应数据表或数据项,如在土壤元素不同形态分析元素含量分析数据结构表(DCTRXT)中增加了 Se 全量、Cd 全量、As 全量、Hg 全量、Cu 全量、Pb 全量、Zn 全量等数据项。

4. 数据录入与质量检查

采用中国地质调查局发展研究中心研发的数据录入与质量检查(GeoDGSS)软件,完成相关数据录入和质量检查(图 10-1~图 10-3)。

结构检查包括表名检查、结构检查、索引约束检查、结构标准化检查(规范表名、字段名标准化、字段类型标准化、字段长度标准化、字段顺序标准化)。值域检查包括空间定位检查(坐标换算检查、重叠点检查)、数据编码检查。完整性检查包括空字段统计、记录完整性检查、数值统计。

图 10-1　数据录入及质量检查流程

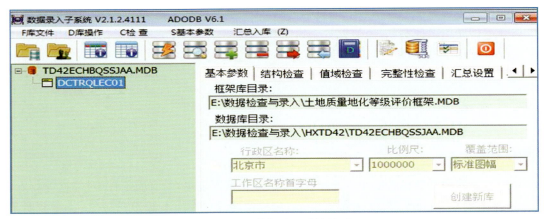

图 10-2　数据录入系统界面

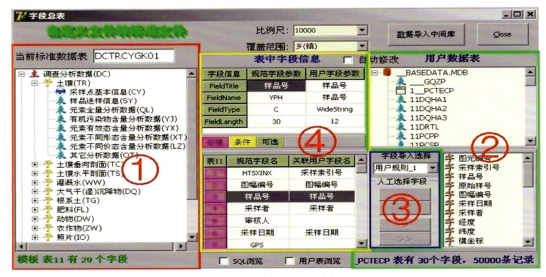

图 10-3　数据表格生成界面

5. 数据入库及制图

　　数据表和基础图层数据经验收检查合格后,以中国地质调查局开发的"土地质量地球化学调查与评价数据管理与维护(应用)子系统"为基础平台进行汇总、整理、入库。数据入库后,利用统计分析、土地评价和专题图制作功能对数据资料进行系列的统计分析和评价工作。数据最后可形成土壤元素不同统计单元特征值统计表和土壤地球化学图、土壤养分单指标地球化学等级图、土壤环境单指标地球化学等级图、灌溉水环境单指标地球化学等级图、大气沉降物环境单指标地球化学等级图、土壤养分地球化学综合等级图、土壤环境地球化学综合等级图、灌溉水环境地球化学综合等级图、大气沉降物环境地球化学综合等级图、土壤质量地球化学综合等级图和综合应用图。

五、数据库内容及功能

湖北省土地质量地球化学评价数据库包括基于要素几何特征的空间数据,但不包括几何特征的结构化属性数据和非结构化数据。基于要素几何特征的空间数据主要包括基础地理、基础地质、土地利用类型、土壤环境单指标或综合指标分级评价、土壤养分单指标或综合指标分级评价、大气干(湿)沉降物单指标或综合指标分级评价、灌溉水单指标或综合指标分级评价、土地质量地球化学分级评价、基于评价成果完成的农作物种植规划、土地利用规划等空间要素类;不包括几何特征的结构化属性数据主要包括土壤、大气干(湿)沉降物、农作物、灌溉水等采样、分析数据,实验室质量监控信息与相关的评价指标信息;非结构化数据主要包括元数据、野外照片、实际材料图、成果报告等。

湖北省土地质量地球化学评价数据库系统平台功能共分为7个部分:系统管理与设置、数据管理、统计分析、图层管理、土地评价、专题图制作和制图输出。

1. 系统管理与配置

系统管理与配置是建立、设置、修改及删除数据工程和应用工程环境的工具,同时包括建立用户窗口设置、系统配置、插件管理等功能。"开始"主菜单,包括文件设置、视图窗口、系统设置、系统退出和皮肤设置功能(图10-4)。

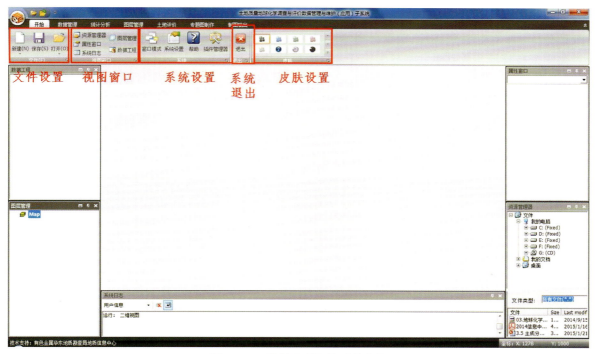

图 10-4 数据库系统的开始菜单

文件设置包括新建、保存、打开菜单。"新建"菜单可以新建二维视图、制图输出和解决方案。在解决方案中,根据数据库管理方式的不同,可分别建立 Access、MySQL、Oracle 数据存储解决方案。数据存储解决方案建立后,生成"本项目"的数据资源目录索引树,实现对空间数据、属性数据的一体化管理。其中,同一个数据存储解决方案中的所有空间数据拥有统一的空间参考系。软件可在系统中对多个解决方案进行集中、统一的管理。

视图窗口由资源管理器、属性窗口、系统日志、图层管理、数据工程组成。根据软件操作的习惯和实际需求可对各个窗口进行"打开"或"关闭"设置。

系统设置包括窗口模式、帮助、插件管理器及系统设置。系统的"窗口模式"可以对数据主窗口中的数据窗口的展示方式进行更改。"系统设置"可对系统用户界面语言、外观效果、数据工程路径等进行设置。系统提供多种皮肤设置。用户可根据自己的偏好,通过点选皮肤主题,更换系统皮肤。

2. 数据管理

数据管理实现的功能主要包括数据预处理、数据导入和数据查询等,即各类属性数据、空间数据的数据预处理、数据导入及数据查询(图 10-5)。系统的数据预处理模块主要为坐标系的定义与转换。坐标基准转换中空间坐标系的转换通过至少 3 个重合点(即为在两坐标系中坐标均为已知的点),采用空间的七参数模型进行求解。在数据输入方面,系统提供智能灵活的数据导入配置模板,可将各类图形数据、点空间数据和属性数据、图片数据、描述性文档数据等录入土地质量地球化学评价数据库中。在数据查询方面,系统支持对数据库中各类数据资源的可视化查询。

图 10-5 数据管理模块

3. 统计分析

统计分析主要包括常规统计、数据处理、数据检验、异常统计、多元统计五大模块(图 10-6)。主要针对地球化学分布特征参数和单元素异常特征参数进行统计。前者主要包括平均值、变异系数、最大值、最小值、中位值、众值、平均值、剔除/替换异常值后计算标准差和离差、剔除异常值后变异系数等参数;后者主要包括单元素异常的异常编号、元素名称、异常下限、样点数、极大值、异常均值等。通过统计分析模块,筛选出异常指标,查看各指标在土壤中的分布特征,不同时期土壤土质的变化等;建立综合评价模型,进行土地元素异常分析、土壤元素地球化学分布分析、土壤肥力指标元素分布分析、土壤环境健康指标分布分析、地表水元素地球化学分布分析、土地质量地球化学等级划分与评价等。

图 10-6 统计分析模块

4. 图层管理

图层管理支持地图可视化服务,地图浏览模块可以加载和导出 mxd 和 shp 文件,实现对原始采样信息、统计评价信息、地球化学评价信息等相关土地质量地球化学评价数据的地图显示功能(图 10-7),并对加载的地图做常规浏览操作、量测操作、编辑操作,还可对图形要素做空间分析和缓冲区分析。图层管理包括数据管理、图形管理、浏览查询、测量工具、缓冲分析和空间分析。

图 10-7 图层管理模块

5. 土地评价

利用专家打分法、空间叠加法等数学模型,进行评价数据预处理、区域土壤养分地球化学评价、土壤环境地球化学评价、灌溉水环境地球化学评价、大气干湿沉降物环境地球化学评价、土地质量地球化学评价、绿色农产品产地评价、无公害蔬菜产地评价等。例如,土壤质量地球化学综合等级由土壤养分地球化学综合等级与土壤环境地球化学综合等级叠加产生(图10-8)。

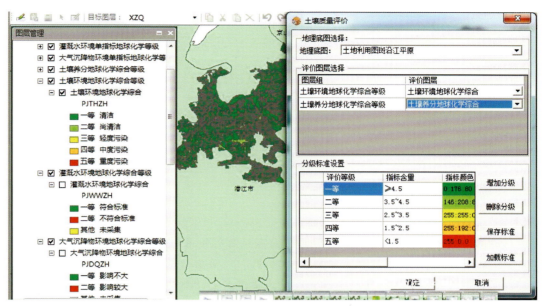

图 10-8 土壤质量地球化学综合评价操作界面

6. 专题图制作

专题图制作主要实现点图层生成等值线、网格插值、网格等值线、十字剖面、等级分级设色等功能(图10-9)。

图 10-9 专题图制作

7. 制图输出

制图输出主要实现地图出图的功能,包括元素浏览、元素绘制及修改、元素操作、模版输出和打印、布局浏览等功能。

第二节 土地质量地球化学"智慧云"平台

一、平台架构与功能

湖北省土地质量地球化学评价"智慧云"平台的建设内容以湖北省土地质量地球化学评价数据库为基

础,开发"智慧采集"子系统,"智慧分析"子系统、"智慧报告"子系统、"智慧图件"子系统和"智慧一张图"子系统、"智慧档案"子系统6个模块的交互式应用系统(图10-10)。

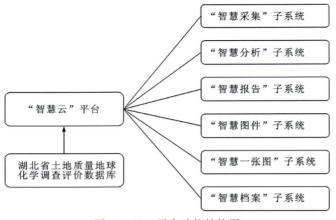

图10-10 平台功能结构图

1."智慧采集"子系统

"智慧采集"子系统是基于安卓系统和网络B/S(Brower/Server)结构开发的外业调查采集管理系统。该系统采用移动GIS、遥感、数据库、GPS、移动通信及云计算等技术研发。软件通过移动网络将采集信息实时上传至云端服务器,实现采集端到服务器端的数据同步,采集数据查询编辑统计,以便外业和内业人员对外业数据采集情况及进展进行实时查询与统计。系统业务功能包括地图浏览、空间定位、数据查询、数据统计、数据显示、数据管理、数据导出、用户管理、系统设置等。

移动端:主要用于外业采样,具有采样任务下载和查询、目标导航找点、样品信息采集、样品数据保存与上传、自互检等功能(图10-11)。它通过网络将采集信息实时上传至云端服务器,实现移动端到服务器端的数据同步,便于对采集情况进行实时查询与统计。

图10-11 "智慧采集"子系统移动端

Web端:主要用于室内工作,一方面具有采样点位管理功能,将预布采样点位信息上传至云端服务器,移动端可实时更新采样任务(图10-12);另一方面对云端服务器的数据进行查询统计和管理维护,具有数据管理与查询、质量监控(GPS航迹、监控大屏、自互检)等功能(图10-13)。

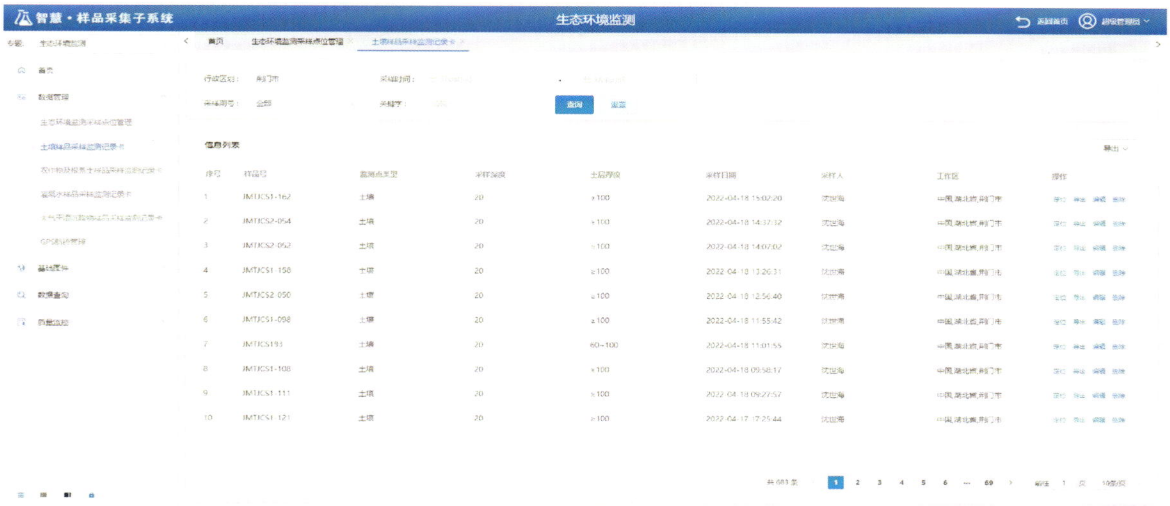

图10-12 "智慧采集"子系统Web端样品查询

图10-13 "智慧采集"子系统Web端监控大屏

2."智慧分析"子系统

"智慧分析"子系统是基于网络B/S结构开发的数据管理系统(图10-14~图10-16)。通过调用数据库内容,实现调查数据、分析数据等便捷的查询、统计、应用及共享等功能。

3."智慧报告"子系统

"智慧报告"子系统是基于网络B/S结构开发的报告管理系统(图10-17)。通过调用数据库内容,实现成果报告、应用报告等便捷的查询、应用及共享等功能。

4."智慧图件"子系统

"智慧图件"子系统是基于网络B/S结构开发的图件管理系统。通过调用数据库内容,实现评价图

图 10-14 "智慧分析"子系统首页

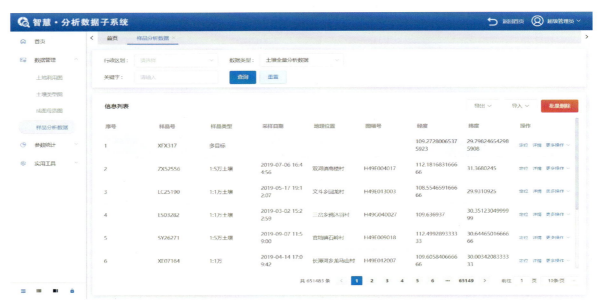

图 10-15 "智慧分析"子系统样品分析数据管理功能界面

件、应用图件等便捷的查询、应用及共享等功能(图 10-18)。

5. "智慧一张图"子系统

"智慧一张图"子系统是基于安卓系统和网络 B/S 结构开发的可视化应用系统。采用移动 GIS、遥感、数据库、云计算技术研发,实现在线土地图斑数据查询、评价等级、开发利用等系列功能(图 10-19),将调查成果集中化、可视化、便捷化。

Web端:集地理信息、基础信息(土地利用类型、地质背景、土壤类型)、采样点位野外调查信息与测试分析数据、综合评价等级图、开发利用建议等信息为一体,可根据需要在线浏览调查样品、图斑、村组、乡镇、区县、城市等各项相关信息。

移动端:涵盖网页端所有功能,且可扫描村级档案二维码,系统会自动定位到村组,并显示档案信息;也可基于当前位置查看附近地块、村、镇等评价信息,比如农户、企业、政府现场实地考察某一区域时可快速查看土地质量调查信息。

图 10-16 "智慧分析"子系统元素参数值统计功能界面

图 10-17 "智慧报告"子系统文档库管理功能界面

6. "智慧档案"子系统

"智慧档案"子系统是基于网络 B/S 结构开发的土地质量地球化学评价村级档案输出系统（图 10-20，图 10-21）。它可实现基于一张图系统的村级档案卡输出功能，档案卡内容包括所选级别的土地质量地球化学信息。

二、平台成果及应用成效

1. 平台成果

平台成果主要包括软件成果和文档成果。软件成果包括湖北省土地质量地球化学评价"智慧云"平台、湖北省土地质量地球化学调查样品采集系统、湖北省土地质量地球化学评价野外采样质量检查系统、

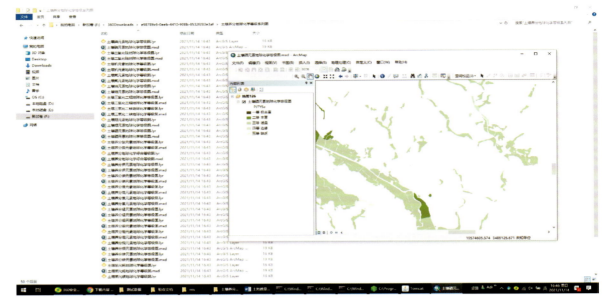

图 10-18 "智慧图件"子系统等级评价

图 10-19 "智慧一张图"子系统界面

湖北省土地生态环境动态监测调查样品采集系统、土地质量地球化学评价智慧一张图。文档成果包括《湖北省土地质量地球化学评价"智慧云"平台开发报告》《2014—2020年湖北省土地质量地球化学评价成果报告》(含年度成果报告和成果集成报告)、《湖北省土壤地球化学背景值数据手册》及村级质量档案卡等。

2. 平台应用及成效

平台面向土地质量地球化学调查评价项目需求,采用测绘地理信息、空间定位、移动通信与信息服务等技术,在突破各项关键技术的基础上,研发了面向土地质量地球化学调查评价信息采集与管理全过程的数据生产与查询分析平台,涉及智慧采集、智慧分析、智慧报告、智慧图件、智慧一张图和智慧档案六大子系统,实现了成果的快速查询和可视化。

"智慧采集"子系统为前期土地质量地球化学调查评价数据的采集提供了信息化保障,样点准确度和采样效率大幅提高,采样记录实现了全程标准化和无纸化,采集数据整理效率大幅提高。同时,管理人员可以通过"智慧分析"子系统实时在线了解采集进度,查看采集数据和多媒体照片等信息,采集数据的导入导出实现采集到管理的精准度,简化了工作流程,提高了工作效率。"智慧报告"子系统为快速查询相关县

第十章　湖北省土地质量地球化学评价数据库及信息系统

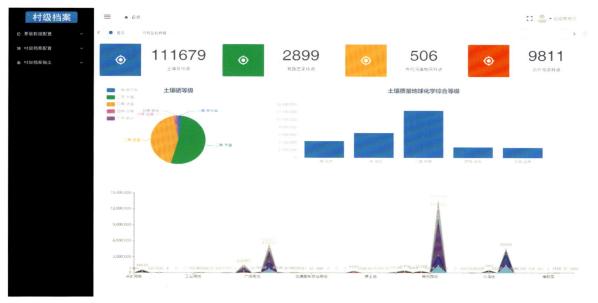

图 10-20　"智慧档案"子系统首页

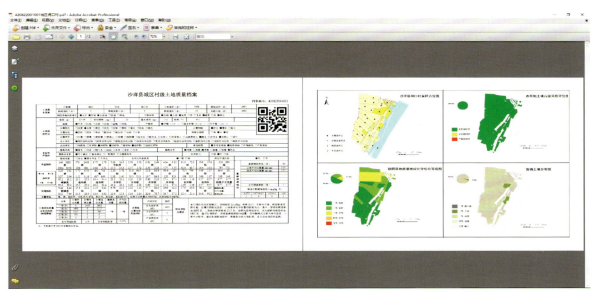

图 10-21　"智慧档案"子系统村级档案输出结果

市的土地质量地球化学状况提供了便捷的方式。在图件编制方面，目前中国地质调查局土地质量地球化学调查与评价数据管理与维护（应用）子系统采用的是底图、数据导入→赋值→评价，且只能单元素评价，且底图越大，效率越低。"智慧图件"子系统采用《土地质量地球化学评价规范》（DZ/T 0295—2016），实现底图、数据导入→图件一站式评价，大大缩短了图件编制的时间。"智慧档案"子系统以行政村（建制村）为单位形成档案卡，为村级土地利用提供了科学依据。"智慧一张图"子系统集中展示了不同用途的成果图件，为对接"国土管理一张图"提供了基础。

第十一章 方法技术规程探索与研究

第一节 湖北省土地质量地球化学调查技术规程研究

2008年,中国地质调查局发布了《土地质量地球化学评估技术要求(试行)》(DD 2008-06),首次将我国各地区土地质量地球化学评估置于同一工作平台和同一技术要求之下。2014年,中国地质调查局发布的《土地质量地球化学评价规范》(DZ/T 0295—2016)是在《土地质量地球化学评估技术要求(试行)》(DD 2008-06)基础上进一步修订而成,为满足不同比例尺评价工作的需求,实现小、中比例尺评价结果可比,突出大比例尺评价结果的实用性,增加土壤、灌溉水、农作物等样品采集、加工处理与分析测试等项要求,调整土地质量地球化学等级验证、数据库等内容。2016年国土资源部发布的《土地质量地球化学评价规范》(DZ/T 0295—2016)是对上一标准的进一步完善,规范了该项评价的样点布设、样品采集、样品处理与分析、评价指标选择、等级划分、成果表达与应用实践等工作。

2014年,湖北省"金土地"工程——高标准基本农田地球化学调查实施之初,湖北省在执行中国地质调查局颁布《土地质量地球化学评价规范》(DZ/T 0295—2016)的基础上,结合湖北省的需求和实际情况,对部分方法技术进行了优化调整。2017年,在总结湖北省前期实践经验的基础上,依据《土地质量地球化学评价规范》(DZ/T 0295—2016),湖北省提出了《湖北省"金土地"工程——高标准基本农田地球化学调查工作细则(试行)》,细化了调查评价的程序、内容、方法及技术质量要求,促进了湖北省土地质量地球化学调查项目实施过程中质量技术管理水平的提高和成果应用的推广。

2020年,为快速推进湖北省土地质量地球化学调查评价工作、提高资金使用的效费比、加强评价结果的通用性,在进一步总结近年来湖北省土地质量地球化学调查评价工作内容与成果的基础上,通过了解土地质量地球化学评价工作的发展现状及趋势,研究各省份出台的相关技术规程等,研究提出了《湖北省土地质量地球化学调查技术规程(草案)》(适用于湖北省市县级、乡镇级、村组级及地块级土地质量调查评价全流程工作)。该技术规程(草案)使湖北省土地质量调查评价有了切合本省实际、适应经济社会发展需求的标准,为湖北省土地资源可持续利用提供了科学依据,为湖北省土地质量与生态管护、土地整治及高标准基本农田建设、农产品安全生产、特色土地资源开发、地方病防控与污染土壤治理等领域提供技术支撑。

一、调查方法

1. 调查内容

结合调查的必要性和重要性,土地质量地球化学调查评价的必做工作内容包含土壤地球化学测量、农产品调查、生态地质调查、土壤垂直剖面测量、土壤有效态调查和土壤有机污染物调查,可选择的工作内容包含灌溉水地球化学调查、大气干湿沉降物监测、土壤形态调查、土壤水平剖面测量和岩石剖面测量。

2. 表层土壤采样密度

采样密度是平衡投入和土地质量精准评价的重要参数。土壤地球化学采样密度的不同,其土地质量地球化学评价结果也存在着差异,目前已完成的土地质量地球化学调查按照《土地质量地球化学评价规范》(DZ/T 0295—2016)中规定的密度执行。从理论上来说,采样密度越大评价精度越高,但其调查评价的投入费用也越高。不同类型的地区(平原、丘陵、山区)土壤元素空间变异性受地形、地貌、地质背景、地块细碎化程度等因素的影响存在较大差异,因而对采样密度的要求也不同。

通过对不同采样密度数据的空间插值精度及评价等级准确度的定量评估,提出地块尺度土地质量地球化学评价工作合理的采样密度,为湖北省开展该项工作提供了关键的技术支撑。研究选取4个典型试验区,插值方法选用距离加权反比插值法。考虑到各试验区土壤环境质量较好,影响土壤质量地球化学等级的主要因素为土壤养分质量,因此采用土壤养分综合等级图分析不同采样密度下分等定级的差异,并制作养分综合等级图,进行对比分析。

针对土地质量地球化学评价的目的以及国土管护的需要,设定评判标准如下:①规定等级误差率小于15%时,认为该密度能够表征该区的等级;②当在某个密度下不产生新的等级且能够接近真实等级情况时,则选择该密度为最优密度;③当第二种情况无法成立时,采用等级变换率判定。等级变换优先级为:低降级率优先级最高,高等级不变率次之,高升级率最后,从而避免将好的土地评定为差等土地。

研究认为,地形地貌特征和地质复杂程度是影响采样密度的关键因素,不同的区域布设不同的密度可以提高土地质量调查的费效比。相关研究表明,5个点/km^{2}的密度可以满足平原地区土地质量分等定级要求,10个点/km^{2}的密度可以满足低山丘陵地区土地质量分等定级要求,15个点/km^{2}的密度可以满足中高山区土地质量分等定级要求,但图斑零散、地质背景复杂地区需要进一步加密。

二、样品分析指标

土地质量地球化学分析指标涉及多领域、多学科,因而种类繁多。用所有指标评价土地质量,将会造成人力、物力、财力的浪费。因此,指标选取研究要达到两个目的:一是使指标体系能够完整准确地反映农业生态环境质量状况;二是使指标体系最简最小化,"简"是指标概念明确,调查度量方便易得,"小"是指标总数尽可能少,使调查度量经济可行。

《湖北省土地质量地球化学调查技术规程(草案)》中确定的表层土壤测试指标和其他工作的测试指标见表11-1和表11-2。

表11-1 湖北省土壤养分和土壤环境评价指标

大类	分项	具体指标内容
环境评价指标	选测指标	①钴、钒、锑、铊、锡等重金属元素; ②六六六、滴滴涕、苯并[a]芘等有机污染物; ③砷、镉、铬、汞、铅、镍、铜、锌等元素的形态(七步)
环境评价指标	必测指标	①酸碱度(pH); ②砷、镉、铬、汞、铅、镍、铜*、锌*等元素全量
养分评价指标	选测指标	①铝、锶、钙、镁、硫、铁、硅、氯等元素全量; ②阳离子交换量; ③碱解氮、速效磷、速效钾、有效铁、有效硼、有效锰、有效锌、有效铜和有效钼等元素有效量
养分评价指标	必测指标	①有机质; ②氮、磷、钾、硼、锰、锌*、铜*、硒、钼、锗、碘、氟等元素全量

注:* 铜、锌既是养分评价必测指标,又是环境评价必测指标,测试一次即可。

表 11-2 灌溉水、土壤有机污染物、农产品、有效态指标优化内容

项目	灌溉水	土壤有机污染物	农产品	有效态
必测指标	pH、As、Hg、Cd、Cr^{6+}、Pb、Cu、Zn、Se、B、氟化物、硫化物、氯化物	六六六、滴滴涕、苯并[a]芘	Zn、Fe、Mg、Se、Ge、Pb、Cd、Hg、As	阳离子交换量、速效钾、速效磷
选测指标	P、N、Fe、Mn、V、硫酸盐、硝酸盐、高锰酸盐指数、总硬度、溶解性总固体(TDS)	多环芳烃、有机氯(氯丹、艾氏剂、七氯、狄氏剂、异狄氏剂)	Cr、Co、Ni、Cu、Mo、Mn、Ca、K、P、S	碱解氮、有效磷、有效铁、有效硼、有效锰、有效锌、有效铜、有效钼、缓效钾、交换性钙、交换性镁

三、评价方法

(一)图斑赋值

土壤中元素含量受地质背景、土壤类型、土地利用现状等因素影响,空间分布上具有一定的连续性和相关性,这为用实际采样点的元素含量值按一定的原则给没有采样点的空白图斑赋值提供了理论依据。然而采用不同的模型、不同的赋值方法得到元素含量值往往具有一定的差异性。

1. 赋值方法

湖北省土地质量地球化学评价项目使用湖北省土地质量地球化学评价"智慧云"平台进行图斑赋值和土地评价。该系统包含 3 种不同赋值方法:距离加权反比插值法、移动平均值法、三因素值法(属性赋值法)。

距离加权反比插值法:在计算插值点取值时,按距离越近权重越大的原则,用线性加权确定各插值点取值,所得插值曲面即为所求。其计算公式为:

$$Z^*(x) = \sum_{i=1}^{n} w_i Z(x_i) \tag{11-1}$$

$$w_i = \frac{d_{i0} - p}{\sum_{i=1}^{n} d_{i0} - p} \tag{11-2}$$

式中:$Z^*(x)$ 为 x 点处的预测值;n 为用于插值的周围样点的个数;$Z(x_i)$ 为样点 x_i 处的实测值;w_i 为第 i 个样点对预测点的权重;d_{i0} 为预测点 x 与各样点间的距离;p 为距离的幂。

移动平均值法:用大于或等于取样间隔为半径的搜索圆在插值区域内连续搜索移动,以落在搜索圆内所有样点的均值作为待插值点(圆心)取值,所得插值曲面即为所求。

三因素值法:采用属性约束下的空间距离相近原则,其约束的属性包括成土母质、土壤类型和土地利用类型,其中 3 种属性约束权重由大到小的顺序为成土母质>土壤类型>土地利用类型。

2. 赋值精度评定方法

《土地质量地球化学评价规范》(DZ/T 0295—2016)中规定了图斑中无对应点位数据时如何选择插值方法,即计算土壤中镉和汞实测全量数据与插值后获得的镉和汞全量数据的相对误差,分别统计各图斑镉和汞的 RE≤30% 的比例,相对误差 RE(%)=|插值-实测值|/实测值×100,RE≤30% 为合格,RE>

30%为不合格。综上所述,选择 RE≤30%所占图斑比例最大的插值方法。

另外,选择均方根误差(RMSE)和验证点的实测值与插值的相关系数(r)两个指标来评价插值的精度。RMSE越小,相关系数r越大,精度越高。用插值与实测值作散点图,计算均方根误差(RMSE)和相关系数r。公式为:

$$\text{RMSE} = \sqrt{\frac{\sum_{a=1}^{n}[Z_a - Z_{a*}]}{n}} \tag{11-3}$$

$$r = \frac{\sum_{a=1}^{n}(Z_a - \bar{Z}_a)(Z_{a*} - \bar{Z}_{a*})}{\sqrt{\sum_{a=1}^{n}(Z_a - \bar{Z}_a)^2}\sqrt{\sum_{a=1}^{n}(Z_{a*} - \bar{Z}_{a*})^2}} \tag{11-4}$$

式中:Z_a为实际测定的值;Z_{a*}为对应的插值即预测值;n为检验数据集的样本数。

3. 赋值方法选取

三因素值法适用于地质背景、土壤类型相对较为丰富的区域土地质量地球化学评价,而大面积的土地质量地球化学评价仍以距离加权反比值法为最优。

(二)土地质量地球化学评价

土地质量地球化学评价参照《土地质量地球化学评价规范》(DZ/T 0295—2016),结合2018年生态环境部发布的《土壤环境质量 农用地土壤污染风险管控标准(试行)》(GB 15618—2018),在土壤环境地球化学等级和土壤质量地球化学综合等级方面进行了优化,其他评价方法与《土地质量地球化学评价规范》(DZ/T 0295—2016)保持一致。

1. 土壤环境地球化学等级与农用地土壤污染风险评价

依据《土壤环境质量 农用地土壤污染风险管控标准(试行)》(GB 15618—2018),对农用地土壤中重金属环境元素进行污染风险评价。土壤环境质量类别划分以 GB 15618—2018 标准为基础,土壤环境地球化学等级的3个等级(一等、二等、三等)对应农用地土壤污染风险评价分区的三大类(安全区、风险区、管制区)(表4-2)。土壤环境地球化学综合等级采用"一票否决"的原则,每个评价单元的土壤环境地球化学综合等级等同于单指标划分出的环境等级最差等级。

2. 土壤质量地球化学综合等级

土壤质量地球化学综合等级由评价单元土壤养分地球化学综合等级与土壤环境地球化学综合等级叠加产生,等级的表达图示与含义见表4-3。

第二节 湖北省村级土地质量档案建设技术规程研究

随着我国市场经济的不断发展和逐步深入,土地档案管理的作用日益显现出来。土地档案管理作为土地管理的一项基础性工作和宏观调控的重要手段,在社会生活中起着越来越重要的作用,具体表现为对现有的土地资源是否能够合理地进行开发利用、对现有的土地资源是否能够有效地进行管理。

土地质量档案是在土地质量地球化学调查和评价过程中形成的具有保存、利用价值的文字、图标、光盘等资料。它是土地质量调查成果的真实记录,其内容涵盖土地权属、指标的测试及评价结果、综合评价结果、平面位置图及开发利用建议等。在表现形式上,土地质量档案可分为土地综合质量档案、富硒土地质量档案和污染土地档案 3 种类型。建立土地质量档案,对我省土地的全面管理保护具有重要意义。

土地质量档案是土地质量信息动态变化的记录,是数量管护和质量、生态管护有机结合的载体。建立土地质量档案,不仅是一个成果表达方式问题,重要的是以土地质量建档为切入点,可以较好地解决土地质量地球化学调查与应用的问题,可以通过成果转化,为土地质量管理提供有效的技术支持,可以为土地质量保护的制度化建设提供依据和抓手(黄春雷,2010)。

湖北省地质局城乡地质处组织湖北省地质科学研究院、湖北省地质调查院、湖北省地质局地球物理勘探大队、湖北省地质局第二地质大队 4 家技术单位,共同起草了《湖北省土地质量地球化学评价村级土地质量档案建设技术要求(试行)》,并在湖北省土地质量调查项目成果报告编制过程中全面推行。土地质量档案以行政村为单元,以湖北省土地质量地球化学调查数据为依托,进一步推动了调查成果的应用。

一、建档原则

1. 科学性原则

科学性包括准确性和全面性两方面。可靠的野外实地调查和准确的评价是土地质量档案的基础。开展土地质量调查和评价工作,在参照自然资源部、中国地质调查局等出台的相关规范要求的基础上,吸纳当代地质学、地球化学、土壤学、农学、环境科学和计算机科学等新理论、新技术、新方法,应用现代高精度、超高分辨率、超痕迹的分析测试技术及现代信息处理手段,并做好调查工作质量、测试分析质量和评价成果质量等方面的检验和验证工作,使野外调查、分析测试以及评价方法等方面均具有较高的准确性和可靠性。信息覆盖的全面性是土地质量建档的基本要求,所建档案尽可能全面涵盖土地基本信息、土地质量信息和开发利用建议等多方面信息,以满足使用者的全方位需求,同时,又要突出土地质量级别、土壤重金属污染级别、富硒级别和土地质量主要影响指标的含量状况等重点内容,使其应用更加有的放矢。

2. 通俗性原则

在所建档案中详细列出土壤、农作物等测试数据及对应的标准值或参考值,增强档案卡片的可读性。在表现形式上,档案尽可能减少专业术语,同时可采用纸质和电子相结合的方式建档,使其应用更加方便,可操作性更强,从而进一步提高相关部门管理与决策的效率和质量。

3. 制度性原则

村级土地质量档案在符合自然资源部门管理需求的同时,为土地资源的差异化管理提供切实有效的资料支撑,并尽可能满足农业、环保等部门的需求,使土地质量调查成果的可利用性落到实处。在建立村级土地质量档案过程中,要制订规范标准的土地质量档案卡片,按相应要求填写,便于档案的保存和管理。

二、村级土地质量信息卡

湖北省从建档成果服务土地管理角度入手,在总结湖北省近年来土地质量地球化学调查工作成果、经验的基础上,推进土地质量建档工作。以行政村为单位,一个行政村建立 1 份土地质量档案卡。档案卡内容包含 2 个版块,分别为文字信息和图版信息。文字信息内容包括档案编号、土地基本信息、土地自然性状、农业生产条件、有益指标、环境指标、土地综合质量及生态效应、富硒资源特征、农用地土壤污染风险评价、综合评价及建议、土地质量二维码,共计 11 个方面的内容;图版信息包括采样点位图(以土地利用现状图为底图)、耕地(含园地、草地)环境质量风险评价分类图、耕地质量地球化学等级图、耕地土壤硒含量等级图。

1. 文字信息

(1) 档案编号：放置于档案卡表头右侧，编号为权属行政村代码。

(2) 土地基本信息：包含所属行政镇、村名、土地面积、耕地面积、园地面积、草地面积、林地面积、其他土地面积、土地利用、作物种类等信息。

(3) 土地自然性状：主要包含海拔、耕层厚度、潜水埋深、坡度、土壤颜色、土壤质地、土壤结构、细碎化程度、土壤类型、成土母质类型、成因类型、侵蚀程度等。

(4) 农业生产条件：包含灌溉水源、灌溉方式、灌溉保证率、排涝能力、基础设施、农用化学品使用、周边环境污染等。

(5) 有益指标：所有土壤测试指标分类后，将数据填入土壤有益指标，指标名称位于中间，左上、右上、左下和右下分别表示最小值、最大值、中位值、平均值。

(6) 环境指标：分布与有益指标版块一致，有机污染物3项指标的含量位于一个方格内。

(7) 土地综合质量及生态效应：记录行政村内耕土、园地、草地土壤养分地球化学质量、土壤环境地球化学质量、土壤地球化学综合质量、灌溉水质量及农作物安全性等情况。土壤养分地球化学质量、土壤环境地球化学质量、土壤地球化学综合质量填写各分等面积，以亩为单位；灌溉水仅定性描述，填写一等或二等；农作物安全性主要填写农作物超标数及超标率。

(8) 富硒资源特征：包含土壤硒资源特征和生物硒资源特征，土壤硒资源填写富硒耕地面积，以亩为单位；生物硒资源填写不同农产品中硒含量平均值，并统计富硒样品件数和农作物不同硒含量区间的样品数量。

(9) 农用地土壤污染风险评价：依据《土壤环境质量 农用地土壤污染风险管控标准（试行）》（GB 15168—2018)对行政村内耕地(含园地、草地)进行风险评价；填写优先保护类、安全利用类、严格管控类面积，以亩为单位。

(10) 综合评价及建议：是对行政村内的土地进行综合评述，并且提出种植建议、施肥建议、规划建议及保护建议。

(11) 土地质量二维码：统一放置于档案卡第一页右上角，采用二维码生成技术将存储于数据库中的村级土地质量信息转换为二维码，通过识别二维码进行快速查询（图11-1）。

2. 图版信息

图版信息分为4个版块，分别是采样点位图（以土地利用现状图为底图）、农用地土壤污染风险评价图、耕园草地质量地球化学综合等级图、耕地土壤硒含量等级图，其中后3张图附各等级占比饼图。农用地土壤污染风险评价图依据《土壤环境质量 农用地土壤污染风险管控标准（试行）》（GB 15168—2018）对行政村内耕地、园地、草地进行风险评价，并统计各类面积；耕园草地质量地球化学综合等级图依据《湖北省土地质量地球化学评价技术要求（试行）》和《土地质量地球化学评价规范》（DZ/T 0295—2016）对行政村内耕园草地进行分等定级，并统计各类面积；耕地土壤硒含量等级图按照《湖北省土地质量地球化学评价技术要求（试行）》制作耕地土壤硒含量等级图，并统计各类面积（图11-2）。

三、土地质量档案数据库

数据库建设可规范湖北省土地质量地球化学评价项目数据，了解湖北省土壤现状与土壤质量，提高成果数据的利用效率，成果数据更有效地应用于湖北省富硒产业发展、土地生态环境保护、农产品安全保障、土地质量管护等方面工作。

档案编号：42282610310101

×× 县 ×× 镇村级土地质量档案

土地基本信息	行政镇	×× 镇		村名	×× 村		土地面积（亩）	14 454		耕地面积（亩）	3568
	园地面积（亩）	34		草地面积（亩）	52		林地面积（亩）	9580		其他土地（亩）	1217
	耕园草地利用情况	■水田 ■旱地 □水浇地 □园地 □岗地					作物种类	■水稻 □小麦 ■油菜 ■茶 ■玉米 ■蔬菜 ■果 其他			
土地自然性状	海拔（m）	555~996		耕层厚度（cm）	20		潜水埋深（m）	1~2	坡度（°）	3~19		
	地貌	□平原 ■山地 □丘陵 □盆地 □岗地					平整度	□平整（<3°） □基本平整（3°~5°） ■不平整（>5°）				
	土壤颜色	■浅黄 ■灰黄 □黄色 ■灰黑 □紫红 □黄棕 □暗棕 □褐色					土壤质地	■砂土 ■壤土 □黏土				
	土壤结构	■团粒 □团块 □块状 □棱块状 □棱柱状 □柱状 □片状					细碎化程度	□高 ■中 □低				
	土壤类型	■红壤 ■黄壤 ■黄棕壤 □棕壤 □暗棕壤 □山地草甸土 □紫色土 □石灰土 □砂姜黑土 □水稻土 □沼泽土 □其他										
	成土母质	■第四系风化物 □残积物 □坡积物 ■冲积物 □碳酸盐岩风化物 □硅质岩风化物 □变质岩风化物 □基性岩风化物 ■中性岩风化物 □酸性岩风化物										
	成因类型	■降水 □河流 □地下水 □湖泊 □水库 □洪积物 □湖积物 □沼泽沉积物					侵蚀程度	□无明显侵蚀 ■轻度侵蚀 □中等侵蚀 □严重侵蚀				
农业生产条件	灌溉水源	■降水 □河流 □地下水 □湖泊 □水库 □泉水					灌溉方式	□冷灌 □海灌 ■一般 □喷灌 □滴灌 □其他				
	灌溉保证率	□充分满足 ■基本满足 □一般满足 □不灌溉条件					排涝能力	■一般 □高 □中 □弱				
	基础设施	□齐全 ■基本齐全 □不齐全				农用化学品使用				周边环境污染	■无 □有	

	分等	氮	磷	钾	有机质	钙	镁	铁	硅	铜	锰
有益指标 最小值~最大值		1068~3853	411~2296	1.55~4.27	14.1~78.3	0.09~1.16	0.62~2.71	3.81~8.91	58.6~78.4	9.07~18.2	205~3413
指标名 平均值		1476 1622	630 714	3.23 3.23	21.2 26.4	0.25 0.32	1.84 1.80	5.80 6.00	67.5 67.4	14.7 14.8	830 787
	硒	碘	氟	锗	硼	钴	钒	硫	钼	锶
	0.13 0.42	0.29 3.21	515 1622	1.37 2.05	48.5 104	12.1 25.8	71.1 136	108 455	0.33 1.20	34.2 118
	0.23 0.23	0.72 0.99	735 760	1.75 1.74	74.1 74.8	16.3 16.9	106 109	221 242	0.47 0.53	56.6 60.0
中位值		124 124	8.32 8.32	速效磷 238 238	速效钾 140 140	有效硼 0.18 0.18	有效钼 0.05 0.05	有效铁 10.2 10.2	有效锰 5.46 5.46	有效铜 1.14 1.14	有效锌 8.83 8.83
		124 124	8.32 8.32	238 238	140 140	0.18 0.18	0.05 0.05	10.2 10.2	5.46 5.46	1.14 1.14	8.83 8.83
环境指标		铅	镉	铬	砷	汞	镍	锌	铜	阳离子交换量	
		16.6 94.1	0.12 0.47	57.8 107	2.43 19.5	0.03 0.14	16.7 54.4	56.6 117	15.6 42.3	8.83 8.83	
		30.2 31.7	0.26 0.26	84.8 87.2	4.71 5.73	0.06 0.06	40.5 40.5	102 100	32.2 31.6	8.83 8.83	
		酸碱度 4.43 7.99 5.81 5.78	有机质 g/kg	氧化钙	氧化钾	氧化铁	氧化镁	阳离子交换量为cmol/kg，其他指标为mg/kg			

计量单位	氮、磷、钾、有机质、有机质为g/kg，其他指标为mg/kg				
土地综合质量及生态效应（耕园草地）	分等	面积（亩）	风险等级评价		面积（km²）
	一等（亩）	332	优先保护类（亩）	2555	2555
	二等（亩）	1811 1100	安全利用类（亩）	1100	1100
	三等（亩）	1512 0	严格管控类（亩）	0	0
	四等（亩）	0			
	五等（亩）	0			
	农作物超标数	1件	农作物超标率	20.0%	

	土壤养分质量	土壤环境质量	灌溉水质量	大气沉降质量		富硒耕园草地（亩）	68
	1436	一等	一等	一等		红薯平均含硒量（mg/kg）	0.07
富硒资源特征						萝卜平均含硒量（mg/kg）	0.08
						稻米平均含硒量（mg/kg）	0.02
						马铃薯平均含硒量（mg/kg）	0.01
						玉米平均含硒量（mg/kg）	0.01
						农作物含硒数（件）	0
					粮油作物硒等级统计（单位：mg/kg）		
					<0.075	0.075~0.15	0.15~0.3	≥0.3
					4件	1	0	0

综合评价及建议：××村位于××县××镇，该村海拔555~996m，坡度3°~19°，主要为山地、耕地、园地，草地资源一般，土壤自然性状适宜。土地地球化学质量以优质为主，土壤中一等优质耕园草地1436亩，二等良好耕园草地1119亩。按照风险等级评价，优先保护类耕园草地2555亩，安全利用类耕园草地1100亩，可能存在食用农产品安全风险，建议开展监测，适当采取农艺调控措施。该村富硒资源较为适量，现种植模式主要为单种茶叶和水稻，套种油菜与豆。建议加强耕园草地保护，增施复合肥与有机肥，适当进行预防性监测。

图11-1 村级土地质量档案信息卡示例

注：无数据代表该村未采集相关样品。

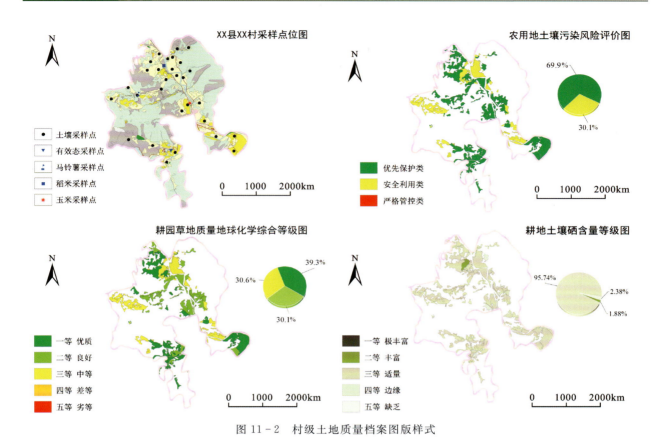

图 11-2 村级土地质量档案图版样式

湖北省土地质量地球化学评价"智慧云"平台中建立了"智慧档案"子系统,"智慧档案"子系统对村级档案相关数据进行管理,并可对档案快速配置和导出(图 11-3)。

图 11-3 "智慧档案"子系统

"智慧档案"子系统包括基础数据配置、村级质量档案配置和村级档案输出 3 个模块,对村级档案可输出相关的基础数据进行管理维护,包括行政区划数据、综合评价图斑和调查分析数据。

行政区划数据可对村级档案输出所需的村组边界区划数据进行管理维护,包括查询、导入、新增、编辑和删除等功能操作;综合评价图斑可对村级档案输出所需的综合评价图斑数据进行管理维护;调查分析数据可对村级档案输出所需的调查分析数据进行管理维护,包括土壤全量分析数据、土壤有效态分析数据、土壤有机污染物分析数据、农作物全量分析数据和灌溉水分析数据,以及查询、导入、详情和删除等功能操作。

村级质量档案配置可对各个村的档案输出参数进行配置,包括土地质量档案表手动输入内容,以及对采样点位图、土壤污染风险评价图、地球化学综合等级图和富硒等级图的制图输出要素(图名、图例、比例尺和缩放等)进行配置。土壤质量档案表即村级质量档案对应的文字信息,采样点位图、土壤污染风险评价图、地球化学综合等级图和富硒等级图即村级质量档案对应的图版信息。

村级档案输出包括两种功能:档案批量导出功能可根据查询条件查询村组列表,并可单个或批量导出村级档案;历史档案下载功能可对已导出的村级档案进行查询,并可单个或批量下载村级档案。

四、土地质量二维码

土地质量二维码是反映土地质量档案主要信息内容的载体,通过手机、网络等通信手段可实现土地质量信息的快速查询。在村级土地质量档案中,用不同颜色的二维码代表不同土壤污染风险类别,便于快速简单地识别土地总体风险类别。通过扫描二维码可实现土地质量快捷查询、农产品溯源查询。

第三节 湖北省耕地生态环境动态监测技术规程

为了实时掌握耕地质量地球化学现状及生态问题,从而为耕地质量地球化学评价和风险管控提供基础数据资料,同时为预测耕地质量变化趋势及掌握其速率,为土壤污染监测治理及土地利用总体规划提供科学依据,定期向社会公众发布耕地质量地球化学监测报告,为公众了解耕地质量状况、参与监督耕地保护提供技术支持,2021年湖北省地质科学研究院开展了耕地生态环境动态监测技术规程研究。

一、监测点布设

(一)监测分区与范围

遵循湖北省标准耕作制度二级分区、地球化学特征区内相似性、区间差异性的原则,结合农用地分等定级成果、区域环境功能区划、重要工业污染区分布对监测区域进行划分。监测范围为县级区域范围内土地,以永久基本农田、粮食生产功能区和现代农业园区为重点。

(二)监测点类型与距离

1. 监测点类型

根据监测目标,耕地质量生态地球化学动态监测监测点分为4类。第一类为基础监测点,第二类为风险监测点,第三类为生态环境保护监测点,第四类为农产品安全监测点(表11-3)。

2. 监测内容

监测内容主要包括土壤养分、土壤环境、土壤属性、土壤有益元素、农作物质量安全、灌溉水质量安全、土壤质量变化、灌溉水质量变化等(表11-4)。

表 11－3　监测点分布及其主要监测目的

监测点级别	监测点类型	监测对象	主要监测目的	监测点分布
一类监测点	基础监测点	表层土壤	反映耕地质量生态地球化学、土地质量背景状况，着重掌握耕地整体质量变化	将其尽可能均匀（网格化）地布置于永久基本农田。需要关注土壤养分元素和营养有益元素异常的区域
二类监测点	风险监测点	表层土壤、灌溉水	监控重点风险区土地质量变化及生态风险	污染物含量较高（中度—重度污染），具有较高生态风险，以及土壤环境变化较为剧烈（污染物含量增加速率、土壤酸化速率较大）的区域
三类监测点	生态环境保护监测点	表层土壤、有机污染物	掌握耕地质量生态地球化学变化及其对保护区的影响	邻近生态环境保护、水资源保护区、城市片区等对耕地质量生态地球化学影响较大的生态重点区域
四类监测点	农产品安全监测点	表层土壤、灌溉水、农作物	监控重点风险区农产品超标耕地及生态风险	以往调查发现农产品超标的地区

表 11－4　耕地质量生态地球化学监测的内容

监测分类	检测内容及监测周期
土壤养分	监测土壤主要养分指标（氮、磷、钾）的变化，达到监测土壤肥力的目的，主要涉及耕地，监测周期为每 5 年 1 次
土壤环境	监测土壤中酸碱度指标（pH）的变化，达到监测土壤酸化的目的，主要涉及耕地。土壤污染是土地质量和生态状况的重要反映。土壤污染的监测指标包括有机污染和重金属污染，可根据地方实际情况，确定具体的污染指标，土壤污染通过采样分析进行监测，监测周期为每 3 年 1 次
土壤属性	监测指标包括土壤质地、土壤有效土层厚度、土壤侵蚀程度、土壤阳离子交换量，监测周期为每 5 年 1 次
土壤有益元素	监测土壤中对植物生长及人类健康具有良好作用的元素，监测周期为每 5 年 1 次
农作物质量安全	农作物质量安全能够反映出耕地生产品质。监测指标为主要农作物的质量指标和安全指标，主要针对耕地。在作物的生长期进行，监测周期为每 1 年 1 次
灌溉水质量安全	灌溉水质量安全能够反映出灌溉水生产品质。监测指标为主要农作物对应的灌溉水质量指标和安全指标。在作物的生长期进行，监测周期为每 1 年 1 次
土壤质量变化	监测土壤中主要养分指标变化和环境指标变化以及农产品质量，直接或间接地评价耕地质量，监测土壤质量的变化，主要涉及耕地。主要体现在年度监测报告中
灌溉水质量变化	监测农田灌溉水指标变化，保障耕地、地下水和农产品安全

3. 监测点距离

基础监测土壤采样点间距尽可能符合半方差函数中小于或等于土壤监测指标在该地区呈现的半方差函数中的变程。

半变异函数又称半变差函数，半边异矩，是土地统计分析的特有函数。区域化变量 $Z(x)$ 在点 x 和 $x+h$ 处多的值 $Z(x)$ 与 $Z(x+h)$ 差的方差的一半称为区域化变量 $Z(x)$ 的半变异函数，记为 $r(h)$，具体表示如下：

$$r(h) = \frac{1}{2N(h)} \sum_{i=1}^{N(h)} [Z(x_i) - Z(x_i + h)]^2 \tag{11-5}$$

式中：$Z(x)$为区域化随机变量，并满足二阶平稳假设，即随机变量$Z(x)$的空间分布规律不因位移而改变；h为两样本点空间分隔距离；$Z(x_i)$为$Z(x)$在空间点x_i处的样本值；$Z(x_i+h)$为$Z(x)$在x_i处距离偏离h的样本值i，i取值范围为$1,2,\cdots,N(h)$；$N(h)$为分隔距离为h时的样本点对总数。

4. 变异分析

半变异值的变化随着距离的加大而增加（图11-4），这主要是由于半变异函数是事物空间相关系数的表现，当两事物彼此距离较小时，半变异值较小；反之，半变异值较大。

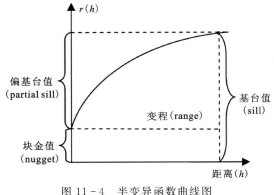

图11-4 半变异函数曲线图

半变异函数曲线图反映了一个采样点与其相邻采样点的空间关系，此外，它对异常采样点具有很好的探测作用。在半变异曲线图中有两个非常重要的点。间隔为零时的点和半变异函数趋近平稳时的拐点，由这两个点产生4个相应的参数：块金值（nugget）、变程（range）、基台值（sill）、偏基台值（partial sill），它们的含义表示如下。

块金值：在理论上，当采样点间的距离为零时，半变异函数值应为零，但由于存在测量误差和空间变异，使得两采样点非常接近时，它们的半变异函数值不为零，即存在块金值。

基台值：当采样点间的距离h增大时，半变异函数$r(h)$从初始的块金值达到一个相对稳定的常数时，该常数值称为基台值。当半变异函数值超过基台值时，即函数值不随采样点间隔距离而改变时，空间相关性不存在。

偏基台值：基台值与块金值的差值。

变程：当半变异函数的取值由初始的块金值达到基台值时，采样点的间隔距离应小于变程。变程表示了在某种观测尺度下，空间相关性的作用范围，其大小受观测尺度的限定。在变程范围内，样点间的距离越小，其相似性，即空间相关性越大；当$h > R$时，区域化变量$Z(x)$的空间相关性不存在。

当限定的样本点间隔过小时，可能出现曲线图上所有$r(h)$约等于块金值，即曲线为一近似平行于横坐标的直线，此时半变异函数表现为纯块金效应。这是由于所限定的样本间隔内，点与点的变化很大，即各个样点是随机的，不具备空间相关性，区域内样点的平均值即为最佳估计值。此时只有增大样本间隔，才能反映出样本间的空间相关性。

（三）监测点布设

1. 布设方法

按照监测分区，在分区内选取具代表性、典型性的适当位置布设监测点。

2. 布设原则

（1）针对性：监测网应与省或市土地利用现状、基本农田规划等相吻合，确保95%以上的监测点全部控制在基本农田或大片耕地，并确保能长期监测。

（2）合理性：每一个监测点布设应有明确的监测目的，监测点应尽量部署在所监控区域内的耕地分布区的几何中心，涉及多个地块的可选取靠近中心部位的最大地块布设。

（3）代表性：综合考虑区域内土地利用现状、地质背景、土壤类型、区域地球化学特征等因素，选取最具代表性区域布设。

(4)均匀性:同一级别监测点,应尽量分布均匀。

(5)差异性:根据人为活动强度、耕地分布连片程度、已有地球化学资料等差异,不同监测分区之间监测点稀疏程度具有一定差异性。注重区域上的总体均匀性。

(6)继承性:监测网要充分依据以往的相关调查、监测成果资料,确保不同时期的土壤环境质量调查、监测数据能有机联系起来,布设的监测点能最大限度地继承以往监测或调查所保存的相关信息。

3. 布设操作流程

1)图斑-网格-重点生态区方式

根据土地利用分区、监测指标、数据源特点,分别确定各指标相应的数据单元,如将耕地面积等指标可以直接从土地利用变更调查数据库中获取的采用图斑作为单元,对于遥感数据根据其分辨率或者通过划分网格的方式划分单元。

在土地利用、土壤地球化学、农用地分等定级分区以及重点生态区图斑的基础上,将监测点划分为4类,即:①基础监测点;②风险监测点;③生态环境保护监测点;④农产品安全监测点。布设监测点密度大小排序为①>②>③>④。

2)监测网构成

以监测点为基础,按照科学顺序构建监测网络,并且论证其有效性和科学性,4类监测点分别布设,布设顺序为风险监测点→农产品安全监测点→生态环境保护监测点→基础监测点。首先针对污染源的风险布设监测点,接着控制农产品超标的监测点,然后是已知污染的生态环境保护监测点,最后在较大片区的基本农田均匀布置基础点,每个生态环境保护点和风险点附近都应该有基础点,用以形成对比趋势。

4类监测点叠合成一张图,读取点位坐标,根据坐标在最新遥感影像图进行检查,并进行实地校核,主要校核监测点土地利用现状是否正确并具有代表性,对监测点位进行优化调整。优化后构成整个县域耕地质量生态地球化学监测试点网。

监测点的归类方式可以采用县、乡、村等行政区作为单元,进行监测统计分析,按行政单元进行监测,在一定程度上有助于宏观指标获取的完整性,同时也有助于行政管理(表11-5)。

表11-5 ××县耕地质量生态地球化学动态监测试点构成

地区(镇)	总监测点/个	一类监测点/个	二类监测点/个	三类监测点/个	四类监测点/个	基准监测点/个	平均密度/$km^2 \cdot 点^{-1}$
合计							

二、样品采集

1. 表层土壤样品

(1)野外统一使用安装湖北省耕地质量生态监测调查系统的手持GPS智能终端(以下简称"采样APP终端"),按照分配点位下载采集任务,现场结合土地利用现状图进行定点,按照采集终端格式要求填写样品信息、照片记录,并按规定时间上传后台管理。

（2）一般要求在上茬作物成熟或收获以后、下茬作物尚未施用底肥和种植以前，同时应避开雨季、施肥和农药施用时期，以反映采样地块的真实养分状况和供肥能力。

（3）采样位置选择要合理，以采集代表性样品为主要原则。采样时，应避开沟渠、林带、田埂、路边、旧房基、人工堆土、粪堆及微地形高低不平无代表性地段，离主干公路（不包括农村道路）、铁路不低于20m。

（4）在布设的监测点上，依据上述所选定的田块，视田块形状及周围耕地特点，在20～50m范围内进行5个点组合采样，当田块为长方形时，在采样小格中沿"S"形采集子样；当田块为正方形时，则沿"X"形或棋盘形采集子样。监测点重访时，根据描述记录的中心点和各个子样点的坐标找到原中心点及原子样点位，再次采集土壤样品；采样人员现场采样时，必须确保20cm深度内耕层土连续取样，确保各子样点所采集的土壤属于同类型的土壤，保证每个子样点能长期进行土壤环境采样。同一监测点采样在不同年份的采样时间尽可能一致，前后误差一般不超过15d。

（5）每个监测点土壤样品由其4个子样点和中心样点5个点的土壤样等质量均匀混合而成，每个子样点的样品干质量不少于1kg。当土壤中砂石等杂质或含水量较高时，可视情况增加样品采样量。

（6）使用不锈钢铲挖取上下粗细一致的0～20cm土柱，用木铲或竹片除去与不锈钢铲接触的土壤，再装袋（瓶），作为每个子样点的土壤样品。注意不要采集肥团。完成每个监测点土壤样品采集后，应清理采样工具，再用于下个监测点样品采集；将采集的土壤样品掰碎，挑出根系、秸秆、石块、虫体等杂物后，装入样品袋（瓶）。用以测定无机元素和化合物的土壤样品装入干净结实的棉布袋，潮湿样品可内衬塑料袋；测定有机化合物的样品装入棕色玻璃瓶内。

（7）每个监测样点需用无人机绕中心样点进行拍照和摄影，保留360°全景影像及环绕多媒体视频资料。

（8）采样过程中必须打开终端系统GPS航迹记录，并打开GPS自身的航迹备份，要求在中心点和子样点采集位置也保留航迹，每天任务完成时，手动点击航迹上传。

（9）每个采样点拍摄采样照片6张。其中，监测标志照片1张，以监测点为中心向东、南、西、北4个方向拍摄反映采样点周边景观环境照片共4张，中心采坑和样袋照合并1张。电子记录卡填写的内容要求真实、准确、齐全。

2. 农作物样品

（1）耕地质量生态监测采集的农作物样品指成熟的大宗农产品（主要为粮食作物），与针对土壤有益元素、重金属元素或有机污染物分布的土壤基础点同点采集。

（2）于农作物收获盛期，在采样点地块内视不同情况采用棋盘法、梅花点法、对角线法、蛇形法等进行五点取样，然后等量混匀组成1件混合样品。

（3）农作物样品的采集量一般为待测试样量的3～5倍，每个子样点采集量则随样点的多少而变化。通常情况下，谷物、油料采集量为300～1000g（干质量），蔬菜类采集量为1～2kg（鲜质量），茶叶等可酌情采集。

（4）每次采集应在每年的同一时间段内采集样品。

（5）每个采样点拍摄采样照片3张。其中，监测标志照片1张，采样点周边景观环境照片1张，中心采坑和样袋照合并1张。

（6）样品采集后，立即将（水稻、小麦等）植株样品按不同部位（根、茎、叶、籽粒）分开，以免养分转移。剪碎的样品太多时，可在混匀后用四分法缩分至所需的量（要保证干样约100g）。籽粒的样品要在脱粒后混匀铺平，用方格法和四分法缩分，取得约250g样品。颗粒大的籽实可取500g左右。

（7）样品保存应符合《多目标区域地球化学调查规范（1∶250 000）》（DZ/T 0258—2014）的相关要求。

3. 灌溉水样品

（1）于农作物灌溉高峰期采集水样，每瓶水装水90%，留出一定的空间。分析有机污染物的水样，样瓶必须装满。

(2)水样采集要求瞬时采样。采集前用采样点处水洗涤样瓶和塞盖2~3次。根据测试指标不同,添加不同的保护剂。

(3)每个采样点拍摄采样照片3张。其中,监测标志照片1张,采样点周边景观环境照片1张,灌溉水采样装置照片1张。

(4)水样采集后,应及时送实验室分析测试。一般从采样日起到实验室分析测试不得超过7d。特殊分析项目按有关要求执行。水样运输前应填写送样单,送样单与样品标签应核对无误。样品在运输过程中要注意防震、防冻、防晒、防污染。实验室工作人员应对样品进行核对、签收。

三、样品分析测试

1. 测试方法选择

(1)样品分析测试单位可根据实际装备情况选用本文件中推荐的分析方法,或其他合适的方法。

(2)分析方法需经过检出限、准确度、精密度检验,符合要求的方法方可用于土地生态环境动态监测监测样品分析。

(3)应根据监测质量要求、分析方法质量参数,优先选择检出限低、准确度高、精密度好的方法建立分析方法配套方案;同时考虑方法适用范围、成本、时间,合理优化配套分析方法组合,以保证分析进度及其质量。

2. 土壤样品分析测试

(1)土壤样品分析测试质量要求:表层土壤样、根系土形态样、根系土有机污染物等样品分析方法选择、方法检出限及准确度、精密度控制要求以及实验室质量控制措施等执行《土地质量地球化学评价规范》(DZ/T 0295—2016)、《生态地球化学评价样品分析技术要求(试行)》(DD 2005-03)和《地质矿产实验室测试质量管理规范》(DZ/T 0130—2006)等的要求。

(2)表层土壤样品必测指标:N、P、K、As、Cd、Cr、Hg、Pb、Cu、Zn、Ni、Se、Sr、Ge、pH、有机质、速效钾、碱解氮、有效磷、阳离子交换量20项。

(3)根系土形态样品必测指标:As、Cd、Cr、Hg、Pb、Zn、Cu、Ni。分析形态:易利用态(水溶态、离子交换态、碳酸盐结合态)、中等利用态(腐殖酸结合态、铁锰结合态)、惰性态(强有机结合态、残渣态),共计7项。

(4)根系土有机污染物样品必测指标:多环芳烃、有机氯(六六六、滴滴涕、氯丹、艾氏剂、七氯、狄氏剂、异狄氏剂)。

3. 农作物样品分析测试

(1)农作物样品分析测试质量要求:样品分析方法选择、方法检出限及准确度、精密度控制要求以及实验室质量控制措施等执行《土地质量地球化学评价规范》(DZ/T 0295—2016)。

(2)农作物样品必测指标:As、Cd、Cr、Hg、Pb、Cu、Zn、Ni、Se、Sr、Ge共11项。

4. 灌溉水样品分析测试

(1)灌溉水样品分析测试质量要求:样品分析方法选择、方法检出限及准确度、精密度控制要求以及实验室质量控制措施等执行《土地质量地球化学评价规范》(DZ/T 0295—2016)、《生态地球化学评价样品分析技术要求(试行)》(DD 2005-03)和《地质矿产实验室测试质量管理规范》(DZ/T 0130—2006)等规范。

(2)灌溉水样品必测指标:pH、As、Mo、Se、Cr^{6+}、K、N、Ba、Pb、Zn、Cu、Cd、Hg、Mn、Fe、P、氯化物、氟化物、硝酸盐、硫酸盐、高锰酸钾指数、总硬度、溶解性总固体(TDS)共23项。

第四节　湖北省土壤硒含量等级标准研究

一、制定的目的

湖北省硒资源丰富,主要分布于江汉平原和恩施地区。江汉平原土壤硒资源具有总量大、分布广、品质优的特点。2004—2019年开展的湖北省江汉流域经济区农业地质调查结果显示,区域土壤高硒面积达1万余平方千米,可作为农产品开发基地的面积近7000 km^2。恩施州有"世界硒都"的美誉,拥有全球唯一沉积型的独立硒矿床,同时还有面积达10 000 km^2的高硒土壤资源,以及富硒矿泉水资源、富硒生物资源、富硒特产资源、富硒生态旅游资源等,形成了天然富硒环境与富硒生物圈。自湖北省发现富硒土地以来,富硒资源的开发利用,特别是富硒农产品的开发受到了地方政府的高度重视。

随着消费者对富硒产品认知的增加和对健康要求的日益重视,富硒产业在蓬勃发展的同时,对富硒产品进行科学规范生产和客观评价显得尤为重要,制定标准就是其中关键的一环。然而根据土壤硒元素含量界定富硒土壤,我国和湖北省均没有统一标准。2015—2018年,湖北省自然资源厅委托湖北省地质科学研究院开展湖北省土壤富硒标准研究,旨在解决湖北省土壤富硒的评价标准。

二、思路与方法

1. 工作思路

根据目前国内和省内通用的富硒农作物标准,确定湖北省富硒农作物评价标准,结合不同农作物及对应根系土硒含量,建立农作物硒含量与土壤硒含量的关系模型,确定土壤硒含量等级。

2. 技术方法

1)土壤硒含量及背景值的求取

湖北省土壤硒含量及其异常下限的确定是建立在符合正态或者对数正态分布基础上的,对于测量数据不是正态分布时,对所取得的地球化学数据进行数据处理,即进行异常点(最大值、最小值)的迭代剔除,采用算术平均值($\overline{X}$)±3S(算术标准差)为上、下限迭代剔除,直至无离群点数值可剔除为止,即所有数据全部分布在$\overline{X}-3S$与$\overline{X}+3S$之间,形成背景数据,再计算土壤硒含量及背景值。经反复剔除后服从正态分布或对数正态分布时,用算术平均值或几何平均值代表土壤背景值,算术平均值加减2倍算术标准差或几何平均值乘除2倍几何标准差代表背景值变化范围。统计数据经反复剔除后仍不服从正态分布或对数正态分布,当呈现偏态分布时,以众值和算术平均值代表土壤背景值;当呈现双峰或多峰分布时,以中位值和算术平均值代表土壤背景值。众值(中位值)和算术平均值加减2倍算术标准差代表背景值变化范围。

2)土壤硒等级评价方法

在参考《富硒稻谷》(GB/T 22499—2008)、《食品安全国家标准 预包装食品营养标签通则》要求(GB 28050—2011)和《富有机硒食品硒含量要求》(DBS 42/002—2014)的基础上,结合富硒农作物的硒含量分级确定富硒农作物评价标准。具体评价规定为:在农作物重金属不超标的情况下,硒极丰富农作物$w(Se) \geqslant 0.20$ mg/kg,硒丰富农作物$w(Se)=0.15 \sim 0.20$ mg/kg,硒较丰富农作物$w(Se)=0.075 \sim 0.15$ mg/kg,Ⅳ级为含硒农作物$w(Se)=0.04 \sim 0.075$ mg/kg。

在确定农作物富硒标准的基础上,根据相关系数法和富集系数法确定不同土地利用类型的土壤富硒标准。

相关系数法:将农作物硒含量和其对应的根系土土壤硒含量作为两个研究变量,利用 Statistica 数据统计软件绘制农作物硒含量与其根系土壤硒含量的线性关系图,并得出两个变量间的相关系数;如果相关性良好,相关系数达到 0.6 以上,采用该相关方程由农作物富硒标准反推出对应的土壤硒含量,作为土壤硒等级评价界限值。

富集系数法:富集系数法可以综合考虑土壤环境条件、酸碱度条件及作物本身特性的吸收机制从而较好地预测作物对土壤硒的富集规律。在本研究中,当农作物硒含量与其土壤硒含量相关性较弱,相关系数较小时,选择富集系数法来综合评价某一农作物对土壤硒的吸收富集特性。

富集系数的定义为:农作物籽实硒含量与其对应根系土硒含量的比值,由富集系数来描述土壤硒含量在农作物体内的累积趋势。公式为:

$$富集系数(CF) = \frac{农作物籽实硒含量}{土壤硒含量} \tag{11-6}$$

三、土壤硒含量标准

湖北省土壤硒评价标准值按照水田和旱地条件(土壤 pH<6.5、6.5≤pH<7.5 和 pH≥7.5)分级分类,将土壤硒等级设置为 4 级:低硒、足硒、富硒和高硒。通过优化整合 4 类农作物水稻、小麦、玉米、黄豆土壤硒评价标准值,最终得出湖北省土壤硒评价标准值(表 11-6)。

表 11-6 土壤硒含量分级标准值表　　　　　　　　　　　　　　单位:mg/kg

土地类型	土壤酸碱度	分级标准值			
		一级	二级	三级	四级
水田		$w(Se) \geqslant 0.90$	$0.40 \leqslant w(Se) < 0.90$	$0.20 \leqslant w(Se) < 0.40$	$w(Se) < 0.20$
旱地	pH<6.5	$w(Se) \geqslant 0.80$	$0.50 \leqslant w(Se) < 0.80$	$0.35 \leqslant w(Se) < 0.50$	$w(Se) < 0.35$
	6.5≤pH<7.5	$w(Se) \geqslant 0.75$	$0.40 \leqslant w(Se) < 0.75$	$0.25 \leqslant w(Se) < 0.40$	$w(Se) < 0.25$
	pH≥7.5	$w(Se) \geqslant 0.50$	$0.30 \leqslant w(Se) < 0.50$	$0.20 \leqslant w(Se) < 0.30$	$w(Se) < 0.20$

注:一级指土壤硒含量高,是高富硒土壤;二级指土壤硒含量丰富,是富硒土壤;三级指土壤硒含量适量;四级指土壤硒含量较低。

第十二章 调查成果应用

第一节 永久基本农田划定选区及调整建议

农业是我国的立国之本,耕地是农业的根基,耕地质量的好坏直接影响着我国粮食产量,关系着国民经济的命脉。为了增加粮食生产产量,确保粮食生产安全,促进社会经济持续发展,我国正着力推进大规模建设旱涝保收的高标准基本农田,改善农业生产条件,夯实农业现代化发展基础。《中共中央关于推进农村改革发展若干重大问题的决定》提出:"坚持最严格的耕地保护制度,层层落实责任,坚决守住十八亿亩耕地红线。划定永久基本农田,建立保护补偿机制,确保基本农田总量不减少、用途不改变、质量有提高。"划定永久基本农田,是党中央高瞻远瞩的决策,是现行基本农田保护制度的健全和完善,也是落实我国最严格耕地保护制度的重要手段。

永久基本农田是耕地的精华,把最优质、最精华、生产能力最好的耕地划为永久基本农田,集中资源、集聚力量实行特殊保护,是实施"藏粮于地、藏粮于技"战略的重大举措,有利于巩固提升粮食综合生产能力,确保谷物基本自给、口粮绝对安全。

通过本次评价,一方面对原划定的基本农田进行适应性区划评价,另一方面对未划定为基本农田的耕地进行评估,确定能否划定为基本农田,从而为湖北省基本农田调整提供参考依据。

一、选区依据及方法

永久基本农田,是指中国按照一定时期人口和社会经济发展对农产品的需求,依据土地利用总体规划确定的不得占用的耕地。目前,我国15.5亿亩永久基本农田主要分布在全国2887个县级行政区。按照中华人民共和国土地管理行业标准《基本农田划定技术规程》(TD/T 1032—2011),在评价区已有的基本农田划定基础上,结合土地质量地球化学评价结果中土壤环境风险评价、土壤养分综合评价、富硒分布规律,提出永久基本农田划定选区建议,从而为国土管理部门对基本农田划定范围调整提供科学依据。选区建议区被划分为适宜区、优先区、限制区和调入区。

适宜区:指在原永久基本农田划定区域范围内,农田重金属元素含量不超过《土壤环境质量 农用地土壤污染风险管控标准(试行)》(GB 15618—2018)风险管制值标准的区域。

优先区:是在原永久基本农田划定区域范围内,农田重金属元素含量不超过《土壤环境质量 农用地土壤污染风险管控标准(试行)》(GB 15618—2018)风险筛选值,并叠加Se含量超过0.4mg/kg的分布区且具有开发特色农产品潜力的区域。

限制区:是在原永久基本农田划定区域范围内,农田重金属元素超过《土壤环境质量 农用地土壤污染风险管控标准(试行)》(GB 15618—2018)风险管制值的区域。

调入区：是在原永久基本农田划定区域范围外，农田重金属元素含量不超过《土壤环境质量　农用地土壤污染风险管控标准（试行）》（GB 15618—2018）风险筛选值，土壤养分综合、有机质含量达到中等及以上，面积较大且具有开发特色农产品潜力的区域。

二、划定选区

根据上述划定原则的统计结果表明（表12-1），湖北省已评价的26个县（市、区），永久基本农田适宜区面积为9 693.16 km^2，占原有永久基本农田的88.36%；永久基本农田优先区面积为1 111.52 km^2，占原有永久基本农田的10.13%；永久基本农田划定调入区面积为882.89 km^2，占原有永久基本农田的8.05%；永久基本农田限制区面积仅为165.15 km^2，占原有永久基本农田的1.51%。

总体来看，湖北省永久基本农田以适宜区为主。从分布情况来看，三大区域的分布情况与总体分布情况基本一致。沿江平原区适宜区占比超过90%以上，且沿汉江平原区高于沿长江平原区，其中沙洋县、天门市、嘉鱼县超过95%；鄂北岗地-汉江夹道区适宜区接近90%，鄂北岗地区高于汉江夹道区，其中京山市、安陆市超过95%；鄂西山区适宜区达到83%以上，武陵山区高于秦巴山区，其中巴东县超过90%。永久基本农田限制区主要分布于鄂西山区，集中分布于恩施市、宣恩县、竹溪县。永久基本农田调入区（建议）主要分布于沿江平原区，集中分布于天门市、监利市、洪湖市、嘉鱼县和武穴市；鄂北岗地-汉江夹道区的随县和鄂西山区的竹山县、建始县、咸丰县、宣恩县、来凤县均有较大面积的分布，都超过了原有永久基本农田的10%。

三、永久基本农田调整建议

在满足永久基本农田划定技术规程要求基础上，结合2014—2020年湖北省土地质量地球化学质量评价结果，实现永久基本农田的科学合理划定。

基本农田和高标准基本农田调整建议遵循下面3个原则：①在已划定的基本农田区和高标准基本农田内，建议将因土壤质量风险超出管制值的限制区划定为调出区；②在已划定的基本农田区和高标准基本农田外，土壤质量风险低于筛选值且有机质和养分综合为一级、二级、三级，图斑集中利于开发的区域建议纳入永久基本农田调入区；③对于既是永久基本农田又是富硒等优质土壤区域，应优先予以保护并加以开发利用，提高农业经济价值。

按照以上原则，建议基本农田调入区面积为882.89 km^2，为未划入的土地利用特色土地资源分布区、适宜区和优先区周边，主要位于沿江平原区和汉江夹道区，其中钟祥市、洪湖市和天门市建议调入面积相对较大，其他县（市、区）面积较小。建议基本农田调出区面积为165.15 km^2，为基本农田中的土壤风险区，主要位于鄂西山区，其中恩施市、建始县、宣恩县等县市调出面积相对较大，沿江平原区洪湖市调出面积也较大。

第二节　耕层土剥离适宜性区划及建议

耕层土剥离适宜性评价工作主要是为了科学开展耕作层土壤剥离再利用，合理安排耕作层土壤剥离、运输、储存和回填等工作，珍惜和保护土壤资源，提高土壤资源利用率。

耕层土剥离评价指标主要包括土壤厚度、土壤环境质量、土壤pH、土壤有机质含量、土壤污染等，同时还有地形地貌剥离成本等诸多影响因素。本次评价主要从土壤pH、土壤有机质含量、土壤环境质量3个方面进行评价。

表 12－1　湖北省永久基本农田划定选区统计表

分区	亚区	县(市、区)名	优先区 面积/km²	占比/%	适宜区 面积/km²	占比/%	限制区 面积/km²	占比/%	调入区 面积/km²	占比/%
		全省	1 111.52	10.13	9 693.16	88.36	165.15	1.51	882.89	8.05
沿江平原区	沿汉江平原区	沙洋县	20.48	2.17	925.20	97.83	0	0	44.80	4.74
		天门市	25.23	4.58	525.11	95.42	0	0	107.67	19.56
		潜江市	117.20	12.58	813.92	87.34	0.83	0.09	39.57	4.25
		仙桃市	50.93	5.88	814.87	94.12	0	0	18.75	2.17
		小计	213.84	6.49	3 079.10	93.48	0.83	0.03	210.79	6.40
	沿长江平原区	蔡甸区	8.77	6.82	119.91	93.18	0	0	6.47	5.03
		监利市	52.98	28.07	135.75	71.93	0	0	51.05	27.05
		洪湖市	66.57	11.84	472.73	84.07	23.01	4.09	128.34	22.82
		嘉鱼县	2.01	3.96	48.71	96.02	0.01	0.02	11.78	23.22
		武穴市	8.47	9.19	83.40	90.47	0.32	0.35	9.40	10.20
		小计	138.80	13.57	860.50	84.14	23.34	2.28	207.04	20.25
	合计		352.64	8.17	3 939.60	91.27	24.17	0.56	417.83	9.68
鄂北岗地-汉江夹道区	汉江夹道区	宜城市	16.40	8.04	187.69	91.96	0	0	4.70	2.30
		钟祥市	284.07	17.39	1 349.29	82.59	0.35	0.02	159.59	9.77
		小计	300.47	16.35	1 536.98	83.63	0.35	0.02	164.29	8.94
	鄂北岗地区	南漳县	4.95	11.77	37.09	88.23	0	0	3.68	8.75
		随县	7.12	5.14	131.30	94.82	0.06	0.04	17.45	12.60
		京山市	50.27	4.12	1 168.41	95.66	2.76	0.23	43.71	3.58
		安陆市	13.96	4.39	304.03	95.61	0	0	11.40	3.59
		小计	76.30	4.44	1 640.83	95.40	2.82	0.16	76.24	4.43
	合计		376.77	10.59	3 177.81	89.32	3.17	0.09	240.53	6.76
鄂西山区	秦巴山区	竹山县	29.95	28.78	71.52	68.73	2.59	2.49	12.83	12.33
		竹溪县	0.44	1.57	24.78	88.41	2.81	10.02	0.11	0.39
		小计	30.39	23.01	96.30	72.90	5.40	4.09	12.94	9.80
	武陵山区	巴东县	37.07	8.16	409.70	90.18	7.54	1.66	32.95	7.25
		建始县	24.06	7.65	260.86	82.89	29.77	9.46	31.92	10.14
		恩施市	51.95	12.28	325.64	76.95	45.61	10.78	29.37	6.94
		利川市	109.44	12.62	746.81	86.14	10.76	1.24	4.82	0.56
		咸丰县	40.88	11.57	301.72	85.42	10.62	3.01	45.61	12.91
		宣恩县	24.42	10.78	179.07	79.01	23.14	10.21	23.66	10.44
		来凤县	33.99	25.33	98.38	73.31	1.83	1.36	33.14	24.69
		鹤峰县	29.91	15.72	157.27	82.63	3.14	1.65	10.12	5.32
		小计	351.72	11.87	2 479.45	83.66	132.41	4.47	211.59	7.14
	合计		382.11	12.34	2 575.75	83.20	137.81	4.45	224.53	7.25

注：占比为占原有基本农田的比例。

一、区划依据及方法

依据中华人民共和国土地管理行业标准《耕作层土壤剥离利用技术规范》(TD/T 1048—2016)要求,对规划区进行耕层土剥离土壤评价,主要选择土壤pH、土壤环境质量风险管控等级以及土壤有机质含量这3个指标分别进行评价和分区,划分为耕层土剥离适宜区、耕层土剥离限制区、耕层土剥离风险区3个区(表12-2)。

表12-2 耕层土剥离利用适应性判定标准

耕层土剥离类型	判别条件
适宜区	土壤重金属指标不超风险管制值; 土壤酸碱度:$5.5 \leqslant pH \leqslant 8.5$; 土壤有机质:中等及以上
限制区	土壤重金属指标不超风险管制值; 土壤酸碱度为 $5.5 \leqslant pH \leqslant 8.5$ 且有机质较缺乏、缺乏; 土壤酸碱度为 $pH > 8.5$ 和 $pH < 5.5$ 时
风险区	土壤重金属超过风险管制值

耕层土剥离适宜区是指耕地土壤重金属指标不超标、土壤pH在5.5~8.5之间、土壤有机质分级为一级到三级的耕地区域。

耕层土剥离限制区是指耕地土壤重金属指标不超标时,耕地土壤pH在5.5~8.5之间且有机质是四级或五级的或土壤pH不在5.5~8.5之间的耕地区域。

耕层土剥离风险区是指耕地土壤重金属超过风险管控值的耕地区域。

二、适宜性分区分布

分析结果表明,湖北省耕层土剥离适宜性较好。剥离适宜区和限制区占全省统计总面积的98.81%。其中,剥离适宜区面积为8 434.03 km²,占比58.58%;限制区面积为5 791.62 km²,占比40.23%;风险区面积为170.90 km²,占比1.19%。

适宜区和限制区广泛分布,以沿江平原区、鄂北岗地区尤为明显,其中天门市、潜江市、仙桃市、监利市、洪湖市等达100%;风险区主要分布于鄂西山区,集中分布在竹溪县、建始县、恩施市和宣恩县(表12-3,图12-1)。

三、区划建议

为保护优质耕地土壤资源,规范土壤剥离利用工作,促进土壤资源的科学利用,全面提高耕地质量,推进生态文明建设,应严格按照《耕作层土壤剥离利用技术规范》(TD/T 1048—2016)的剥离利用方案要求对剥离土进行合理利用。

对于土壤环境质量为严格管控类的耕地要严格划为耕层土剥离利用风险区,禁止作为耕层土壤再利用;对于重金属合格但酸碱度和有机质含量有缺陷的剥离限制区土壤,应在剥离后做好土壤改良工作;对酸碱度适宜、有机含量较高、重金属含量合格的土壤,应划为耕层土剥离利用适宜区,可以再次利用,并尽量做到"即剥即用";对于不能做到"即剥即用"的土壤,应暂时存放在合规的储存区,储存时间不宜超过3年。

在开展耕层土剥离工作时,优先选择评价为适宜区的土壤,限制使用评价为限制区的土壤,禁止对评价区重金属元素含量超标的风险区土壤进行剥离利用工作。

表 12-3 湖北省耕层土剥离适宜性分区统计表

分区	亚区	县(市、区)名	适宜区 面积/km²	占比/%	限制区 面积/km²	占比/%	风险区 面积/km²	占比/%
		全省	8 434.03	58.58	5 791.62	40.23	170.90	1.19
沿江平原区	沿汉江平原区	沙洋县	833.08	64.95	449.27	35.02	0.4	0.03
		天门市	458.82	50.51	449.53	49.49	0	0
		潜江市	719.29	57.71	527.18	42.29	0	0
		仙桃市	608.95	70.47	255.18	29.53	0	0
		小计	2 620.14	60.91	1 681.16	39.08	0.4	0.01
	沿长江平原区	蔡甸区	65.43	58.37	46.62	41.59	0.05	0.04
		监利市	220.46	86.05	35.73	13.95	0	0
		洪湖市	542	70.42	227.65	29.58	0	0
		嘉鱼县	35.18	53.53	30.46	46.35	0.08	0.12
		武穴市	45.28	35.95	80.1	63.59	0.58	0.46
		小计	908.35	68.32	420.56	31.63	0.71	0.05
	合计		3 528.49	62.66	2 101.72	37.32	1.11	0.02
鄂北岗地-汉江夹道区	汉江夹道区	宜城市	105.46	47.95	114.5	52.05	0.01	0
		钟祥市	1 489.57	70.62	619.44	29.37	0.16	0.01
		小计	1 595.03	68.48	733.94	31.51	0.17	0.01
	鄂北岗地区	南漳县	27.67	81.94	6.09	18.03	0.01	0.03
		随县	117.25	75.23	38.23	24.53	0.37	0.24
		京山市	850.18	68.83	384.48	31.13	0.49	0.04
		安陆市	259.92	80.62	62.42	19.36	0.08	0.02
		小计	1 255.02	71.84	491.22	28.11	0.95	0.05
	合计		2 850.05	69.91	1 225.16	30.06	1.12	0.03
鄂西山区	秦巴山区	竹山县	66.16	54.8	52.04	43.11	2.52	2.09
		竹溪县	13.17	55.41	7.96	33.48	2.64	11.11
		小计	79.33	54.9	60	41.53	5.16	3.57
	武陵山区	巴东县	370.97	60.51	232.44	37.91	9.68	1.58
		建始县	249.33	51.46	211.75	43.71	23.39	4.83
		恩施市	353.93	40.76	429.55	49.47	84.82	9.77
		利川市	413.15	40.07	605.16	58.68	12.92	1.25
		咸丰县	166.18	34.91	301.55	63.35	8.28	1.74
		宣恩县	198.16	41.43	261.05	54.58	19.09	3.99
		来凤县	76.93	29.15	186.09	70.51	0.91	0.34
		鹤峰县	147.51	44.83	177.15	53.83	4.42	1.34
		小计	1 976.16	43.48	2 404.74	52.92	163.51	3.60
	合计		2 055.49	43.83	2 464.74	52.57	168.67	3.60

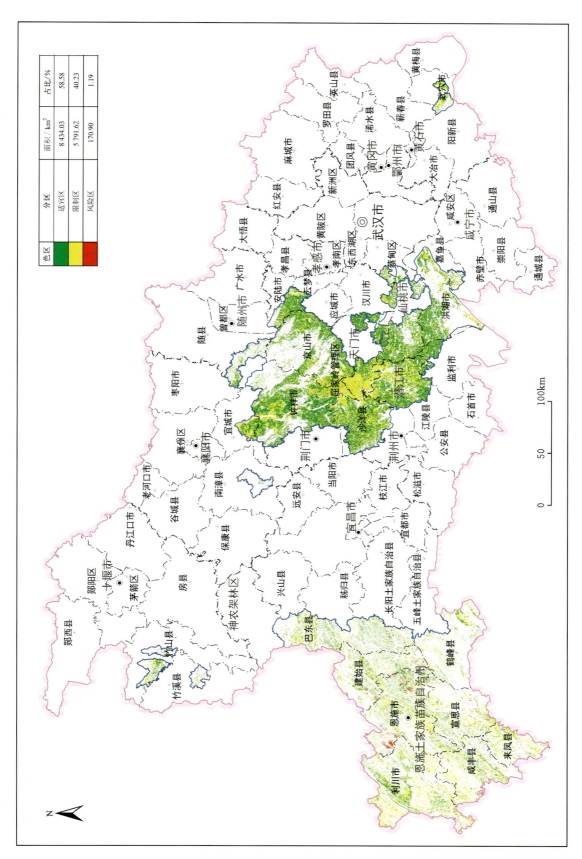

图12-1 湖北省耕层土剥离适宜性区划图

第三节　耕地种植适宜性区划与种植结构调整建议

种植适宜性评价包括当地土壤的土壤质地、理化指标、土壤环境指标和土壤肥力指标4个方面,同时还有地形地貌等诸多影响因素。本次耕地种植适宜性评价主要从土壤肥力和环境质量方面进行评价,不考虑土壤质地、理化指标。选择区内对土壤肥力有重要影响的指标进行综合评价,综合前述土壤环境,对土壤农业种植适宜性进行评价和分区。

一、评价方法

(一)指标选择

本次对评价指标的选择原则为:参照《土地质量地球化学评价规范》(DZ/T 0295—2016)、《耕作层土壤剥离利用技术规范》(TD/T 1048—2016)、《土壤环境质量　农用地土壤污染风险管控标准(试行)》(GB 15618—2018),以区内土壤基础养分元素氮磷钾、有机质、酸碱度和重金属地球化学背景为基础,综合考虑大宗农作物,对耕地(园地、草地)进行评价。

(二)评价标准和分级方案

肥力指标依据我国土壤肥力分级标准的丰缺适宜性进行是与否的两级划分(表12-4),再依照各指标进行判别性的合成,具体方法为:将评价元素含量按照国家规定的土壤肥力标准和土壤养分分级标准的临界值作为标准值,求出各图斑的指数值。有机质、全氮、全磷、全钾含量值大于该标准值时,认为此项养分丰足指数为1,否则为0。

表12-4　农业种植适宜性分级基本指标临界值

养分指标	有机质	全氮	全磷	全钾	pH	农用地土壤污染
单位	g/kg	g/kg	g/kg	g/kg		
标准值	20	1	0.6	15	$5.5 \leqslant pH \leqslant 8.5$	管制值

适宜性分级按照区内土壤养分元素丰缺、酸碱度、农用地土壤污染风险组合的丰足指数划分为高度适宜区、中等适宜区、一般适宜区、勉强适宜区、暂时不适宜区、不适宜区6类。

(1)高度适宜区:农用地土壤污染风险低于管制值且pH符合范围,参与评价的4项养分指标丰足指数全部为1。

(2)中等适宜区:农用地土壤污染风险低于管制值且pH符合范围,参与评价的4项养分指标中有3项指标丰足指数为1。

(3)一般适宜区:农用地土壤污染风险低于管制值且pH符合范围,参与评价的4项养分指标中有2项指标丰足指数为1。

(4)勉强适宜区:农用地土壤污染风险低于管制值且pH符合范围,参与评价的4项养分指标中有1项指标丰足指数为1。

(5)暂时不适宜区:农用地土壤污染风险低于管制值;pH不在范围内或参与评价的4项养分指标丰足指数均为0。

(6)不适宜区:农用地土壤污染风险超出管制值。

二、评价结果

只对耕地(园地、草地)进行种植适宜性评价,林地等其他用地不参与评价。统计结果表明,湖北省评价区内耕地种植适宜性较好,一般适宜区及以上等级面积为 11 063.02km²,占比 76.85%。其中,高度适宜区面积为 5 542.36km²,占比 38.50%;中等适宜区面积为 3 680.90km²,占比 25.57%;一般适宜区面积为 1 839.76km²,占比12.78%;勉强适宜区面积为 363.13km²,占比 2.52%;暂时不适宜区面积为2 799.50km²,占比 19.44%;不适宜区面积为 170.90km²,占比 1.19%。沿江平原区耕地高度适宜区占比较高,仙桃市、监利市、洪湖市均超过 60%,说明该区土壤环境及土壤养分都较好。

湖北省评价区勉强适宜区占比较少,仅为 2.52%,低于该等级占比 20.63%,说明全省已评价区内环境达标、pH 达标区内养分丰足指数较高。暂时不适宜区主要因为不符合 5.5≤pH≤8.5 的评价条件,此类区域主要分布于武陵山区恩施市 8 个县(市),秦巴山区两竹地区,沿江平原区嘉鱼县、武穴市。不适宜区主要分布于秦巴山区竹溪县,武陵山区恩施市、建始县、宣恩县(表 12-5,图 12-2)。

三、区划建议

根据以上适宜性分级分区的分析,全省土壤的耕地种植适宜性较好,勉强适宜区和暂时不适宜区两个类别占比为 21.96%,不适宜区占比仅为 1.19%,总体优质土地占比很高,且分布比较集中,构成了耕地种植的主体,也构成了土地综合利用的良好基础。

高度适宜、中等适宜和一般适宜 3 种类别土壤的酸碱度、土壤环境、土壤养分均适宜大多数农作物的种植,粮、油、棉均可发展。类别为勉强适宜区域和暂时不适宜区域的土壤可进行特色植物和土壤改良后种植。

针对主要因酸碱度不适宜,可调整农作物种植结构,如鄂西山区强酸性土壤地区适合茶树的生长环境,调整为种植茶叶,在此基础上针对性地施用肥料完全可以形成茶叶种植产地。对于不适宜区,建议不进行农产品种植,可种植蜈蚣草等超富集植物进行土壤环境修复。

第四节 生态保护修复区划

生态修复区划是开展生态修复的前提,生态功能提升是生态修复的目标。开展湖北省生态修复区划研究工作意义重大,它是生态系统和自然资源合理管理及持续利用的基础,可为生态环境建设和环境管理政策的制定提供科学依据。

县域生态修复分区划定作为国土综合整治和生态修复工作前的关键环节,但目前仍处于探索阶段,尚无成熟的评价体系、划定方法和分类标准。生态修复分区主要是在生态评价、区划基础上进行的,其目标是提升生态系统服务功能(黄巧,2020)。本次工作在空间分区理论和方法的基础上,结合《湖北省主体功能区规划》,探索研究湖北省国土空间生态修复分区评价体系。

资源环境承载力作为分析生态系统资源环境禀赋地域差异性的一种重要手段,是划定生态修复分区的基础。本次工作从资源环境承载力评价与生态修复分区两方面展开研究。以资源环境承载力概念为基础,辨别研究区资源环境承载力限制因子,构建研究区资源环境承载力评价指标体系。在确定评价单元社会经济发展主导功能的基础上,运用 ArcGIS 空间分析方法得到资源环境承载力空间分布规律。剖析资源环境承载力与生态分区的逻辑关系,探讨以资源环境承载力理论为基础的生态分区方法。

表 12-5 湖北耕地种植适宜性分区统计表

分区	亚区	县(市、区)	高度适宜区 面积/km²	高度适宜区 占比/%	中等适宜区 面积/km²	中等适宜区 占比/%	一般适宜区 面积/km²	一般适宜区 占比/%	勉强适宜区 面积/km²	勉强适宜区 占比/%	暂时不适宜区 面积/km²	暂时不适宜区 占比/%	不适宜区 面积/km²	不适宜区 占比/%
全省			5 542.36	38.50	3 680.90	25.57	1 839.76	12.78	363.13	2.52	2 799.50	19.44	170.90	1.19
沿江平原区	沿汉江平原区	沙洋县	228.50	17.81	489.92	38.19	264.96	20.66	65.79	5.13	233.18	18.18	0.40	0.03
		天门市	447.64	49.28	251.16	27.65	199.70	21.98	5.97	0.66	3.88	0.43	0	0
		潜江市	696.64	55.89	349.53	28.04	170.29	13.66	20.74	1.67	9.27	0.74	0	0
		仙桃市	599.99	69.43	188.40	21.80	64.15	7.42	5.09	0.59	6.50	0.76	0	0
		小计	1 972.77	45.86	1 279.01	29.73	699.10	16.25	97.59	2.27	252.83	5.88	0.40	0.01
	沿长江平原区	蔡甸区	61.98	55.29	33.33	29.73	4.58	4.09	1.63	1.46	10.53	9.39	0.05	0.04
		监利市	203.35	79.37	42.55	16.61	8.93	3.49	0.16	0.06	1.20	0.47	0	0
		洪湖市	521.56	67.77	153.84	19.99	83.46	10.84	7.91	1.03	2.88	0.37	0.09	0
		嘉鱼县	18.27	27.80	17.51	26.64	4.77	7.26	0.97	1.48	24.11	36.69	0.56	0.13
		武穴市	19.80	15.72	22.90	18.18	23.56	18.70	13.47	10.69	45.67	36.26	0.45	0.45
		小计	824.96	62.04	270.13	20.32	125.30	9.42	24.14	1.83	84.39	6.34	0.70	0.05
	合计		2 797.73	49.68	1 549.14	27.51	824.40	14.64	121.73	2.16	337.22	5.99	1.10	0.02
鄂北岗地-汉江夹道区	汉江夹道区	宜城市	68.47	31.13	76.78	34.90	52.70	23.96	18.74	8.52	3.27	1.49	0.01	0
		钟祥市	931.74	44.18	664.46	31.50	260.32	12.34	30.70	1.46	221.79	10.51	0.16	0.01
		小计	1 000.21	42.94	741.24	31.82	313.02	13.44	49.44	2.12	225.06	9.67	0.17	0.01
	鄂北岗地区	南漳县	20.64	61.12	7.51	22.24	1.38	4.09	1.64	4.86	2.59	7.66	0.01	0.03
		随县	53.59	34.39	56.66	36.36	13.48	8.65	3.67	2.36	28.07	18.01	0.38	0.23
		京山市	259.24	20.99	410.15	33.21	318.94	25.82	55.44	4.49	190.89	15.45	0.49	0.04
		安陆市	58.92	18.27	146.85	45.55	69.50	21.56	17.41	5.40	29.66	9.20	0.08	0.02
		小计	392.39	22.46	621.17	35.55	403.30	23.08	78.16	4.47	251.21	14.39	0.96	0.05
	合计		1 392.6	34.16	1 362.41	33.42	716.32	17.57	127.60	3.14	476.27	11.68	1.13	0.03

续表 12-5

分区		亚区	县(市区)名	高度适宜区		中等适宜区		一般适宜区		勉强适宜区		暂时不适宜区		不适宜区	
				面积/km²	占比/%	面积/km²	占比/%	面积/km²	占比/%	面积/km²	占比/%	面积/km²	占比/%	面积/km²	占比/%
鄂西山区	秦巴山区		竹山县	26.40	21.87	38.57	31.95	18.47	15.30	9.93	8.23	24.84	20.58	2.51	2.07
			竹溪县	7.97	33.53	6.85	28.82	2.03	8.54	0.97	4.08	3.30	13.88	2.65	11.15
			小计	34.37	23.79	45.42	31.43	20.50	14.19	10.90	7.54	28.14	19.48	5.16	3.57
	武陵山区		巴东县	224.97	36.69	157.68	25.72	72.79	11.87	14.62	2.38	133.35	21.76	9.68	1.58
			建始县	183.38	37.85	67.12	13.85	17.59	3.63	4.79	0.99	188.21	38.85	23.38	4.83
			恩施市	259.53	29.89	127.42	14.67	52.43	6.04	15.62	1.80	328.47	37.83	84.83	9.77
			利川市	288.85	28.01	148.88	14.44	54.21	5.26	44.97	4.36	481.41	46.68	12.91	1.25
			咸丰县	90.80	19.08	73.02	15.34	26.37	5.54	5.75	1.21	271.79	57.10	8.28	1.73
			宣恩县	129.06	26.98	65.69	13.73	26.61	5.56	8.56	1.79	229.29	47.95	19.09	3.99
			来凤县	37.09	14.05	41.35	15.67	19.55	7.41	7.32	2.77	157.71	59.76	0.91	0.34
			鹤峰县	103.98	31.60	42.77	13.00	8.99	2.73	1.27	0.39	167.64	50.94	4.43	1.34
			小计	1 317.66	29.00	723.93	15.93	278.54	6.13	102.90	2.26	1 957.87	43.08	163.51	3.60
合计				1 352.03	28.83	769.35	16.41	299.04	6.38	113.80	2.42	1 986.01	42.36	168.67	3.60

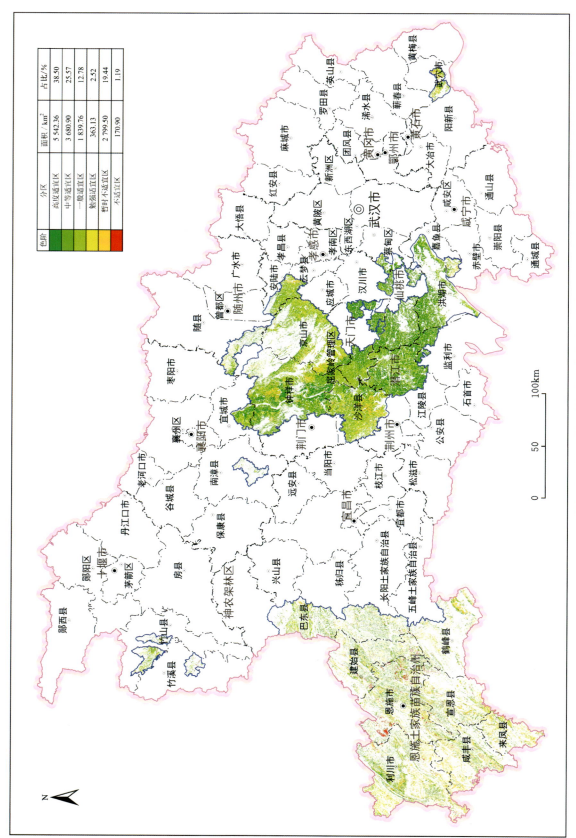

图 12-2　湖北省耕地种植适宜性分区建议图

一、生态功能定位

湖北省居华中腹地,处长江中游,是三峡工程库坝区和南水北调中线工程核心水源区所在地,是长江流域重要水源涵养地和国家重要生态屏障,肩挑着"一江清水东流""一库净水北送"的历史使命,生态地位举足轻重。

(一)生态功能现状

根据第三次全国国土调查成果,湖北省国土空间总体呈现"五分林地三分田,一分城镇一分水"的格局,具体为东部城镇水域密布、中部耕地资源丰沃、西部山区林地富集。通过资源环境承载潜力和国土空间适宜性"双评价",识别出湖北省适宜生态保护、农业生产、城镇建设空间分别为 $7.9 \times 10^4 km^2$、$6.56 \times 10^4 km^2$、$4.13 \times 10^4 km^2$,占比为 43%、35%、22%。农业和生态空间可以落实国家对湖北省保障粮食安全、维护区域生态安全的要求,而建设空间紧约束将持续存在。

(二)生态战略地位

1. 国家战略定位

湖北省是连接全国东西南北的交通要地,是"长江经济带""长江中游城市群""中部崛起"等国家级区域重大发展战略的重要承载地。在中部地区六省中,湖北省经济人均国内生产总值长期领先,是中部六省中综合实力最强者,中央赋予湖北省建成我国中部地区崛起的重要战略支点。

对标国家这一要求,湖北省国土空间总体规划提出,未来 15 年的国土空间定位是"一极、两区、一高地",目标是到 2035 年,通过实施六大国土空间发展战略,推动形成绿色繁荣、均衡有序、高品质和可持续的国土空间、战略支点。

2. 国土空间规划定位

2013 年发布的《湖北省主体功能区规划》重构了湖北省的大功能区布局。该规划指出:湖北省以江汉平原为重点的农产品主产区犹如"米袋子""菜篮子",提供粮食、食品和工业原材料,为限制开发区域;以武汉城市圈、宜荆荆城市群、襄十随城市群为主体的重点开发区域,将是"生产车间"和工作生活场所,聚集人口,积累财富,为重点开发区域;以大别山、秦巴山、武陵山、幕阜山为主体的重点生态功能区,是绿色生态"后花园",为限制开发区域。

依据《湖北省主体功能区规划》,全省国土空间被分为重点开发区域、限制开发区域和禁止开发区域三大类,限制开发区域又分为农产品主产区、重点生态功能区(表 12-6)。

在湖北省主体功能分区基础上,考虑到评价区分布特征,本次评价区域主体功能分为 3 个区域,即重点开发区域、重点生态功能区、重点农产品开发区(图 12-3)。

二、资源环境承载力评价

(一)数据来源

本次评价社会、经济数据主要来源于各县(市、区)2021 年统计年鉴,空气质量优良率、空气质量综合指数数据来源于《湖北省生态环境状况公报(2020 年)》,水资源数据来源于 2020 年各地水资源公报,生态环境状况指数来源于湖北省土地质量地球化学评价数据。

表 12-6　湖北省主体功能分区表　　　　　　　　　　　　　　　　　　　　　　　　　　　　　　　　　　单位：个

地区	重点开发区域		限制开发区域		
	国家层面	省级层面	国家层面		省级层面
			重点生态功能区	农产品主产区	重点生态功能区
武汉市	江汉区、江岸区、洪山区、硚口区、武昌区、汉阳区、东西湖区、黄陂区、新洲区、江夏区、蔡甸区、汉南区、新洲区				
黄石市	黄石港区、下陆区、铁山区、西塞山工业区、大冶市			阳新县	
十堰市		张湾区、茅箭区	郧县、郧西县、竹溪县、丹江口市、竹山县、房县		
宜昌市		西陵区、伍家岗区、点军区、猇亭区、枝江市	夷陵区、秭归区、兴山县、长阳县、五峰县	远安县、当阳市、宜都市	
襄阳市		襄城区、樊城区、襄州区	保康县、南漳县	宜城市、谷城县、枣阳市、老河口市	
鄂州市	鄂城区、华容区			梁子湖区	
荆门市		东宝区、掇刀区		京山市、钟祥市、沙洋县	
孝感市	孝南区、应城县、汉川县		孝昌县、大悟县	云梦县、安陆市	
荆州市		荆州区、沙市区		公安县、松滋市、洪湖市、监利市、石首市、江陵县	
黄冈市	黄州区		红安县、麻城市、罗田县、英山县、浠水县	团风县、黄梅县、武穴市、蕲春县	
咸宁市	咸安区			崇阳县、嘉鱼县、赤壁市	通城县、通山县
随州市		曾都区		随县、广水市	
恩施州		恩施市	巴东县、建始县、利川市、宣恩县、咸丰县、鹤峰县、来凤县		
直管	仙桃市、潜江市、天门市		神农架林区		
合计	28	16	28	29	2

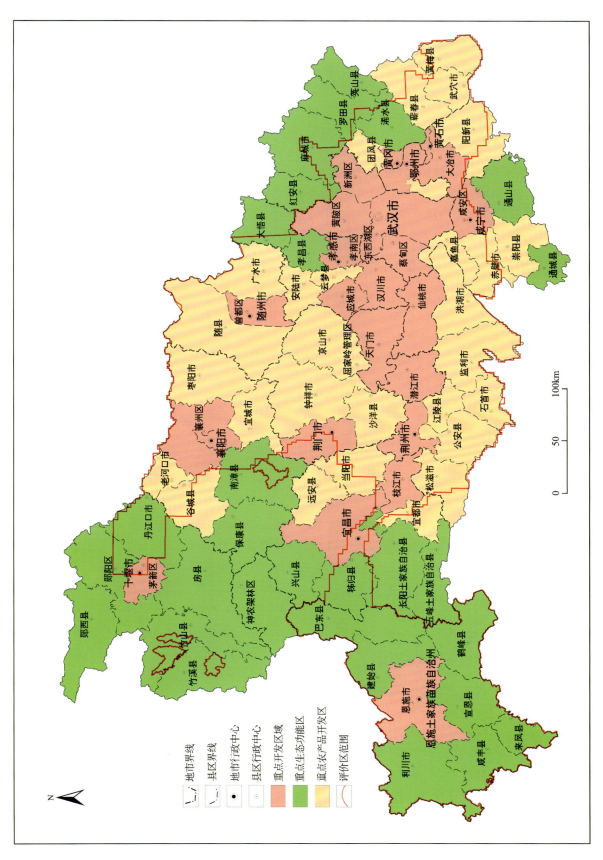

图12-3 湖北省主体功能分区图

(二)研究方法

将资源环境承载力界定为一定区域内土地、水等自然资源、大气资源、生态环境的承载平衡状态。资源、环境和生态共同构成一个完整的生态系统,有机地作用于生态系统,共同地作用于生态系统的承载力状态,并且这种平衡状态在空间上具有明显的差异性特征。

分析方法:定性分析与定量分析相结合。定量分析主要为:构建综合的评价指标体系;评价指标权重方法采用层次分析法;搭载 ArcGIS 10.2 分析平台进行资源环境承载力评价。用 ArcGIS 空间分析,划分生态保护修复分区(赵娜倩,2019)。

根据研究区生态系统实际情况,确定资源环境承载力评价对象,结合《湖北省主体功能区划》,明确各评价单元的社会经济发展主导功能,构建研究区资源环境承载力综合评价指标体系;通过层次分析法确定权重,进行单要素及综合资源环境承载力评价,确定评价单元资源环境约束类型,为划分研究区生态保护修复分区提供科学依据。

1. 资源环境承载力评价框架构建

确定资源环境评价要素是区域资源环境承载力评价的前提。本次评价主要基于系统性原则、数据可获得性原则、差异化原则,并结合各个资源环境要素与社会经济发展的密切程度,确定资源环境承载力评价要素为土地资源、水资源、大气环境与生态环境。其中,土地资源、水资源表征资源承载力状况、大气环境表征环境承载力状况、生态环境表征生态承载力状况,三者相互联系,综合反映研究区资源环境承载力状态。基于此,本次构建了包括土地资源、水资源、大气环境及生态环境 4 个要素的综合指标体系评价框架。

由于评价区面积覆盖较广,各地资源环境禀赋存在区域差异,区域发展不同主导功能下的资源环境承载状态是不同的,因此在评价时需要明确评价单元的主导功能。本次评价以《湖北省主体功能区划》为基础,结合各评价单元的城镇化进程、资源开发状况、粮食生产功能区划等,遵循主导性原则,将评价单元的社会经济发展主导功能划分为重点开发区域、重点生态功能区、重点农产品开发区 3 种类型(图 12-3),作为确定资源环境承载力评价指标权重的前提和基础。

由此,本次拟从两个层次评价研究区资源环境承载状态。将资源环境承载力评价要素确定为土地资源、水资源、大气环境和生态环境,它们分别从不同方面反映资源环境承载能力,通过单要素承载力的评价有助于识别评价单元"短板"要素,明确评价单元生态系统保护的约束类型,从而为生态保护修复区划提供依据。同时,由于生态系统各要素之间关系紧密,在生态过程中共同作用于生态系统,因此还需在单要素评价的基础上进行多层次、系统性的综合评价,以使评价结果对国土空间生态保护修复具有直接与有效的指导作用。

2. 资源环境承载力评价指标体系构建

本次评价结合湖北省生态系统实际情况,遵循科学性、系统性、数据可获得性原则,构建了一套包含"资源""环境""生态"三大要素 8 个指标的综合指标体系(表 12-7)。

3. 评价指标标准化及权重确定

计算出各评价指标数值后,采用层次分析法对其进行标准化,并赋予各主体功能区各评价指标权重,得到研究区资源环境承载力评价指标权重表(表 12-8)。

表 12-7　研究区资源环境生态承载力评价指标体系

要素层 1	要素层 2	指标层	指标性质	计算公式
资源承载力	土地资源承载力	耕垦指数 I1	正向指标	I1＝耕地面积/土地总面积
		建设用地开发程度 I2	负向指标	I2＝建设用地面积/土地总面积
		土地资源人口承载指数 I3	正向指标	I3＝土地可承载人口/现状人口
	水资源承载力	水资源负载指数 I4	负向指标	$I4 = K \cdot \sqrt{P \times G / W}$
		水资源人口承载指数 I5	正向指标	I5＝水资源可承载人口/现状人口；水资源可承载人口为可利用水资源量与人均综合用水量的比值
环境承载力	大气环境承载力	空气质量优良率 I6	正向指标	I6＝全年空气质量达到优良的天数/有效监测天数×100％
		空气质量综合指数 I7	正向指标	详见下文
生态承载力	生态环境承载力	生态环境状况指数 I8	正向指标	详见下文

①I3 式中土地可承载人口表示人口需求和粮食供给的内在关系，表示在某一特定的粮食需求下，区域粮食所能够养活的人口规模。计算公式为：$P = M \times N \times a / f$。式中：$P$ 为土地资源人口承载力；M 为粮食生产面积；N 为单位面积粮食产量；a 为复种指数；f 为人均粮食定额，其值取 400kg/人，为国际小康型粮食安全标准。

②I4 式中 G 为地区生产总值；P 为人口数量；W 为水资源总量；K 与降水有关，研究区降水量在 900mm 以上，$K = 0.9 - 0.2 \times (R - 900) / 900$，其中 R 为降水量，单位为 mm。

③I7 中各县（市、区）数据来源于《湖北省生态环境状况公报（2020 年）》。

④I8 中生态环境状况指数来源于湖北省土地质量地球化学评价中土壤质量综合等级参数。

表 12-8　研究区资源环境承载力评价指标权重表

要素层 1	要素层 2	指标层	重点开发区权重	重点生态功能区权重	重点农产品开发区权重
资源承载力	土地资源承载力	耕垦指数 I1	0.042	0.067	0.166
		建设用地开发程度 I2	0.212	0.077	0.068
		土地资源人口承载指数 I3	0.135	0.070	0.156
	水资源承载力	水资源负载指数 I4	0.302	0.201	0.228
		水资源人口承载指数 I5	0.136	0.081	0.134
环境承载力	大气环境承载力	空气质量优良率 I6	0.075	0.101	0.062
		空气质量综合指数 I7	0.036	0.110	0.030
生态承载力	生态环境承载力	生态环境状况指数 I8	0.062	0.293	0.156

（三）评价结果

通过确定资源环境承载力评价要素、定位主导功能、选取评价指标、评价指标权重等工作，评价研究区资源环境单要素及综合承载能力。采用自然裂点法划分评价结果等级，将单要素评价结果划分为低承载力、较低承载力、中等承载力、较高承载力及高承载力 5 个等级；将综合评价结果划分为超载、可载和均衡 3 个等级。

1. 单要素评价结果

1）土地资源承载力评价结果

土地资源单要素承载力评价结果显示（表12-9，图12-4），研究区土地资源较高承载力区域占比最高，达41.05%；其次为较低承载力区域和中等承载力区域，占比分别为27.44%、22.18%；高承载力区域及低承载力区域占比最低，分别为9.10%、0.23%。在空间分布上，分布面积较广的较高承载力、较低承载力区域以及中等承载力区域均表现出组团呈现的特征：较高承载力区域主要分布于湖北省中部地区；较低承载力区域主要分布于鄂西山区，少量分布于鄂东地区；中等承载力区域主要分布于武汉市周边及鄂东地区；高承载力区域零星分布于湖北省中轴的枣阳市、宜城市、沙洋县、公安县和江陵县一线；低承载力主要分布于武汉市中心城区。

表12-9 湖北省资源环境生态单要素评价结果一览表

评价结果	土地资源承载力		水资源承载力		大气环境承载力		生态承载力	
	面积/km²	占比/%	面积/km²	占比/%	面积/km²	占比/%	面积/km²	占比/%
低承载力	271	0.23	9540	8.03	12 214	10.28	12 597	10.60
较低承载力	32 601	27.44	57 287	48.22	52 019	43.78	29 201	24.58
中等承载力	26 352	22.18	20 202	17.00	20 219	17.02	36 974	31.12
较高承载力	48 777	41.05	20 342	17.12	11 145	9.38	35 044	29.49
高承载力	10 814	9.10	11 444	9.63	23 218	19.54	4999	4.21
合计	118 815	100.00	118 815	100.00	118 815	100.00	118 815	100.00

2）水资源承载力评价结果

水资源单要素承载力评价结果显示（表12-9，图12-5），研究区水资源较低承载力区域占比最高，达到48.22%，主要分布于除鄂北汉江沿线外的大片区域；高承载力区域和低承载力区域分布面积相仿，占比最低，分别为9.63%、8.03%，高承载力区域主要位于两江流域，低承载力区域则集中分布于鄂北随县、广水市及曾都区；其他两种承载力区域占比相仿，主要分布于鄂北汉江沿线区域。

3）大气环境承载力评价结果

大气环境承载力评价结果显示（表12-9，图12-6），研究区大气环境较低承载力区域占比最高，达到43.78%，主要呈斜"U"形分布于鄂北—鄂西—鄂南—鄂东南的广大区域；占比第二位（19.54%）的为高承载力区域，主要分布于鄂西山区；中等承载力区域主要分布于中部区域；低承载力区域主要分布于鄂北老河口市、谷城县、南漳县、襄阳市区以及枣阳市和宜城市；较高承载力区域分布较为分散，且占比最低。

4）生态承载力评价结果

生态承载力评价结果显示（表12-9，图12-7），研究区生态承载力中等区域面积最大，占比31.12%，主要分布于鄂北地区，鄂西南及鄂东南地区也有局部分布；其次为较高承载力和较低承载力，两者面积相当，占比分别为29.49%、24.58%；较高承载力区域主要分布于鄂西及鄂南长江沿线，较低承载力区域主要沿长江、汉江及两江平原分布；低承载力区域和高承载力区域分布均较为分散，且分布面积占比相对较低。

2. 综合评价结果

资源环境生态综合承载力评价结果显示（图12-8），湖北省可载区达到61 208km²，占比最广，为51.51%，主要呈组团分布于两个区域：一个为鄂西山区，包括恩施州除建始县外地区、十堰市区、宜昌市区；另一个区域为研究区中部的广大区域，主要沿汉江、长江流域分布。均衡区占比28.56%，面积为33 931km²，分布区域较为分散，主要分布于鄂北竹山县、丹江口市、老河口市、襄阳市区，鄂西建始县、秭归县，鄂南长江沿线宜都市、松滋市、荆州市、石首市、仙桃市、洪湖市、嘉鱼县、赤壁市、鄂东南大冶市、梁子湖区、黄石市、鄂州市、麻城市、团风县、浠水县、蕲春县、武穴市及黄梅县。超载区占比19.93%，面积为23 676km²，主要分布于鄂西竹溪县、谷城县及南漳县，鄂北随县、随州市曾都区、广水市，两江平原武汉市、鄂州市区及阳新县。

第十二章 调查成果应用

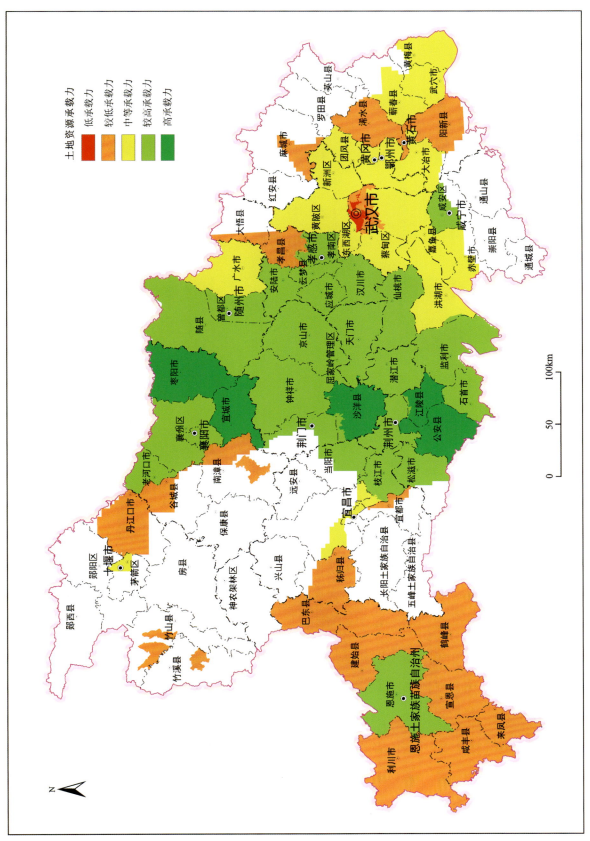

图12-4 湖北省土地资源承载力分布图

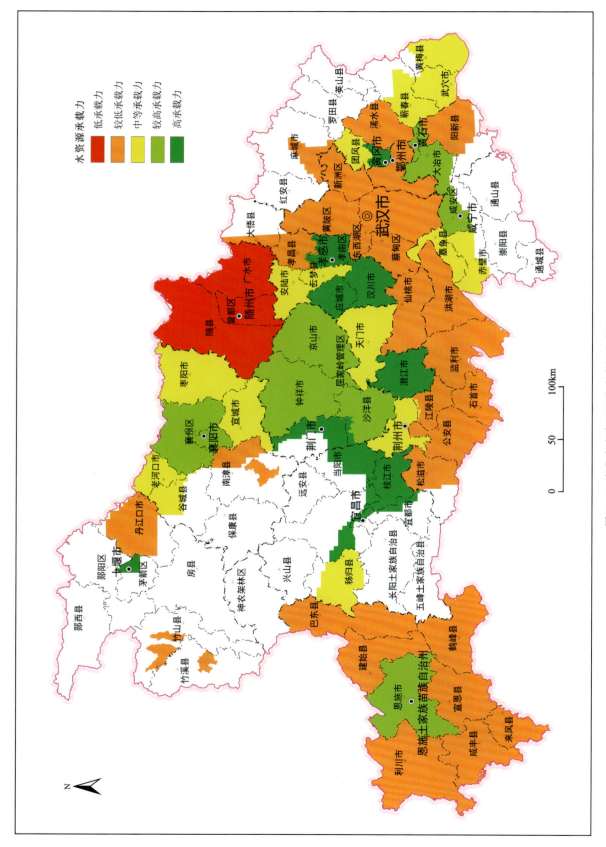

图12-5 湖北省水资源承载力空间分布图

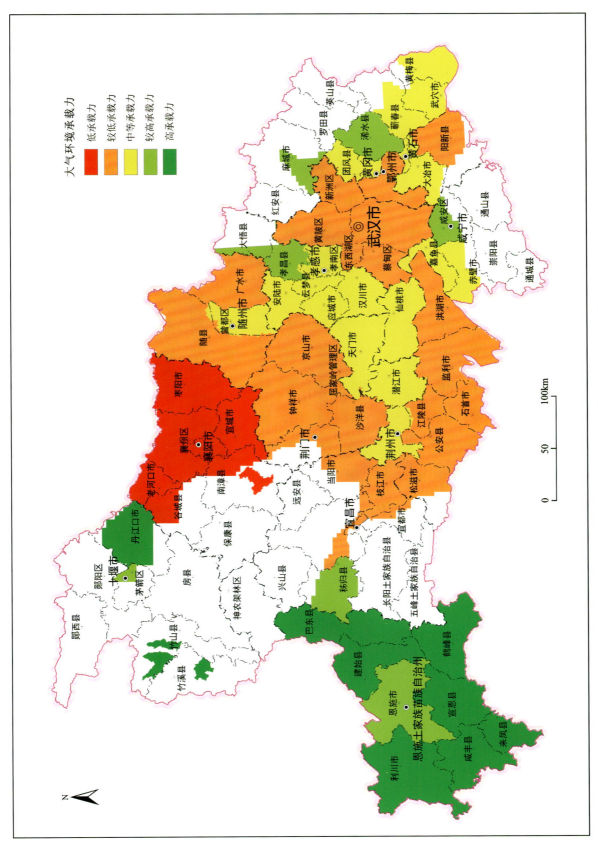

图12-6 湖北省大气环境承载力空间分布图

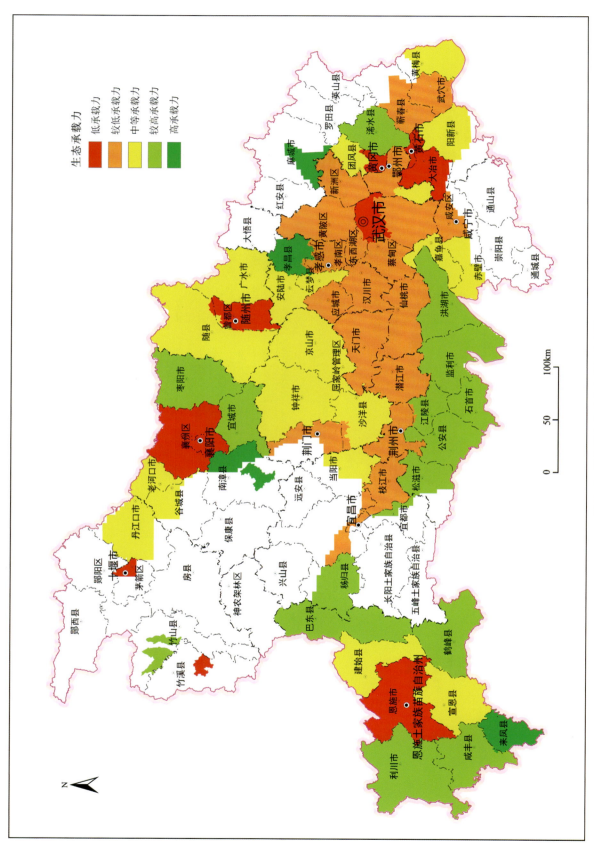

图12-7 湖北省生态承载力空间分布图

第十二章 调查成果应用

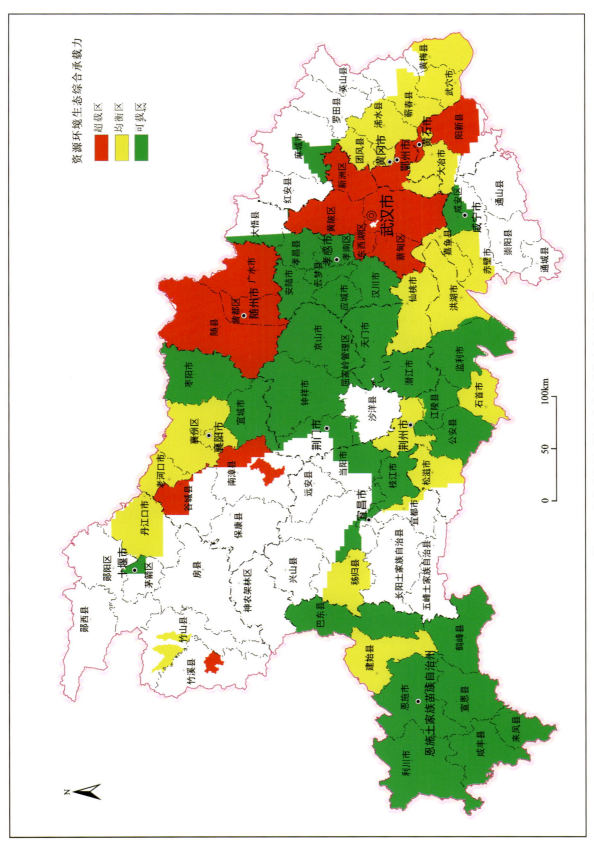

图 12-8 湖北省资源环境生态综合承载力空间分布图

三、生态保护修复区划

(一)区划方法

将生态保护修复区划界定为以区域地形地貌、流域等自然要素、社会经济发展主导方向及资源环境承载力空间分异特征等为基础,以提升区域生态系统服务价值功能为目标,具有相同或相似生态环境问题的一定区域范围。

本次分区依据分类与分级相结合的原则,采用二级分区体系来划定生态修复分区。生态保护修复工程受地形地貌、流域分布等自然因素的制约,为生态保护修复工程实施中最重要的自然环境因子。因此,在进行生态修复区划过程中,将地形地貌作为一级分区的主导因素。遵循系统修复理念,结合研究区实际,将流域分布情况同时作为生态修复一级分区因素。

从地貌分区来看,评价区岗地面积分布最广,占比42.35%,主要分布于鄂北岗地区;其次为山区,面积占比26.73%,主要分布于鄂西山区;平原区面积占比30.92%,主要分布于沿江平原区(图12-9)。从流域来看,汉江流域区分布面积最大,占比44.67%;其次为长江流域区,占比34.83%;清江流域区面积分布最小,占比20.50%,主要集中于鄂西南地区(图12-10)。

资源环境承载力作为识别区域可持续发展问题的重要参数,是生态保护修复分区的前提和基础。通过资源环境承载力评价结果可明晰区域生态系统发展限制因素,明确主要生态环境问题的空间分布,为生态保护修复分区提供科学依据,因此将资源环境承载力空间特征作为生态保护修复区划二级分区因素。

通过ArcGIS叠加分析,得到评价区生态修复一级分区,以"地形地貌+流域特征"进行命名。根据资源环境承载力评价结果,进行评价区生态修复二级分区划分。

(二)生态保护修复一级分区评价结果

研究区流域分布将其主要划分为三大部分:其中汉江流域主要分布于中部,长江流域主要分布于南部地区,清江流域主要分布于鄂西南地区。生态保护修复一级分区中,汉江流域区面积最大,以岗地面积分布最广,占59.73%,山地面积最少;长江流域区地貌以平原和岗地为主,山区面积较小,只占6.34%;清江流域区面积最小,地貌类型主要为山区,只有少量岗地(表12-10,图12-11)。

表12-10 湖北省生态保护修复一级分区面积一览表

	汉江流域区		长江流域区		清江流域区	
	面积/km²	占比/%	面积/km²	占比/%	面积/km²	占比/%
山区	5057	9.53	2626	6.34	24 074	98.86
岗地	31 699	59.73	18 342	44.32	278	1.14
平原	16 318	30.74	20 420	49.34	—	—
合计	53 074	100.00	41 388	100.00	24 352	100.00

(三)生态保护修复二级分区评价结果

生态保护修复一级分区叠加资源环境生态综合承载力,得到研究区生态保护修复二级分区(图12-12)。研究区生态可载区面积最大,占比达51.52%;其次为均衡区,占比28.56%;超载区面积最小,面积为23 676km²,占比19.92%。表12-11详细列出了研究区生态保护修复分区影响要素,并根据这些要素提出了具体的生态修复建议。由此可知,评价区生态环境总体可控,要重点加强两江流域岗地区、平原区,汉江流域山区以及两江平原区的生态保护及修复工作。

第十二章 调查成果应用

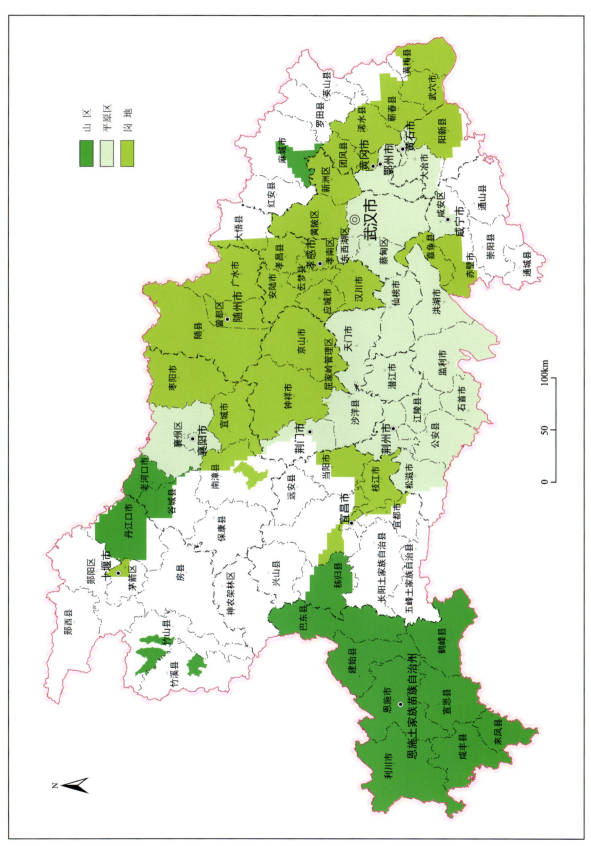

图12-9 湖北省地貌特征图

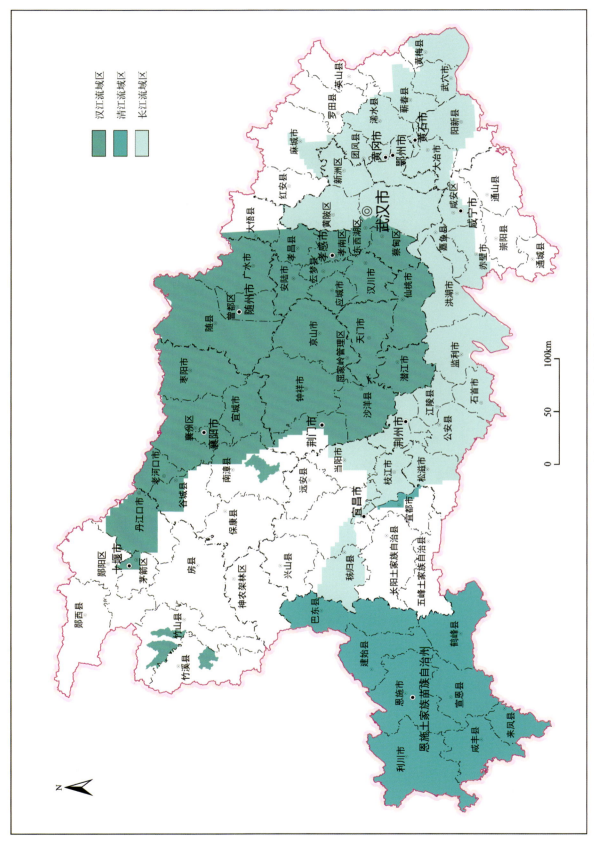

图 12-10 湖北省流域分布图

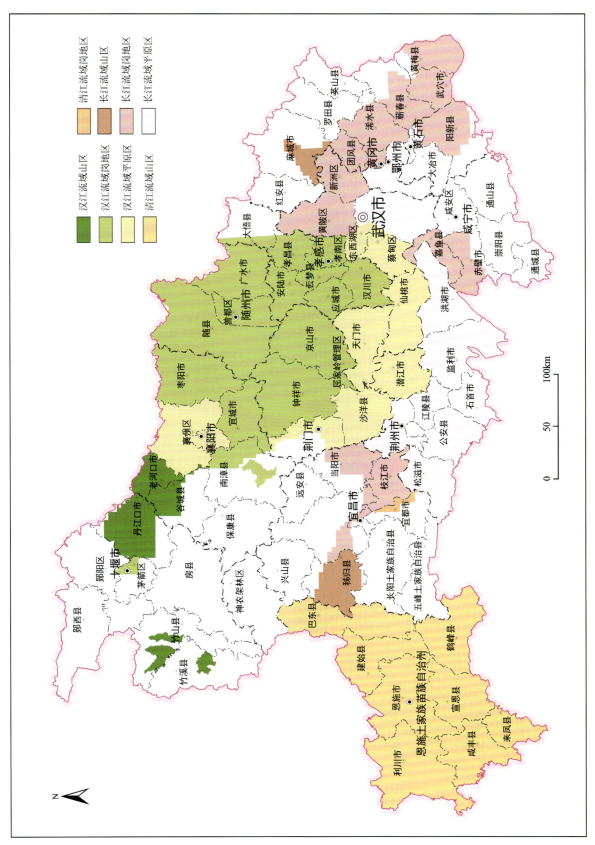

图12-11 湖北省生态保护修复一级分区图

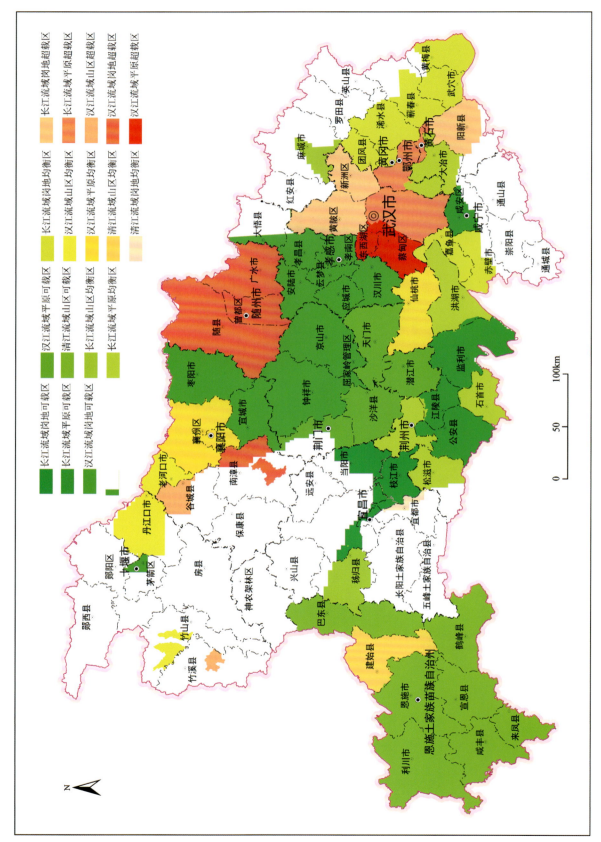

图 12-12 湖北省生态保护修复二级分区图

表 12-11 湖北省生态保护修复分区及建议表

生态修复分区		面积/km²	占比/%	分布区域	情况分析	生态修复建议
可载区	长江流域岗地可载区	3454	2.91	宜昌市区、当阳市、枝江市	该区域大部分地区主体功能分区为重要生态功能区及重点农产品开发区，生态表现为高及较高土地资源及水资源承载力（恩施州除外）；大气环境资源承载力以高及中等承载力为主；生态承载力以较高承载力为主，中等次之	该区域为资源环境生态承载力可载区，自然生态系统和人类发展较为平衡，生态系统整体上加强本区域生态平衡较理想。建议在现有基础上加强本区域生态保护工作，强化优势，补齐短板。本区以山区、岗地为主，水土容易流失，可适当发展经济林，固土涵水
	长江流域平原可载区	7361	6.20	公安县、江陵县、监利县、咸安区		
	汉江流域岗地可载区	20 905	17.59	十堰市区、枣阳市、宜城市、京山市、大悟县、安陆市、孝昌县、应城市、云梦县、孝南区、汉川市		
	汉江流域平原可载区	8081	6.80	荆门市东宝区和掇刀区、沙洋县、潜江市、天门市		
	清江流域山区可载区	21 408	18.02	利川市、咸丰县、来凤县、宣恩县、恩施市、鹤峰县、巴东县		
	小计	61 209	51.52			
均衡区	长江流域平原均衡区	8923	7.51	荆州区、松滋市、石首市、洪湖市、鄂州市、梁子湖区、大冶市	本区域自然生态系统和人类发展相对协调，区域同互补协同作用较为均衡。以平原和汉江流域为主，长江流域面积分布最多，其次为汉江流域。综合各类型影响因素，资源环境以水资源约束类型为主。建议在现有资源环境现状基础上，加强对河流流域保护及修复，蓄水保水，以生态促发展，调节和改善水源流量与水质，调节区域水域循环，保护可饮用水源	本区域自然生态系统和人类发展相对协调，区域同互补协同作用较为均衡。以平原和汉江流域为主，长江流域面积分布最多，其次为汉江流域。综合各类型影响因素，资源环境以水资源约束类型为主。建议在现有资源环境现状基础上，加强对河流流域保护及修复，蓄水保水，以生态促发展，调节和改善水源流量与水质，调节区域水域循环，保护可饮用水源
	长江流域山区均衡区	2626	2.21	秭归县、麻城市		
	长江流域岗地均衡区	9345	7.87	赤壁市、嘉鱼县、团风县、浠水县、黄冈市区、蕲春县、武穴市、仙桃市		
	汉江流域平原均衡区	6177	5.20	襄阳市区、老河口市		
	汉江流域山区均衡区	3915	3.30	竹山县、丹江口市、老河口市		
	清江流域山区均衡区	2666	2.24	建始县		
	清江流域岗地均衡区	278	0.23	宜都市		
	小计	33 930	28.56			

续表 12-11

生态修复分区		面积/km²	占比/%	分布区域	情况分析	生态修复建议
超载区	长江流域岗地超载区	5543	4.67	武汉市黄陂区和新洲区，阳新县	本超载区主体功能分区既有重点农产品开发区，也有重要生态功能区及重点开发区域。土地承载力、水资源承载力、大气环境承载力及生态承载力均以低承载力和较低承载力为主	该区自然生态系统和人类发展失调，区域整体生态平衡不太理想，因此生态保护修复较复杂。资源环境约束以综合生态保护修复为主。该区域耕地以岗地为主，且处于经济活动较为活跃地区，高强度的人类活动对该区生态系统造成的破坏较大。建议发展林业，改善大气环境，合理布局产业用地。从生境保护方面入手，建立湿地保护湿地公园，保护河湖水面，减少生产、生活污水排放
	长江流域平原超载区	4136	3.48	武汉市江岸区、江夏区、武昌区、洪山区、鄂州市区、黄石港区	本超载区主体功能分区以重点开发区域为主。土地承载力以低和较低为主，水资源承载力较低，少量中等；大气环境承载力以低和较低为主，少量中等；生态承载力以低和较低承载力为主	该区域自然生态平衡失调，区域整体生态平衡不太理想，因此生态保护修复较为复杂。资源环境约束以综合生态保护修复为主。该区域主要为中心城区，人口密集，工商业发达。高强度的人类活动对该区生态系统造成的破坏最大。建议合理布局产业用地，保护水源，节约用水，改善大气环境，绿化，减少石化燃料，强化城市及周边湿地、保护生产绿地，减少生活污水污染物排放，做好垃圾分类及无害化处理
	汉江流域山区超载区	1143	0.96	竹溪县、谷城县	本超载区主体功能分区为重点农产品开发区。土地承载力较低，部分中等；水资源承载力中等；大气环境承载力以较高、合格承载力为主；生态承载力低	该区域整体生态平衡较差，以土地资源及生态环境保护修复为主，因此生态保护修复应以农用地及农用地田块较为破碎，耕地较少。该区域以山地为主。农用地田块较为破碎，耕地较少，基础设施相对不完善。建议适度用地结构，优化农用地结构，提升地质量，实现农用规模经营，调整耕地、草地布局，调整农业结构调整，减少农药和化肥的使用，发展有机农业，观光农业、休闲农业

第十二章 调查成果应用

续表12-11

生态修复分区		面积/km²	占比/%	分布区域	情况分析	生态修复建议
超载区	汉江流域岗地超载区	10 794	9.08	南漳县、随县、曾都区、广水市	本超载区主体功能分区以重点农产品开发区为主,以重点开发区为辅。土地承载力以中及较低开发区为主,水资源承载力全区最低,大气环境承载力低,生态承载力除曾都区为低、其他以中等为主(南漳县生态承载力高)	本区域资源环境约束以水资源及大气环境为主。因此生态修复要以河流水系保护修复及大气环境生态保护为主。本区域地貌以岗地为主,土壤保水能力较差。建议加强水土保水工作,充分利用本区水资源,完善水利设施,加强防护林建设,提高植被覆盖率,完善水土保护体系;减少污染物排放,加强农产区面污染治理
	汉江流域平原超载区	2060	1.73	武汉市东西湖区、蔡甸区、汉南区、江汉区、硚口区、汉阳区	本超载区主要为重点开发区,土地承载力低,水资源承载力及大气环境承载力均以较低为主	该区域与长江流域平原超载区相似,区域整体生态平衡不理想,资源环境约束生态类型修复复杂。因此生态修复要以综合生态修复为主。该区工业发达、工业园区众多、人口密集,高强度的人类活动对该区生态系统造成的破坏最大。建议合理布局产业及农业用地,减少石化燃料,合理用水;强化城区绿化,保护水源,改善大气环境;保护城市及周边湿地,减少生产污水排放,做好垃圾分类及无害化处理
	小计	23 676	19.92			
合计		118 815	100.00			

第十三章 结　语

第一节　主要成果认识

通过对湖北省1∶25万多目标区域地球化学调查和1∶5万土地质量地球化学评价成果的总结研究，查明了湖北省土地地球化学质量"家底"，为湖北省土地质量和生态环境保护、特色农业产业发展规划和布局、永久基本农田划定等提供了科学依据。取得的成果主要体现在以下几个方面。

1. 获得了湖北省土壤元素背景值及分布特征

全面搜集整理了湖北省1∶25万多目标区域地球化学调查、1∶5万土地质量地球化学评价数据，统计获得了湖北省全域及不同地质背景、地形地貌、成土母质、土壤类型、土地利用类型、行政区划等单元土壤元素生态地球化学背景值；形成了湖北省全域及不同控制单元的有益、有害元素背景值手册；摸清了土壤元素的空间分布、分异特征及其影响因素。研究成果为湖北省的土地资源开发利用和监测提供基础数据；为土壤-农作物生态效应研究和硒、镉等重点元素迁移累积规律研究奠定坚实基础；为安全农作物生产、农业适宜种植规划、生态风险区圈定、耕地资源利用率提高、绿色农业发展提供参考资料；为国土空间开发和保护、土地的生态管护及改良等提供重要的地球化学依据。

2. 建立了湖北省土地质量地球化学评价方法技术体系和标准体系

参照《土地质量地球化学评价规范》(DZ/T 0295—2016)等行业标准规范，在实践的基础上，结合湖北省的土地质量调查实际需求和工作需要，先后形成发布了《湖北省"金土地"工程——高标准基本农田地球化学调查工作细则(试行)》《恩施州全域土地质量地球化学评价暨土壤硒资源普查工作技术要求(征求意见稿)》《湖北省土地质量地球化学评价技术要求(试行)》《湖北省土地质量地球化学评价村级土地质量档案建设技术要求(试行)》等，提出了《湖北省土地质量地球化学调查技术规程(草案)》《湖北省耕地生态环境动态监测技术规程(初稿)》《土壤硒含量等级标准(初稿)》。提出了三因素赋值方法、村级土地质量档案建档方法，开发了湖北省土地质量地球化学评价"智慧云"平台，实现了湖北省土地质量地球化学调查评价数据的标准化存储、管理和利用。

3. 查明了湖北省耕(园、草)地土壤环境风险现状

区内耕(园、草)地生态风险较低，局部存在一定的风险。在完成评价的14 396.55 km² 耕(园、草)地中，划分为优先保护类面积为11 112.06 km²，占比为77.18%，应优先纳入重点保护；安全利用类面积为3 113.59 km²，占比为21.63%，应加强土壤和农产品安全监测；严格管控类面积170.90 km²，占比为1.19%，应纳入修复治理、调整种植结构或调整土地用途。影响评价区土壤重金属污染风险的指标主要为镉元素，不同区域土壤重金属污染风险差异明显。沿江平原区土壤重金属污染风险最低，鄂西山区(恩施州)土壤重金属污染风险相对较高。成果为开展土地重点保护、监测预警和生态修复，保障土地质量和生态安全,实现可持续发展提供了科学依据。

4. 系统评价了土地地球化学质量等级

区内土地质量地球化学综合等级以一等(优质)、二等(良好)、三等(中等)为主,面积分别为 3 825.96km²、5 581.54km² 和 4 727.02km²,占比分别为 26.58%、38.77% 和 32.83%。四等(差等)面积为 91.13km²,占比 0.63%,五等(劣等)面积为 170.90km²,占比 1.19%。土地质量综合等级分布规律总体表现为鄂西地区土地综合质量较差,沿江平原区和鄂北岗地-汉江夹道区一带土地质量优良。

5. 全面评价了农作物天然富硒状况

粮食类作物中稻米总体以富含硒为主。其中,硒极丰富、硒丰富和硒较丰富富硒稻米占比 22.71%,富含硒稻米占比 44.49%,硒含量一般稻米占比 32.80%。从不同区域稻米富硒率分析,鄂西山区稻米硒极丰富占比明显高于其他两大区域;从亚区来看,秦巴山区稻米整体富硒率最高,硒极丰富、丰富明显高于其他县(市)占比。稻米硒较丰富率大于 30.00%,产地高硒背景为稻米硒富集提供了充足来源。小麦富硒总体以富含硒和硒较丰富为主。从亚区分区上来看,沿汉江平原区硒极丰富、硒丰富和硒较丰富富硒小麦占比最高,从县(市、区)分区来看,天门市、潜江市、仙桃市和钟祥市小麦硒较丰富及以上比率均超过 50%,由此可见汉江冲积平原为湖北省主要小麦富硒区。玉米富硒总体以硒含量一般为主,玉米整体富硒状况差于小麦和稻米。沿江平原区玉米富硒率高于其他两个区域,玉米富硒率较高的县(市、区)主要为竹溪县、仙桃市、洪湖市、蔡甸区和潜江市,富硒率大于 30.00%;其次,恩施市、钟祥市、安陆市、宣恩县、鹤峰县、来凤县、天门市、建始县、竹山县、京山市、宜城市玉米富硒率大于 10.00%。油料农产品富硒情况较好。其中,硒极丰富、硒丰富和硒较丰富油料农产品富硒率为 51.80%,富含硒油料农产品占比 19.72%,硒含量一般油料农产品占比 28.48%。从不同分类亚区油料农产品富硒率分析,油料农产品富硒率最高的地区为秦巴山区,最低的区域为武陵山区,从不同县(市、区)划分,油料农产品富硒率较高的主要为洪湖市、监利市、潜江市、蔡甸区、仙桃市、钟祥市、天门市、竹山县、竹溪县地区,富硒率均大于 50%。不同县(市、区)富硒率的差异与油料农产品的种类有一定关系。

叶类蔬菜富硒率为 40.96%,块根茎类蔬菜富硒率为 29.62%。叶类蔬菜在武陵山区恩施市、利川市、宣恩县、来凤县、鹤峰县,沿江平原区仙桃市、鄂北岗地区安陆市富硒率较高;块根茎蔬菜主要表现为鄂西山区竹溪县、恩施市和宣恩县、沿江平原区仙桃市和潜江市富硒率较高,富硒率大于 30%。茶叶富硒率为 7.93%。秦巴山区茶叶整体富硒率高于武陵山区,其中,恩施市、竹山县、竹溪县和建始县茶叶富硒率大于 10.00%,鄂北岗地区茶叶基本不富硒。水产品富硒率高达 99.52%。水果类基本不富硒。

6. 圈定了耕园草地富硒(锶、锗)土壤,优选了富硒(锶、锗)产业园建议区 176 处,为湖北省特色农业发展指明了方向

调查区富硒土壤资源较为丰富,天然富硒土地面积达 3 908.29km²,恩施地区、竹山县和竹溪县耕园草地普遍富硒,土壤硒资源优势明显;江汉流域及江汉平原区潜江市、钟祥市、监利市、仙桃市、洪湖市、天门市、京山市、沙洋县、武穴市、蔡甸区等县(市、区)富硒土壤均有大面积分布,且集中连片。

圈定富锗土壤面积为 5 618.73km²。其中,利川市、潜江市、钟祥市和恩施市土壤锗资源丰富,富锗土壤面积分别为 593.43km²、571.21km²、556.99km² 和 518.47km²;其次,巴东县、洪湖市、咸丰县、建始县、仙桃市、宣恩县、天门市和京山市,富锗土壤面积范围为 221.14～397.76km²;来凤县、监利市、鹤峰县、竹山县、沙洋县富锗土壤面积大于 100km² 低于 200km²。

天门市和仙桃市富锶土壤资源丰富,富锶土壤面积达 789.51km² 和 718.86km²,洪湖市富锶土壤面积达 475.58km²,沙洋县富锶土壤面积达 194.85km²。

结合区内富硒(锌、锗、锶)土壤分布特征及土壤养分、土壤环境质量、农作物富硒(且安全)、土地利用现状、交通及经济现状等诸多要素,优选富硒农作物产业园 129 处、富锗产业园 33 处、富锶产业园 14 处。

7. 对热点、难点问题进行了探索性研究,并取得了不少新的认识

(1)镉的物质来源及生态效应的研究。鄂西山区土壤镉元素主要来自成土母质,即二叠系黑色岩系,人类活动影响很小;沿江平原区土壤镉元素主要受冲积带内黑色碎屑岩系风化母质(区域上鄂西黑色岩系)和工农业活动控制;鄂北岗地区土壤镉元素受成土母质和人类活动共同制约。沿江平原区重金属镉水溶态和离子交换态平均含量占比低于鄂西山区和鄂北岗地区,反映出沿江平原区重金属镉的生物有效性比鄂西山区和鄂北岗地区区低,土壤重金属中等利用态和惰性态受重金属总量控制明显,中等利用态与土壤有机质含量关系密切。粮油类作物可食部分对重金属镉的富集能力较强,特别是稻米、油菜、大豆,其富集系数可达10%,蔬菜类富集能力较低,农作物不同部位对重金属的富集能力也不同,总体上根部富集能力最强,籽实相对较弱。

(2)硒的物质来源及生态效应研究。湖北省土壤硒元素主要来自富硒岩石的风化或者岩石风化物的搬运沉积。恩施地区大部、秦巴山片区郧西—郧县、竹山—竹溪、神农架地区以及鄂东南地区分布有大量的富硒岩石,这些富硒岩石就近风化搬运便形成了鄂西山区和鄂东南地区的富硒土壤,经长距离搬运沉淀便形成了沿江平原区一带的大面积富硒土壤。硒元素的生物迁移转化规律上,通过土壤硒含量和农作物的富硒系数可知,随着土壤含硒量增大,植物富硒能力会达到阈值,甚至出现富硒能力下降。硒的生物迁移转化受多种因素的影响,且在同种因素下不同农作物变化趋势不同。随着土壤酸碱度的提高,玉米,油菜,小麦的富硒能力呈稳定提升趋势,即富硒量和硒富集系数均得到提高,但是水稻、大豆、蔬菜的富硒能力基本不变。土壤有机质的提高,整体上有利于农作物对硒的吸收,农作物硒含量和硒富集系数均得到提高。土壤阳离子交换量对农作物富硒的影响微弱。

(3)生态修复区划研究。基于"资源""环境""生态"三大要素8个指标对研究区进行系统的资源环境承载力评价工作,研究区可载区面积占比最广,达51.52%,面积为61 209km²,主要呈组团分布于两个区域:一为鄂西山区,恩施州除建始县外,十堰市区及宜昌市区;另一区域为研究区中部的广大区域,主要沿汉江、长江流域分布。均衡区占比28.56%,面积为33 930km²,分布区域较为分散,主要分布于鄂北竹山县、丹江口市、老河口市、襄阳市区;鄂西建始县、秭归县;鄂南长江沿线宜都市、松滋市、荆州区、石首市、仙桃市、洪湖市、嘉鱼县、赤壁市;鄂东南大冶市、梁子湖区、黄石市、鄂州市、麻城市、团风县、浠水县、蕲春县、武穴市及黄梅县;超载区域占比19.92%,面积为2 3676km²。主要分布于鄂西竹溪县、谷城县及南漳县、鄂北随县、随州市曾都区、广水市,两江平原武汉市、鄂州市区及阳新县。基于资源环境承载力现状,结合地形地貌及流域对全省生态修复开展区划研究,划分了17个生态修复分区,并提出了分区修复建议。

(4)农田土壤碳库及固碳潜力研究。沙洋县耕层土壤有机碳密度水平较高,平均值为4.25kg/m²。不同土壤类型的有机碳密度的差异较大,水稻土(4.46kg/m²)显著高于潮土(3.12kg/m²)和黄棕壤(2.55kg/m²)。从空间分布上来看,土壤有机碳密度现状呈现西高东低的分布特征。从土壤剖面垂向分布来看,由地表向深部逐步减少。2004—2018年近15年,耕层土壤有机碳密度总体上呈上升趋势,平均水平增加了15.18%,其中黄棕壤有机碳密度大幅下降,有机碳密度降低的耕地主要集中在沙洋县东北部,特别是县城区、高阳镇和沈集镇。

沙洋县耕层土壤有机碳储量约为5.31Tg。按土壤类型,水稻土的有机碳储量占比最高,约为4.57Tg;按土地利用类型,水田有机碳储量最大,为4.65Tg;按空间分布,碳储量较高的区域主要分布在中部、东南部地区以及县中心城区。从土壤储碳能力来看,以水稻土为主的水田有机碳丰度指数明显高于旱地和水浇地,有机碳储存能力最强;黄棕壤有机碳丰度指数较低,应作为农田增碳措施的重点实施对象。

采用最大值法和饱和值法估算的沙洋县耕层土壤有机碳储量潜力分别为4.15Tg和0.15Tg,综合考虑自然条件、环境因素、耕作管理方式等属性,饱和值法的结果更具说服力。

(5)耕地质量综合评价。以沿江平原区沙洋县和鄂西山区来凤县为例,对比研究物理叠加法、化学叠加法、贡献率法和修正法的融合效果。研究结果显示:小尺度(乡镇级以下)评价时,物理叠加法具有很好的优势,能够还原原始耕地等别和土地地球化学质量等级。大尺度(县市级)评价时,同时土地质量地球化学等级以优良为主时,即土壤环境质量基本无风险,建议使用化学叠加法。在大尺度评价时,同时土地质量地球化学等级以中等以下为主时,且土壤环境质量存在一定风险,但是风险可控时,建议使用修正法。

(6)土壤酸化趋势研究。土壤 pH 大小总体表现为沿江平原区＞鄂北岗地-汉江夹道区＞鄂西山区。其中,沿江平原区土壤 pH 最高,达到 7.82,基本属于偏碱性土壤;而鄂西山区土壤 pH 最低,仅为 5.54,土壤为偏酸性。沿江平原区和鄂西山区自西北向东南方向土壤 pH 呈现升高趋势,鄂北岗地-汉江夹道区自西北向东南方向土壤 pH 呈现降低趋势。

通过典型地区土壤酸碱度变化趋势研究发现,鄂西山区宣恩县和沿江平原区沙洋县 2004 年以来土壤均存在不同程度的土壤酸化现象,鄂西山区酸化趋势明显较沿江平原区高。土壤的酸化受气候、地形地貌、土地利用、成土母质、土壤类型、土壤养分和土壤物理性质等因素的影响。

第二节　工作建议

湖北省土地质量地球化学调查工作虽成果显著,但仍然存在以下问题:一是绝大部分区域尚未开展土地质量调查评价工作,不能满足土地资源管理的新要求;二是调查沿江平原区土壤环境质量总体良好,但鄂北岗地区、鄂西山区受成土母质影响,存在一定比例中度—重度污染土壤,土壤环境质量安全形势不容乐观;三是调查成果与国土管护、全省基本农田和高标准基本农田、地方产业规划与发展结合程度有待进一步提高。

为落实《中共湖北省委关于学习贯彻习近平总书记视察湖北重要讲话精神 奋力谱写新时代湖北高质量发展新篇章的决定》和湖北省政府《重点工作清单》中关于"开展湖北长江经济带生态环境大普查"的工作部署,系统梳理和掌握湖北长江经济带土地生态隐患和环境风险,结合湖北省土地质量地球化学调查工作存在的问题,提出以下 3 点建议。

1. 继续开展全省未覆盖地区土地质量调查评价工作

以土地质量地球化学评价规范为理论基础,以秦巴山区、武陵山区、大别山区、幕阜山区四大屏障为重点工作方向,围绕全省耕地保护、三区三线划定、永久基本农田划定等任务和湖北省国土资源节约集约示范省创建工作部署,按照"统筹部署,整县推进"的原则,利用 3 年时间,对耕地、园地、草地土壤地球化学质量进行全面评价,完成全省土地质量地球化学调查评价,建设全省土地资源质量与生态数据库。深度挖掘调查成果,以支撑服务耕地保护,土地利用规划调整修编,永久基本农田划定与调整,后备耕地资源选区、富硒(锌、锶、锗)土地资源开发、污染土地整治修复等工作,建立土地质量档案,以更好地支撑和服务土地资源管理中心工作。

2. 推动建立耕地质量与生态监测体系

落实习近平总书记在全球发展高层对话会上提出的"化学地球"大科学计划,推动共建全球地球化学基准网,为发展中国家绿色土地保护利用、提高农作物产量与品质提供大数据支撑。结合土地生态地球化学调查评价成果中土壤和农产品中有益有害元素含量范围,以粮食主产县(市、区)及耕地生态风险潜在区和危害区为重点监测区,建立县(市、区)级监测网点。用 3 年时间,建立湖北省耕地生态质量地球化学监测网络,实时掌握耕地生态质量状况,有效地控制农产品产地质量安全,确保清洁绿色的土地用于粮食、蔬菜等农产品生产,保障湖北省粮食安全用地。

3. 加强土壤修复治理工作

针对"金土地"工程和"硒普查"工程查明的土壤污染问题区以及全省农业面源污染区,开展土壤污染修复治理工作。以安全利用类土地和酸化土地为重点,创新修复治理技术方法,建立土壤污染修复治理的湖北方案,为全省农业结构调整、农业种植业规划、优质资源开发利用和粮食安全提供先导性的地质依据。

主要参考文献

艾建超,王宁,杨净,2014.基于 UNMIX 模型的夹皮沟金矿区土壤重金属源解析[J].环境科学,35(9):3530-3536.

陈雅丽,翁莉萍,马杰,等,2019.近十年中国土壤重金属污染源解析研究进展[J].农业环境科学学报,38(10):2219-2238.

戴万宏,黄耀,武丽,等,2009.中国地带性土壤有机质含量与酸碱度的关系[J].土壤学报,46(05):851-860.

丁疆华,温琰茂,舒强,2001.土壤环境中镉、锌形态转化的探讨[J].城市环境与城市生态,14(2):47-49.

丁晓英,徐春燕,杨军,等,2017.江汉流域经济区土壤硒的分布特征及资源量研究[J].湖北农业科学,56(08):1468-1473.

高丽丽,2011.土地质量地球化学评估与农用地分等整合方法及成果应用研究[D].北京:中国地质大学(北京).

郭宇,2012.恩施地区硒的地球化学研究及富硒作物栽培实验研究[D].武汉:中国地质大学(武汉).

何腾兵,董玲玲,刘元生,等,2006.贵阳市乌当区不同母质发育的土壤理化性质和重金属含量差异研究[J].水土保持学报.20(6):157-162.

侯青叶,杨忠芳,余涛,等,2020.中国土壤地球化学参数[M].北京:地质出版社.

侯少范,李海蓉,王五一,2008.茶树富集铝氟的生物学特性与茶叶铝氟含量的关系[J].中国地方病防治杂志,23(3):186-189.

黄春雷,蔡子华,王加恩,等,2010.土地质量档案建立方法研究[J].上海地质,31(Z1):293-296.

黄巧,2020.国土空间生态修复分区方法研究:以天等县为例[D].南宁:广西大学.

黄勇,2008.四川省罗江县土地质量地球化学评估与农用地分等结果整合研究[D].北京:中国地质大学(北京).

贾中民,2020.渝西北土壤重金属污染特征、源解析与生态健康风险评价[D].重庆:西南大学.

井明艳,赵树盛,付亮剑,2006.硒的生化特性与谷胱甘肽系统[J].饲料工业,27(4):8-11.

李明龙,李廷安,刘维庆,2015.恩施州富硒地层分布规律研究报告[R].恩施:湖北省地质局第二地质大队.

刘霞,刘树庆,王胜爱,2003.河北主要土壤中 Cd 和 Pb 的形态分布及其影响因素[J].土壤学报,40(3):393-400.

雒昆利,姜继圣,1995.陕西紫阳、岚皋下寒武统地层的硒含量及其富集规律[J].地质地球化学,(41):68-71.

马元,杨明银,孙四权,等,2013.湖北省矿产资源潜力评价:湖北省化探总报告[R].武汉:湖北省地质调查院.

马振东,张德存,闫向阳,等,2005.武汉沿长江、汉江 Cd 高值带成因初探[J].地质通报,24(8):740-743.

莫争,王春霞,陈琴,等,2002.重金属 Cu、Pb、Zn、Cr、Cd 在土壤中的形态分布和转化[J].农业环境保护,21(1):9-12.

侣国涵,王瑞,袁家富,等,2014.鄂西南山区土壤酸化趋势研究:以恩施州宣恩县为例[J].中国农学通报,30(12):151-155.

主要参考文献

孙奥,段碧辉,王芳,等,2022.鄂西咸丰地区土壤元素地球化学分布及其影响因素[J].土壤,54(3):637-645.

田升平,朱彦农,王庆龙,等,2007.湖北省恩施州东部硒矿成矿条件与成矿预测[J].化工矿产地质,29(3):141-149.

滕葳,柳琪,李倩,2010.重金属污染对农产品的危害与风险评估[M].北京:化学工业出版社.

王小平,李柏,2010.ICP-OES 和 ICP-MS 测定中日两国大米中 27 种矿质元素含量[J].光谱学与光谱分析,30(8):2260-2264.

魏复盛,陈静生,吴燕玉,等,1991.中国土壤环境背景值研究[J].环境科学,12(4):12-19.

吴甫成,王晓燕,邹君,等,2001.湖南土壤酸缓冲性能研究[J].农业现代化研究,22(1):58-62.

杨军,项剑桥,戴光忠,等,2017.湖北省"金土地"工程——高标准基本农田地球化学调查成果集成报告[R].武汉:湖北省地质局.

余涛,杨忠芳,王锐,等,2018.恩施典型富硒区土壤硒与其他元素组合特征及来源分析[J].土壤,50(06):1119-1125.

张欢欢,2013.基于农用地分等和地球化学调查的耕地自然质量综合评价[D].郑州:河南农业大学.

赵娜倩,2019.山西省山水林田湖草生态保护修复试点区分区及管控研究[D].北京:中国地质大学(北京).

中国环境监测总站,1990.中国土壤元素背景值[M].北京:中国环境科学出版社.

朱红军,鲍征宇,田升平,等,2007.湖北白果坪磷矿镉地球化学特征及研究意义[J].化工矿物与加工(7):7-9.

朱建明,郑宝山,李社红,2000.自然硒矿物的形貌特征及其成因研究[J].矿物岩石地球化学通报,9(4):353-355.

朱正杰,朱长生,程礼军,等,2011.重庆城口地区下寒武统黑色岩系元素地球化学特征及其成因[J].矿物岩石,31(2):66-72.

BLOESCH P,MOODY P,2011. Land:agricultural soil acidification[R]. Department of Natural Resources and Water,Queensland Government.

GUO J H,LIU X J,ZHANG Y,et al.,2010. Significant acidification in major Chinese croplands[J]. Science,327(19):1008-1010.

PLANT J A,KINNIBURGH D G,SMEDLEY P L,et al,2003. Arsenic and selenium[J]. Treatise on Geochemistry,9:17-66.

WANG Z,CHEN X,LIU J,et al.,2003. Polymer-assisted hydrothermal synthesis of trigonal selenium nanorod bundles[J]. Inorganic Chemistry Communications,6(10):1329-1331.